大文字	小文字	読みかた	大文字	小文字	読みかた
P	ρ ϱ	ロー Rho	Φ	ϕ φ	ファイ, フィー Phi
Σ	σ	シグマ Sigma	X	χ	カイ Chi
T	τ	タウ Tau	Ψ	ψ	プサイ, プシー Psi
Υ	υ	ウプシロン Upsilon	Ω	ω	オメガ Omega

ギリシャ文字については,

● 岩崎　務 著, 『ギリシアの文字と言葉』, 小峰書店 (2004 年)
● 谷川 政美 著, 『ギリシア文字の第一歩』, 国際語学社 (2001 年)
● 山中　元 著, 『ギリシャ文字の第一歩』(新版), 国際語学社 (2004 年)
● 稲葉 茂勝 著, こどもくらぶ 編『世界のアルファベットとカリグラフィー』,
　　彩流社 (2015 年)

を参考にさせていただいた. 興味のある読者は参照されたい.

なお, ギリシャ文字はひとつに定まった正しい書き順があるわけではない.
ここでは書きやすいと思われる筆順を一例として掲載した.
綺麗で読みやすいギリシャ文字が書けるよう意識してみよう.

Epsilon-Delta Method

手を動かしてまなぶ

ε-δ論法

藤岡 敦 著

裳 華 房

Epsilon–Delta Method
through Writing

by

Atsushi FUJIOKA

SHOKABO
TOKYO

JCOPY 〈出版者著作権管理機構 委託出版物〉

序 文

　ウェーバーによるオペラ『魔弾の射手』（Der Freischütz）に登場する魔弾は狙った的に必ず当たるという魔法の弾丸である．したがって，狙った的がどんなに離れていようが，あるいは，どんなに小さかろうが，魔弾は百発百中でその的を撃ち抜くのである．

　数学の世界でも狙った的を上手く撃ち抜きたい場面がしばしば現れる．それは微分積分やその先でまなぶことになる解析学などで扱われる極限に関する議論である．**ε-δ 論法はこのような議論を厳密に行うために必要不可欠なもの**であり，「どんなに ε を小さく取っても δ を上手く選べば」という具合に議論を進める．それはあたかもどんな的であろうとも，その的を撃ち抜いてしまう魔弾のようでもある．実は，『魔弾の射手』において猟師カスパールが悪魔とともに作った魔弾は，7 発中 6 発は自分の狙った的に必ず命中するものの，残りの 1 発は悪魔の望む場所に命中してしまう恐ろしい弾丸である．一方，ε-δ 論法は本書でもしばしば登場する数学者ワイエルシュトラス（Karl Weierstrass, 1815–1897）によって導入された素晴らしい論法である．

　しかしながら，高等学校までの数学を終えたばかりの初学者にとって，ε-δ 論法は一般的に難解なものであり，理工系の大学であっても，ε-δ 論法は扱わないか，あるいは，2 年次以降の発展的な授業科目で扱うことが多いであろう．拙著『手を動かしてまなぶ　微分積分』も ε-δ 論法を扱わない微分積分の入門書である．本書は 1 変数関数の微分積分の中で用いられる ε-δ 論法を扱い，基本的な微分積分の学習をすでに終えた理工系の大学 2 年生以上を主な対象とした教科書あるいは自習書として書かれている．

　数学をまなぶ際には「行間を埋める」ことが大切である．数学の教科書では，推論の過程の一部は省略されていることが多い．それは，省略を自分で埋められる読者を想定していることもあるし，紙面の都合などの事情もある．したがって，正しい理解のためには，読者は省略された「行間」にある推論の過程を補い「埋める」必要がある．

　本書ではそうした「行間を埋める」ことを助けるために，次の工夫を行った．

- 読者自身で手を動かして解いてほしい例題や，読者が見落としそうな証明や計算が省略されているところに「✍」の記号を設けた．
- とくに本文に設けられた「✍」の記号について，その「行間埋め」の具体的なやり方を裳華房のウェブサイト

　　　　https://www.shokabo.co.jp/author/1592/1592support.pdf

　に別冊で公開した．
- ふり返りの記号として「⇨」を使い，すでに定義された概念などを復習できるようにしたり，証明を省略した定理などについて参考文献にあたれるようにした．例えば，[⇨［藤岡 1］定理 9.4] は「参考文献（本書 295 ページ）［藤岡 1］の定理 9.4 を見よ」という意味である．また，各節末に用意した問題が本文のどこの内容と対応しているかを示した．
- 例題や節末問題について，くり返し解いて確認するためのチェックボックスを設けた．
- 省略されがちな式変形の理由づけを記号「☺」で示した．
- 各節のはじめに「ポイント」を，各章の終わりに「まとめ」を設けた．抽象的な概念の理解を助けるための図も多数用意した．
- 節末問題を「確認問題」「基本問題」「チャレンジ問題」の 3 段階に分けた．穴埋め問題も取り入れ，読者が手を動かしやすくなるようにした．
- 巻末には節末問題の略解やヒントがあるが，丁寧で詳細な解答を裳華房のウェブサイト

　　　　https://www.shokabo.co.jp/author/1592/1592answer.pdf

　から無料でダウンロードできるようにした．自習学習に役立ててほしい．

　本書の第 1 章では数列の極限と実数の基本的性質である連続の公理を扱う．もちろん，議論は ε-δ 論法にもとづいている．第 2 章では連続関数を扱う．第 3 章では関数項級数や関数列を扱い，これらに対する重要な収束概念である一様収束について述べる．また，応用として，指数関数と三角関数の定義をべき級数を用いてあたえる．さらに，第 4 章では関数の微分を扱い，指数関数や三角関数の他に，双曲線関数，対数関数，べき関数，逆三角関数といった基本的な関数について述べる．第 5 章ではリーマン積分を扱い，とくに，一様連続性という概念を用いて，有界閉区間で定義された連続関数がリーマン積分可能であることを示す．また，項別積分定理や項別微分定理についても述べる．第 6 章ではリーマン積分の応用として，広義積分や曲線の長さについて述べる．なお，目次の後に載せた**全体の地図**も参考にされたい．また，重要な定理には**(重要)** のしるしをつけておいた．

　執筆に当たり，関西大学数学教室の同僚諸氏や同大学で非常勤講師として数学教育に携わる諸先生から有益な助言や示唆をいただいた．前著に続いて，(株)裳華房編集部の久米大郎氏には終始大変お世話になり，真志田桐子氏は本書にふさわしい素敵な装いをあたえてくれた．この場を借りて心より御礼申し上げたい．

2021 年 11 月

藤岡　　敦

目 次

1 数列の極限と連続の公理 ——————— *1*

§1 数列の極限（その1） ……………………………… 1
§2 数列の極限（その2） ……………………………… 13
§3 連続の公理（その1） ……………………………… 23
§4 連続の公理（その2） ……………………………… 35

2 連続関数 ——————————————— *48*

§5 関数の極限 ……………………………………… 48
§6 関数の連続性とワイエルシュトラスの定理 ………… 60
§7 中間値の定理と逆関数 ………………………… 72

3 関数項級数と一様収束 ——————— *84*

§8 級数 ……………………………………………… 84
§9 関数項級数とべき級数 ……………………… 96
§10 上極限と下極限 ………………………………… 108
§11 一様収束 ……………………………………… 121
§12 指数関数と三角関数 ……………………… 133

4 　関数の微分 ——————————————— *146*

§13　微分に関する基本事項 ……………………………… 146

§14　べき級数の項別微分 …………………………………… 156

§15　三角関数と双曲線関数 ……………………………… 167

§16　対数関数とべきの一般化 …………………………… 178

§17　逆三角関数 ……………………………………………… 188

5 　リーマン積分 ———————————— *201*

§18　定義と基本的性質 …………………………………… 201

§19　可積分条件（その 1）………………………………… 212

§20　可積分条件（その 2）………………………………… 224

§21　連続関数の一様連続性とリーマン積分 ………… 233

§22　項別積分と項別微分 …………………………………… 245

6 　リーマン積分の応用 ———————— *258*

§23　広義積分 ………………………………………………… 258

§24　曲線の長さ ……………………………………………… 270

問題解答とヒント　*282*　　参考文献　*295*　　索 引　*296*

全体の地図

ε-δ論法 ①

ε-δ論法(ε-N論法）：極限に関する議論を厳密に行うことができる.

実数の性質が深く関わる

関数の場合

数列の場合

連続の公理 ①

- $\mathbf{R}$：実数全体の集合
- 四則演算および大小関係が定義され，**順序体**となる.
- **連続の公理**：上に有界な単調増加数列は収束する.

関数の極限と微分 ② ④

- $A \subset \mathbf{R}$, $A \neq \emptyset$
- $f : A \to \mathbf{R}$：関数
- 関数の極限：$a \in \overline{A}$（Aの閉包）とする.

$$f(x) : x \to a \text{ のとき } l \in \mathbf{R} \text{ に収束 } \left(\lim_{x \to a} f(x) = l \right)$$
$$\Updownarrow \text{def.}$$
$$\forall \varepsilon > 0, \ ^{\exists}\delta > 0 \ \text{s.t.} \ \lceil |x - a| < \delta \ (x \in A) \Longrightarrow |f(x) - l| < \varepsilon \rfloor$$

- 関数の連続性：$a \in A$とする.

$$f(x) : x = a \text{ で連続} \underset{\text{def.}}{\Longleftrightarrow} \lim_{x \to a} f(x) = f(a)$$

- 微分を考えることにより，関数の性質を調べることができる.

さらにリーマン積分を考えることができる

数列の極限 ①

$\{a_n\}_{n=1}^{\infty}$：実数列

$$\{a_n\}_{n=1}^{\infty} : \alpha \in \mathbf{R} \text{ に収束 } \left(\lim_{n \to \infty} a_n = \alpha \right)$$
$$\Updownarrow \text{def.}$$
$$\forall \varepsilon > 0, \ ^{\exists}N \in \mathbf{N} \ \text{s.t.} \ \lceil n \geq N \ (n \in \mathbf{N}) \Longrightarrow |a_n - \alpha| < \varepsilon \rfloor$$

関数列の極限

- $A \subset \mathbf{R},\ A \neq \emptyset$
- $\{f_n\}_{n=1}^{\infty}$：A で定義された関数からなる関数列
- $f : A \to \mathbf{R}$：関数
- **各点収束**：定義域の各点において数列として収束.
- **一様収束**：

$$\{f_n\}_{n=1}^{\infty} : f \text{ に一様収束}$$
$$\Updownarrow \text{def.}$$
$$\forall \varepsilon > 0,\ \exists N \in \mathbf{N}\ \text{s.t.}$$
$$\lceil x \in A,\ n \geq N\ (n \in \mathbf{N}) \Longrightarrow |f_n(x) - f(x)| < \varepsilon \rfloor$$

関数からなる列へ一般化

関数項級数の場合

関数項級数とべき級数

- 数列と同様に関数列から**関数項級数**を定めることができる.
- **べき級数**：$\displaystyle\sum_{n=0}^{\infty} a_n(x-a)^n$ と表される関数項級数
  $(a \in \mathbf{R},\ \{a_n\}_{n=1}^{\infty} : \text{数列})$
- 指数関数, 余弦関数, 正弦関数：べき級数を用いて定めることができる.

リーマン積分

- $f : [a,b] \to \mathbf{R}$：関数
- $\Delta : a = x_0 < x_1 < x_2 < \cdots < x_{n-1} < x_n = b$：$[a,b]$ の**分割**
- $|\Delta| := \max\{x_i - x_{i-1} \mid i = 1, 2, \cdots, n\}$：**幅**
- $\xi_i \in [x_{i-1}, x_i]\ (i = 1, 2, \cdots, n)$：**代表点**
- $R(f, \Delta, \boldsymbol{\xi}) := \displaystyle\sum_{i=1}^{n} f(\xi_i)(x_i - x_{i-1})$：**リーマン和**

$$f : \text{リーマン積分可能}$$
$$\Updownarrow \text{def.}$$
$$\exists I \in \mathbf{R},\ \forall \varepsilon > 0,\ \exists \delta > 0\ \text{s.t.}$$
$$|\Delta| < \delta \Longrightarrow |R(f, \Delta, \boldsymbol{\xi}) - I| < \varepsilon$$

- f がリーマン積分可能なとき, $I = \displaystyle\int_a^b f(x)\,dx$ と表す.
- 広義積分や曲線の長さの計算へと応用することができる.

数列の極限と連続の公理

数列の極限（その1）

—— §1のポイント ——

- ε-δ 論法を用いて，極限に関する議論を厳密に行うことができる．
- 実数全体の集合は**アルキメデスの原理**をみたす．
- **全称記号**や**存在記号**といった論理記号などを用いると，数学に現れる命題を簡潔に記述することができる．
- 数列の極限に関して，**はさみうちの原理**がなりたつ．
- 実数全体の集合は**三角不等式**をみたす．
- 数列の和，差の極限はそれぞれ数列の極限の和，差に等しい．
- 数列のスカラー倍の極限は数列の極限のスカラー倍に等しい．

1・1 ε-δ 論法とは

微分積分では，数列や関数の極限，関数の微分や積分などに見られるように，極限をとるという操作がしばしば現れる．このような極限に関する議論を厳密に行う際には，

　　　　「任意の $\varepsilon > 0$ に対して，ある $\delta > 0$ が存在し，$\cdots$」　　　　(1.1)

とか

　　　　「任意の $\varepsilon > 0$ に対して，ある自然数 N が存在し，$\cdots$」　　　　(1.2)

といった表現が頻出する．そこで，(1.1) や (1.2) のように，文字 ε, δ, N を用いて，極限に関する議論を厳密に行うことを **ε-δ 論法**（または **ε-N 論法**）とよぶ．

　なお，次のように定められる数からなる集合は本書でも適宜用いる．

$$\mathbf{N} = \{1, 2, \cdots, n, \cdots\} = 自然数全体の集合$$

$$\mathbf{Z} = \{0, \pm 1, \pm 2, \cdots\} = 整数全体の集合$$

$$\mathbf{Q} = \left\{ \frac{m}{n} \,\middle|\, m, n \in \mathbf{Z}, \ n \neq 0 \right\} = 有理数全体の集合$$

$$\mathbf{R} = 実数全体の集合^{1)}$$

$$\mathbf{C} = \{a + bi \,|\, a, b \in \mathbf{R}, \ i は虚数単位\} = 複素数全体の集合$$

1・2　数列の極限の定義

　まず，数列の極限の定義について考えよう．以下では，簡単のため，実数列，すなわち，各項が実数である数列を考え，これを単に「数列」ということにする．

　$\{a_n\}_{n=1}^{\infty}$ を数列とし，$\alpha \in \mathbf{R}$ とする．$\{a_n\}_{n=1}^{\infty}$ が α に収束するとは，$n \in \mathbf{N}$ を十分大きく選べば，a_n を α に限りなく近づけることができることをいうのであった [$\Rightarrow$ [藤岡 1] **定義 1.1**]．このことは ε-δ 論法を用いて，次の定義 1.1 の (1) のように表される．

定義 1.1

　$\{a_n\}_{n=1}^{\infty}$ を数列とする．

---

1)　実数がどのようなものであるのかについては，§3，§4 で改めて述べる．

(1) $\alpha \in \mathbf{R}$ とする. 任意の $\varepsilon > 0$ に対して[2)], ある $N \in \mathbf{N}$ が[3)] 存在し, $n \geq N$ $(n \in \mathbf{N})$ ならば, $|a_n - \alpha| < \varepsilon$ となるとき[4)], $\{a_n\}_{n=1}^{\infty}$ は **極限 α に収束する**という. このとき $\lim\limits_{n\to\infty} a_n = \alpha$ または $a_n \to \alpha$ $(n \to \infty)$ と表す.

(2) $\{a_n\}_{n=1}^{\infty}$ がどのような実数にも収束しないとき, $\{a_n\}_{n=1}^{\infty}$ は**発散する**という.

例 1.1 $\alpha \in \mathbf{R}$ とし, 数列 $\{a_n\}_{n=1}^{\infty}$ を

$$a_n = \alpha \qquad (n \in \mathbf{N}) \tag{1.3}$$

により定める. ε-δ 論法を用いて, $\{a_n\}_{n=1}^{\infty}$ が α に収束すること, すなわち, 等式

$$\lim_{n\to\infty} a_n = \alpha \tag{1.4}$$

を示そう. なお, (1.3) より, (1.4) は

$$\lim_{n\to\infty} \alpha = \alpha \tag{1.5}$$

と表すことができる.

$\varepsilon > 0$ とする. このとき, $n \in \mathbf{N}$ ならば,

$$|a_n - \alpha| \overset{\overset{\odot}{(1.3)}}{=} |\alpha - \alpha| = |0| = 0 < \varepsilon, \tag{1.6}$$

すなわち, $|a_n - \alpha| < \varepsilon$ である. よって, 定義 1.1 の (1) において, $N = 1$ とすることにより, (1.4) が示された. ◆

注意 1.1 例 1.1 において, N を 1 以外の任意の自然数としても, (1.4) を示すことができる. しかし, 一般には, 定義 1.1 の (1) の自然数 N は ε に依存する.

[2)] 本書では「正の実数 ε」のことを簡単に「$\varepsilon > 0$」と書く.

[3)] 「ある $N \in \mathbf{N}$ が」の部分は「ある自然数 N が」のように読むとよいであろう.

[4)] $x \in \mathbf{R}$ に対して, $|x|$ は x の絶対値である.

等式

$$\lim_{n\to\infty} \frac{1}{n} = 0 \tag{1.7}$$

がなりたつことは実数の性質と深く関わることであり，次のアルキメデスの原理から導かれる．

命題 1.1（アルキメデスの原理）

任意の正の実数 a, b に対して[5]，ある $n \in \mathbf{N}$ が存在し，$na > b$ となる．

例 1.2　アルキメデスの原理（命題1.1）を用いて，(1.7) を示そう．$\varepsilon > 0$ とする．このとき，アルキメデスの原理（命題1.1）において，$a = \varepsilon$, $b = 1$ とすることにより，ある $N \in \mathbf{N}$ が存在し，$N\varepsilon > 1$ となる．すなわち，

$$\frac{1}{N} < \varepsilon \tag{1.8}$$

である．よって，$n \geq N$ $(n \in \mathbf{N})$ ならば，

$$\frac{1}{n} \leq \frac{1}{N} \overset{\odot\,(1.8)}{<} \varepsilon, \tag{1.9}$$

すなわち，

$$\left| \frac{1}{n} - 0 \right| < \varepsilon \tag{1.10}$$

である．したがって，数列の極限の定義（定義1.1 (1)）より，(1.7) がなりたつ．

◆

1・3　論理記号など

数学に現れる命題をノートなどに書く際には，論理学で用いられる論理記号などを用いると記述が簡潔になる．本書では，以下に述べる記号を，主に本文中の図や各章の終わりの「まとめ」の中で用いることにする．

---

[5]　例えば，定義1.1の (1) の「$\varepsilon > 0$」のように，単に $a, b > 0$ と書いても差し支えないが，ここでは，a, b が実数であることを強調して，このように書いた．

- 「$\forall$」は「**任意の**」あるいは「**すべての**」という意味を表し，**全称記号**という．
例えば，「任意の $\varepsilon > 0$ に対して，$\cdots$」という文を「$\forall \varepsilon > 0$, $\cdots$」と表す．「$\forall$」
は「$\forall$」と大きく書くこともある．なお，この記号は「任意の」あるいは「すべ
ての」を意味する英単語「any」あるいは「all」の頭文字の大文字「A」をひっ
くり返したものである．

- 「$\exists$」は「**存在する**」という意味を表し，**存在記号**という．例えば，「ある $\delta > 0$
が存在し，$\cdots$」あるいは「ある $\delta > 0$ に対して，$\cdots$」という文を「$\exists \delta > 0$, $\cdots$」
と書く．「$\exists$」は「$\exists$」と大きく書くこともある．なお，この記号は「存在する」
を意味する英単語「exist」の頭文字の大文字「E」をひっくり返したものであ
る．また，存在するものが一意的である，すなわち，1つしかないときは，「$\exists!$」
や「$\exists 1$」という記号を用いる．

- 「s.t.」は「**such that**」の略であり，「$\cdots$ s.t. ——」は「—— をみたす $\cdots$」と
いう意味を表す．

- 命題 P, Q に対して，命題「P ならば Q である」を「$P \Rightarrow Q$」と書く．P と
Q が同値である，すなわち，「$P \Rightarrow Q$」かつ「$Q \Rightarrow P$」であることを「$P \Leftrightarrow Q$」
と書く．$\Rightarrow$, $\Leftrightarrow$ ともに矢印の長さが長くなっても意味は同じである．

例 1.3　定義 1.1 の (1) において，

$$
\begin{array}{l}
\text{任意の } \varepsilon > 0 \text{ に対して，ある } N \in \mathbf{N} \text{ が存在し，} \\
n \geq N \ (n \in \mathbf{N}) \text{ ならば，} |a_n - \alpha| < \varepsilon \text{ となる}
\end{array}
\tag{1.11}
$$

の部分は

$$
{}^{\forall}\varepsilon > 0, \ {}^{\exists}N \in \mathbf{N} \ \text{s.t.} \ \lceil n \geq N \ (n \in \mathbf{N}) \Longrightarrow |a_n - \alpha| < \varepsilon \rfloor
\tag{1.12}
$$

と表すことができる．　　　　　　　　　　　　　　　　　　　　　　　◆

例 1.4　アルキメデスの原理（命題 1.1）は

$$
{}^{\forall}a, b > 0, \ {}^{\exists}n \in \mathbf{N} \ \text{s.t.} \ na > b
\tag{1.13}
$$

と表すことができる．　　　　　　　　　　　　　　　　　　　　　　　◆

注意 1.2　上のような論理記号などを用いて，命題の否定を考えると，「$^\forall$」と「$^\exists$」が入れ替わる．例えば，(1.12) の否定は

$$^\exists \varepsilon > 0, \, ^\forall N \in \mathbf{N}, \ulcorner ^\exists n \geq N \ (n \in \mathbf{N}) \text{ s.t. } |a_n - \alpha| \geq \varepsilon \lrcorner \tag{1.14}$$

となる．また，(1.13) の否定は

$$^\exists a, b > 0 \text{ s.t. } \ulcorner ^\forall n \in \mathbf{N}, \, na \leq b \lrcorner \tag{1.15}$$

となる．命題の否定を考える際には，文章そのものよりも論理記号などを用いて書いたものを否定する方が間違えにくいであろう．

1・4　はさみうちの原理

数列の極限に関して，次のはさみうちの原理がなりたつ．

定理 1.1（はさみうちの原理）（重要）

数列 $\{a_n\}_{n=1}^{\infty}$, $\{b_n\}_{n=1}^{\infty}$, $\{c_n\}_{n=1}^{\infty}$ に対して，$\{a_n\}_{n=1}^{\infty}$, $\{b_n\}_{n=1}^{\infty}$ は $\alpha \in \mathbf{R}$ に収束し，任意の $n \in \mathbf{N}$ に対して，

$$a_n \leq c_n \leq b_n \tag{1.16}$$

がなりたつとする．このとき，$\{c_n\}_{n=1}^{\infty}$ は α に収束する．

証明　$\varepsilon > 0$ とする．まず，$\displaystyle\lim_{n\to\infty} a_n = \alpha$ なので，数列の極限の定義（定義 1.1 (1)）より，ある $N_1 \in \mathbf{N}$ が存在し，$n \geq N_1 \ (n \in \mathbf{N})$ ならば，

$$|a_n - \alpha| < \varepsilon \tag{1.17}$$

となる．また，$\displaystyle\lim_{n\to\infty} b_n = \alpha$ なので，数列の極限の定義（定義 1.1 (1)）より，ある $N_2 \in \mathbf{N}$ が存在し，$n \geq N_2 \ (n \in \mathbf{N})$ ならば，

$$|b_n - \alpha| < \varepsilon \tag{1.18}$$

となる．ここで，$N \in \mathbf{N}$ を $N = \max\{N_1, N_2\}$ により定める．すなわち，N は N_1 と N_2 のうちの大きい方である[6]．このとき，$n \geq N \ (n \in \mathbf{N})$ ならば，

---
[6]　$N_1 = N_2$ のときは，$N = N_1 = N_2$ とする．

$$\alpha - \varepsilon \overset{\text{(1.17)}}{<} a_n \overset{\text{(1.16)}}{\leq} c_n \overset{\text{(1.16)}}{\leq} b_n \overset{\text{(1.18)}}{<} \alpha + \varepsilon \tag{1.19}$$

となる．すなわち，$|c_n - \alpha| < \varepsilon$ である．よって，数列の極限の定義（定義1.1 (1)）より，$\{c_n\}_{n=1}^{\infty}$ は α に収束する． ◇

注意 1.3 はさみうちの原理（定理1.1）において，「任意の $n \in \mathbf{N}$ に対して」という部分は「ある $N \in \mathbf{N}$ が存在し，$n \geq N$ となる任意の $n \in \mathbf{N}$ に対して」としてもよい．

1・5 三角不等式

三角不等式は ε-δ 論法を用いる上で，とても重要な不等式である．

定理 1.2（三角不等式）（重要）

$x, y \in \mathbf{R}$ とすると，不等式
$$|x + y| \leq |x| + |y| \qquad \text{（三角不等式）} \tag{1.20}$$
がなりたつ[7)][8)]．

証明 まず，
$$\begin{aligned}
\left(|x| + |y|\right)^2 - |x + y|^2 &= x^2 + 2|x||y| + y^2 - (x + y)^2 \\
&= 2\left(|xy| - xy\right) \geq 0
\end{aligned} \tag{1.21}$$
である．すなわち，
$$|x + y|^2 \leq \left(|x| + |y|\right)^2 \tag{1.22}$$
である．$|x + y|$ および $|x| + |y|$ は 0 以上なので，(1.22) より，(1.20) がなりたつ． ◇

[7)] 三角形の辺の長さに対してなりたつ不等式に由来する（**図 1.1**）．

[8)] 三角不等式から派生して得られる問 1.4 (1)〜(4) の不等式も重要である．

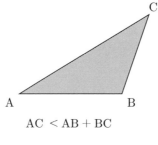

$$AC < AB + BC$$

図 1.1　三角不等式

それでは，次の例題 1.1 を考えてみよう．

例題 1.1　次の ☐ をうめることにより，数列が収束するならば，その極限は一意的であることを示せ．

　$\{a_n\}_{n=1}^{\infty}$ を $\alpha, \beta \in \mathbf{R}$ に収束する数列とし，$\varepsilon > 0$ とする．まず，$\displaystyle\lim_{n\to\infty} a_n = \boxed{①}$ なので，数列の極限の定義（定義 1.1 (1)）より，ある $N_1 \in \mathbf{N}$ が存在し，$n \geq N_1\ (n \in \mathbf{N})$ ならば，

$$|a_n - \alpha| < \frac{\varepsilon}{2} \tag{1.23}$$

となる[9]．また，$\displaystyle\lim_{n\to\infty} a_n = \boxed{②}$ なので，数列の極限の定義（定義 1.1 (1)）より，ある $N_2 \in \mathbf{N}$ が存在し，$n \geq N_2\ (n \in \mathbf{N})$ ならば，

$$\left| \boxed{③} \right| < \frac{\varepsilon}{2} \tag{1.24}$$

となる．ここで，$N \in \mathbf{N}$ を $N = \max\{N_1, N_2\}$ により定める．このとき，$n \geq N\ (n \in \mathbf{N})$ ならば，

$$|\alpha - \beta| = \left| (\alpha - a_n) + \left(\boxed{③} \right) \right| \overset{\odot\ \boxed{④}\ 不等式}{\leq} |\alpha - a_n| + \left| \boxed{③} \right|$$

---

[9]　定義 1.1 の (1) において，ε の部分を $\frac{\varepsilon}{2}$ と置き換えている．

$$\overset{\odot (1.23),\,(1.24)}{<} \quad \frac{\varepsilon}{2} + \frac{\varepsilon}{2} = \varepsilon \tag{1.25}$$

となる．すなわち，$|\alpha - \beta| < \varepsilon$ である．さらに，ε は任意の正の数なので，$|\alpha - \beta| = \boxed{⑤}$ となる[10]．よって，$\alpha = \beta$ である． □ □ □ ✍

解 ① α, ② β, ③ $a_n - \beta$, ④ 三角, ⑤ 0 ◇

注意 1.4 例題 1.1 において，ε は任意の正の数なので，(1.23), (1.24) の $\frac{\varepsilon}{2}$ を ε と置き換え，(1.25) の ε を 2ε と置き換えてもよい．

実数の和，差，積を用いることにより，あたえられた数列から和，差，スカラー倍といった新たな数列を定めることができる [⇨ ［藤岡 1］ **1・5**]．このとき，次の定理 1.3 がなりたつ．

┌─ **定理 1.3（重要）** ─────────────
$\{a_n\}_{n=1}^{\infty}$, $\{b_n\}_{n=1}^{\infty}$ をそれぞれ α, $\beta \in \mathbf{R}$ に収束する数列とすると，次の (1), (2) がなりたつ．
(1) $\displaystyle \lim_{n \to \infty} (a_n \pm b_n) = \alpha \pm \beta$．（複号同順）
(2) $\displaystyle \lim_{n \to \infty} c a_n = c\alpha$．$(c \in \mathbf{R})$
└────────────────────────────

証明 (1) 問 1.1 とする．
(2) $\varepsilon > 0$ とする．$\displaystyle \lim_{n \to \infty} a_n = \alpha$ なので，数列の極限の定義（定義 1.1 (1)）より，ある $N \in \mathbf{N}$ が存在し，$n \geq N$ $(n \in \mathbf{N})$ ならば，

$$|a_n - \alpha| < \frac{\varepsilon}{|c| + 1} \tag{1.26}$$

となる．このとき，$n \geq N$ $(n \in \mathbf{N})$ ならば，

───────────────

[10] 任意の正の数よりも小さくなるような 0 以上の数は 0 のみである．

$$|ca_n - c\alpha| = |c||a_n - \alpha| \overset{\odot\,(1.26)}{\leq} |c|\frac{\varepsilon}{|c|+1} \overset{\odot\,\frac{|c|}{|c|+1}<1}{<} \varepsilon \tag{1.27}$$

となる．すなわち，

$$|ca_n - c\alpha| < \varepsilon \tag{1.28}$$

である．よって，数列の極限の定義（定義 1.1 (1)）より，(2) がなりたつ． ◇

注意 1.5　(1.26) の $|c|+1$ を $|c|+2$ などと置き換えても同じ結論 (1.28) が得られる．

§1 の問題

確認問題

問 1.1　次の ☐ をうめることにより，定理 1.3 の (1) を示せ．

$\varepsilon > 0$ とする．まず，$\displaystyle\lim_{n\to\infty} a_n = \boxed{①}$ なので，数列の極限の定義（定義 1.1 (1)）より，ある $N_1 \in \mathbf{N}$ が存在し，$n \geq N_1\ (n \in \mathbf{N})$ ならば，

$$|a_n - \alpha| < \frac{\varepsilon}{2} \tag{1}$$

となる．また，$\displaystyle\lim_{n\to\infty} b_n = \boxed{②}$ なので，数列の極限の定義（定義 1.1 (1)）より，ある $N_2 \in \mathbf{N}$ が存在し，$n \geq N_2\ (n \in \mathbf{N})$ ならば，

$$\left| \boxed{③} \right| < \frac{\varepsilon}{2} \tag{2}$$

となる．ここで，$N \in \mathbf{N}$ を $N = \max\{N_1, N_2\}$ により定める．このとき，$n \geq N\ (n \in \mathbf{N})$ ならば，

$$\left|(a_n \pm b_n) - (\alpha \pm \beta)\right| = \left|(a_n - \alpha) \pm \left(\boxed{③} \right)\right|$$

$$\overset{\odot\,\boxed{④}\ \text{不等式}}{\leq} |a_n - \alpha| + \left| \boxed{③} \right| \overset{\odot\,(1),(2)}{<} \frac{\varepsilon}{2} + \frac{\varepsilon}{2} = \varepsilon$$

となる．すなわち，

$$\left|(a_n \pm b_n) - (\alpha \pm \beta)\right| < \varepsilon$$

である．よって，数列の極限の定義（定義 1.1 (1)）より，定理 1.3 の (1) がなりたつ． □□□ [⇨ **1·5**]

基本問題

問 1.2 $\{a_n\}_{n=1}^{\infty}$, $\{b_n\}_{n=1}^{\infty}$ をそれぞれ $\alpha, \beta \in \mathbf{R}$ に収束し，任意の $n \in \mathbf{N}$ に対して，$a_n \leq b_n$ となる数列とする．次の [   ] をうめることにより，$\alpha \leq \beta$ であることを示せ．

背理法により示す．$\alpha \leq \beta$ ではない，すなわち，①であると仮定する．このとき，$\varepsilon > 0$ を $\varepsilon = \frac{1}{2}(\alpha - \beta)$ により定めることができる．次に，$\lim_{n\to\infty} a_n = $ ②なので，数列の極限の定義（定義 1.1 (1)）より，ある $N_1 \in \mathbf{N}$ が存在し，$n \geq N_1$ $(n \in \mathbf{N})$ ならば，

$$|a_n - \alpha| < \varepsilon \tag{1}$$

となる．また，$\lim_{n\to\infty} b_n = $ ③なので，数列の極限の定義（定義 1.1 (1)）より，ある $N_2 \in \mathbf{N}$ が存在し，$n \geq N_2$ $(n \in \mathbf{N})$ ならば，

$$\left| \boxed{④} \right| < \varepsilon \tag{2}$$

となる．ここで，$N \in \mathbf{N}$ を $N = \max\{N_1, N_2\}$ により定める．このとき，$n \geq N$ $(n \in \mathbf{N})$ ならば，

$$b_n \overset{\overset{\smile}{} (2)}{<} \beta + \varepsilon \overset{\overset{\smile}{} \varepsilon = \frac{1}{2}(\alpha-\beta)}{=} \boxed{⑤} \overset{\overset{\smile}{} (1)}{<} a_n$$

となる．すなわち，$b_n < a_n$ である．これは矛盾である．よって，$\alpha \leq \beta$ である． □□□ [⇨ **1·2**]

問 1.3 次の問に答えよ．

(1) 数学的帰納法を用いて，任意の $n \in \mathbf{N}$ に対して，不等式 $n < 2^n$ がなりたつことを示せ．

(2)　等式

$$\lim_{n \to \infty} \frac{1}{2^n} = 0$$

を ε-δ 論法と論理記号などを用いて表せ.

(3)　はさみうちの原理（定理 1.1）を用いて, (2) の等式を示せ.

□□□ [⇨ **1・4**]

問 1.4　$x_1, x_2, \cdots, x_n, x, y, z \in \mathbf{R}$ とする. 次の (1)〜(4) の不等式がなり
たつことを示せ [11].

(1)　$\left| \displaystyle\sum_{i=1}^{n} x_i \right| \leq \displaystyle\sum_{i=1}^{n} |x_i|$ (2)　$|x - z| \leq |x - y| + |y - z|$

(3)　$\big| |x| - |y| \big| \leq |x - y|$ (4)　$\big| |x| - |y| \big| \leq |x + y|$

□□□ [⇨ **1・5**]

チャレンジ問題

問 1.5　$\{a_n\}_{n=1}^{\infty}$ を $\alpha \in \mathbf{R}$ に収束する数列とする.

(1)　等式

$$\lim_{n \to \infty} \frac{a_1 + a_2 + \cdots + a_n}{n} = \alpha$$

を ε-δ 論法と論理記号などを用いて表せ.

(2)　(1) の等式を示せ.

□□□ [⇨ **1・5**]

---

[11]　これら 4 つの不等式は以降で多用されるので, 使いこなせるようにしておくとよい.

§2 数列の極限（その2）

─── §2のポイント ───

- **上に有界**であり，かつ，**下に有界**である数列は**有界**であるという.
- 収束する数列は有界である.
- 数列の積の極限は数列の極限の積に等しい.
- 数列の商の極限は数列の極限の商に等しい. ただし，分母の数列の極限は0でないとする.
- 発散する数列の中でも，$+\infty$ または $-\infty$ に発散するものを考えることができる.
- 数列の極限に関して，**追い出しの原理**がなりたつ.

2・1 数列の有界性

§1 に引き続き，数列の極限について述べていこう. まず，数列の有界性について，次の定義 2.1 のように定める.

┌─ **定義 2.1** ─────────────

$\{a_n\}_{n=1}^{\infty}$ を数列とする.

(1) ある $M \in \mathbf{R}$ が存在し，任意の $n \in \mathbf{N}$ に対して，$a_n \leq M$ となるとき，$\{a_n\}_{n=1}^{\infty}$ は**上に有界**であるという.

(2) ある $m \in \mathbf{R}$ が存在し，任意の $n \in \mathbf{N}$ に対して，$m \leq a_n$ となるとき，$\{a_n\}_{n=1}^{\infty}$ は**下に有界**であるという.

(3) 上にも下にも有界な数列は**有界**であるという.

└─────────────────────────

注意 2.1 $\{a_n\}_{n=1}^{\infty}$ を数列とすると，

$$\{a_n\}_{n=1}^{\infty} \text{ が有界} \iff {}^{\exists}M > 0 \text{ s.t. } {}^{\forall}n \in \mathbf{N}, |a_n| \leq M \tag{2.1}$$

である（✍）[1].

例 2.1　数列 $\{n\}_{n=1}^{\infty}$ について考えよう.

まず，$\{n\}_{n=1}^{\infty}$ は下に有界である. 実際，任意の $n \in \mathbf{N}$ に対して，$1 \le n$ となるからである.

次に，$\{n\}_{n=1}^{\infty}$ は上に有界ではないことを背理法により示そう. $\{n\}_{n=1}^{\infty}$ が上に有界であると仮定する. このとき，ある $M \in \mathbf{R}$ が存在し，任意の $n \in \mathbf{N}$ に対して，$n \le M$ となる. とくに，$n > 0$ より，$M > 0$ である. ところが，アルキメデスの原理（命題 1.1）において，$a = 1$，$b = M$ とすることにより，ある $N \in \mathbf{N}$ が存在し，$N > M$ となる. これは「任意の $n \in \mathbf{N}$ に対して，$n \le M$」であることに矛盾する. よって，$\{n\}_{n=1}^{\infty}$ は上に有界ではない.　　　　　◆

収束する数列に対しては，次の定理 2.1 がなりたつ.

定理 2.1（重要）

収束する数列は有界である. すなわち，$\{a_n\}_{n=1}^{\infty}$ を数列とすると，
$$\lim_{n \to \infty} a_n = \alpha \in \mathbf{R} \implies {}^{\exists}M > 0 \text{ s.t. } {}^{\forall}n \in \mathbf{N}, |a_n| \le M.$$

証明　$\{a_n\}_{n=1}^{\infty}$ を $\alpha \in \mathbf{R}$ に収束する数列とする. このとき，数列の極限の定義（定義 1.1 (1)）において $\varepsilon = 1$ とすると，ある $N \in \mathbf{N}$ が存在し，$n \ge N$ $(n \in \mathbf{N})$ ならば，$|a_n - \alpha| < 1$，すなわち，
$$\alpha - 1 < a_n < \alpha + 1 \tag{2.2}$$
となる. ここで，$M > 0$ を
$$M = \max\{|a_1|, |a_2|, \cdots, |a_{N-1}|, |\alpha - 1|, |\alpha + 1|\} \tag{2.3}$$
により定める. このとき，任意の $n \in \mathbf{N}$ に対して，$|a_n| \le M$ となる. よって，

---

[1]　定義 2.1 では (1) の $M \in \mathbf{R}$ と (2) の $m \in \mathbf{R}$ はお互い無関係に存在しても構わないが，(2.1) では 1 つの $M > 0$ のみが用いられていることに注意しよう.

$\{a_n\}_{n=1}^{\infty}$ は有界である $[\Rightarrow (2.1)]$. したがって，収束する数列は有界である．

$\diamondsuit$

2・2 数列の積と商の極限

実数の積と商を用いることにより，あたえられた数列から積，商といった新たな数列を定めることができる $[\Rightarrow [藤岡 1] \boxed{1 \cdot 5}]$．このとき，次の定理 2.2 がなりたつ．

定理 2.2（重要）

$\{a_n\}_{n=1}^{\infty}, \{b_n\}_{n=1}^{\infty}$ をそれぞれ $\alpha, \beta \in \mathbf{R}$ に収束する数列とすると，次の (1), (2) がなりたつ．

(1) $\displaystyle \lim_{n \to \infty} a_n b_n = \alpha\beta$.

(2) $\displaystyle \lim_{n \to \infty} \frac{a_n}{b_n} = \frac{\alpha}{\beta}$. $(b_n, \beta \neq 0)$

[証明] (1) 例題 2.1 とする．

(2) 等式

$$\lim_{n \to \infty} \frac{1}{b_n} = \frac{1}{\beta} \tag{2.4}$$

を示せばよい．実際，(1) および (2.4) より，(2) が得られるからである（✍）．

まず，$\beta \neq 0$ より，$|\beta| > 0$ であることに注意する．ここで，$\displaystyle \lim_{n \to \infty} b_n = \beta$ なので，数列の極限の定義（定義 1.1 (1)）において $\varepsilon = \frac{1}{2}|\beta|$ とすると，ある $N_1 \in \mathbf{N}$ が存在し，$n \geq N_1$ $(n \in \mathbf{N})$ ならば，

$$|b_n - \beta| < \frac{1}{2}|\beta| \tag{2.5}$$

となる．また，

$$|\beta| - |b_n| \leq \big||b_n| - |\beta|\big| \quad (\text{☺ 絶対値の性質}) \overset{\text{☺問 1.4 (3)}}{\leq} |b_n - \beta| \tag{2.6}$$

である．(2.5), (2.6) より，$n \geq N_1$ $(n \in \mathbf{N})$ ならば，

$$\frac{1}{2}|\beta| < |b_n| \tag{2.7}$$

となる（✍）．続きは問 2.1 とする．　　　　　　　　　　　　　　　　　◇

例題 2.1　　次の　□　をうめることにより，定理 2.2 の (1) を示せ．

まず，$\{b_n\}_{n=1}^{\infty}$ は収束するので，定理 2.1 より，ある $M > 0$ が存在し，任意の $n \in \mathbf{N}$ に対して，$|b_n| \leq M$ となる．このとき，

$$|a_n b_n - \alpha\beta| = \left|(a_n - \alpha)b_n + \alpha\left(\boxed{①}\right)\right|$$

$$\overset{\boxed{②}\ \text{不等式}}{\leq}\ |a_n - \alpha||b_n| + |\alpha|\left|\boxed{①}\right|$$

$$\leq\ M|a_n - \alpha| + |\alpha|\left|\boxed{①}\right| \tag{2.8}$$

となる．ここで，$\displaystyle\lim_{n\to\infty} a_n = \boxed{③}$ なので，数列の極限の定義（定義 1.1 (1)）より，ある $N_1 \in \mathbf{N}$ が存在し，$n \geq N_1$ $(n \in \mathbf{N})$ ならば，

$$|a_n - \alpha| < \frac{\varepsilon}{2M} \tag{2.9}$$

となる[2]．また，$\displaystyle\lim_{n\to\infty} b_n = \boxed{④}$ なので，数列の極限の定義（定義 1.1 (1)）より，ある $N_2 \in \mathbf{N}$ が存在し，$n \geq N_2$ $(n \in \mathbf{N})$ ならば，

$$\left|\boxed{①}\right| < \frac{\varepsilon}{2(|\alpha| + 1)} \tag{2.10}$$

となる．ここで，$N \in \mathbf{N}$ を $N = \max\{N_1, N_2\}$ により定める．このとき，$n \geq N$ $(n \in \mathbf{N})$ ならば，

$$|a_n b_n - \alpha\beta| \overset{(2.8)\sim(2.10)}{<} M \cdot \frac{\varepsilon}{2M} + |\alpha| \cdot \frac{\varepsilon}{2(|\alpha| + 1)}$$

---

[2]　(2.9) の右辺を $\frac{\varepsilon}{2M}$ としたのは，(2.11) の最後の式を ε とするための技術的な理由であり，ε の正の定数倍であれば，その他のものと置き換えてもよい．(2.10) の右辺についても同様である．

$$\because \frac{|\alpha|}{|\alpha|+1} < 1 \quad\frac{\varepsilon}{2} + \frac{\varepsilon}{2} = \varepsilon \tag{2.11}$$

である．すなわち，

$$|a_n b_n - \alpha\beta| < \varepsilon \tag{2.12}$$

である．よって，数列の極限の定義（定義1.1(1)）より，定理2.1の(1)がなりたつ．

解 ① $b_n - \beta$, ② 三角, ③ α, ④ β ◇

2・3 発散する数列

2・3 では，発散する数列の中でも，次の定義2.2のような条件をみたすものを考えよう．

定義2.2

$\{a_n\}_{n=1}^{\infty}$ を数列とする．

(1) 任意の $M \in \mathbf{R}$ に対して，ある $N \in \mathbf{N}$ が存在し，$n \geq N \ (n \in \mathbf{N})$ ならば，$M < a_n$ となるとき，$\{a_n\}_{n=1}^{\infty}$ は**極限 $+\infty$** または**正の無限大**に発散するという（**図2.1**）．このとき，$\lim_{n\to\infty} a_n = +\infty$ または $a_n \to +\infty \ (n \to \infty)$ と表す[3]．

(2) 任意の $M \in \mathbf{R}$ に対して，ある $N \in \mathbf{N}$ が存在し，$n \geq N \ (n \in \mathbf{N})$ ならば，$a_n < M$ となるとき，$\{a_n\}_{n=1}^{\infty}$ は**極限 $-\infty$** または**負の無限大**に発散するという．このとき，$\lim_{n\to\infty} a_n = -\infty$ または $a_n \to -\infty$ $(n \to \infty)$ と表す．

---

[3] 「+」を省略して，$\lim_{n\to\infty} a_n = \infty$ または $a_n \to \infty \ (n \to \infty)$ と表すこともある．

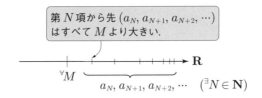

図 2.1　$+\infty$ に発散する数列

例 2.2　$a > 0$ とする．アルキメデスの原理（命題 1.1）を用いて，数列 $\{an\}_{n=1}^{\infty}$ が $+\infty$ に発散すること，すなわち，等式

$$\lim_{n \to \infty} an = +\infty \tag{2.13}$$

を示そう．

　$M \in \mathbf{R}$ とする．まず，$M \leq 0$ のとき，$n \in \mathbf{N}$ ならば，

$$M \leq 0 < an, \tag{2.14}$$

すなわち，$M < an$ となる．次に，$M > 0$ のとき，アルキメデスの原理（命題 1.1）において，$b = M$ とすることにより，ある $N \in \mathbf{N}$ が存在し，$aN > M$ となる．このとき，$n \geq N \ (n \in \mathbf{N})$ ならば，

$$M < aN \leq an, \tag{2.15}$$

すなわち，$M < an$ となる．よって，定義 2.2 の (1) より，(2.13) がなりたつ．とくに，(2.13) において，$a = 1$ とすると，等式

$$\lim_{n \to \infty} n = +\infty \tag{2.16}$$

が得られる．　　　　　　　　　　　　　　　　　　　　　　　　　◆

2・4　追い出しの原理

　数列の極限に関して，次の追い出しの原理がなりたつ．

定理 2.3（追い出しの原理）（重要）

$\{a_n\}_{n=1}^{\infty}$, $\{b_n\}_{n=1}^{\infty}$ を，任意の $n \in \mathbf{N}$ に対して $a_n \leq b_n$ となる数列とす

る．$\{a_n\}_{n=1}^{\infty}$ が $+\infty$ に発散するならば，$\{b_n\}_{n=1}^{\infty}$ も $+\infty$ に発散する．

証明　$M \in \mathbf{R}$ とする．$\displaystyle\lim_{n\to\infty} a_n = +\infty$ なので，定義 2.2 の (1) より，ある $N \in \mathbf{N}$ が存在し，$n \geq N$ $(n \in \mathbf{N})$ ならば，$M < a_n$ となる．よって，$n \geq N$ $(n \in \mathbf{N})$ ならば，

$$M < a_n \leq b_n, \tag{2.17}$$

すなわち，$M < b_n$ である．したがって，定義 2.2 の (1) より，$\{b_n\}_{n=1}^{\infty}$ も $+\infty$ に発散する．　　　　　　　　　　　　　　　　　　　　　　　　　　$\diamondsuit$

注意 2.2　追い出しの原理（定理 2.3）において，「任意の $n \in \mathbf{N}$ に対して」という部分は「ある $N \in \mathbf{N}$ が存在し，$n \geq N$ となる任意の $n \in \mathbf{N}$ に対して」としてもよい．

例 2.3　まず，任意の $n \in \mathbf{N}$ に対して，不等式 $n \leq 2^n$ がなりたつ ［⇨ **問 1.3** (1)］．また，$\displaystyle\lim_{n\to\infty} n = +\infty$ である ［⇨(2.16)］．よって，追い出しの原理（定理 2.3）より，等式

$$\lim_{n\to\infty} 2^n = +\infty \tag{2.18}$$

がなりたつ．　　　　　　　　　　　　　　　　　　　　　　　　　　　　　◆

注意 2.3　ここまでに述べた次の (a)〜(e) は互いに同値である．

(a) アルキメデスの原理（命題 1.1）　　　(b) $\displaystyle\lim_{n\to\infty} \frac{1}{n} = 0$

(c) $\displaystyle\lim_{n\to\infty} \frac{1}{2^n} = 0$　　(d) $\displaystyle\lim_{n\to\infty} n = +\infty$　　(e) $\displaystyle\lim_{n\to\infty} 2^n = +\infty$

このことから，(b)〜(e) もアルキメデスの原理ということがある．(a) ⇒ (b) は例 1.2，(b) ⇒ (c) は問 1.3 (2)，(a) ⇒ (d) は例 2.2，(d) ⇒ (e) は例 2.3 ですでに示しているので，(c) ⇒ (a) および (e) ⇒ (a) を示せば，(a)〜(e) は互いに同値となる．

(c) ⇒ (a)　$a, b > 0$ とする．(c) および数列の極限の定義（定義 1.1 (1)）より，ある $N \in \mathbf{N}$ が存在し，

$$\frac{1}{2^N} < \frac{a}{b} \tag{2.19}$$

となる. さらに,

$$2^{N+1} - 2^N = 2^N(2-1) = 2^N \geq 2^1 = 2 \tag{2.20}$$

であることに注意すると,

$$2^N \leq n < 2^{N+1} \tag{2.21}$$

となる $n \in \mathbf{N}$ が存在する. このとき,

$$\frac{1}{n} \overset{\odot\,(2.21)}{\leq} \frac{1}{2^N} \overset{\odot\,(2.19)}{<} \frac{a}{b} \tag{2.22}$$

である. よって, $an > b$ となり, (a) がなりたつ.

(e) $\Rightarrow$ (a)　$a, b > 0$ とする. (e) および定義 2.2 の (1) より, ある $N \in \mathbf{N}$ が存在し,

$$\frac{b}{a} < 2^N \tag{2.23}$$

となる. さらに, (2.21) をみたす $n \in \mathbf{N}$ が存在する. このとき,

$$\frac{1}{n} \overset{\odot\,(2.21)}{\leq} \frac{1}{2^N} \overset{\odot\,(2.23)}{<} \frac{a}{b} \tag{2.24}$$

である. よって, $an > b$ となり, (a) がなりたつ.

§2 の問題

確認問題

問 2.1　次の　□　をうめることにより, 定理 2.2 の (2) の証明において, (2.4) 式

$$\lim_{n \to \infty} \frac{1}{b_n} = \frac{1}{\beta}$$

を示せ.

まず, ある $N_1 \in \mathbf{N}$ が存在し, $n \geq N_1$ $(n \in \mathbf{N})$ ならば, (2.7) 式

$$\frac{1}{2}|\beta| < |b_n|$$

がなりたつ. よって, $n \geq N_1$ $(n \in \mathbf{N})$ とすると, $b_n \neq$ ① である. このとき,

$$\left| \frac{1}{b_n} - \frac{1}{\beta} \right| = \frac{|b_n - \beta|}{\left| ② \right|} \overset{\odot\,(2.7)}{\leq} ③ \, |b_n - \beta| \tag{1}$$

となる. 次に, $\varepsilon > 0$ とする. $\displaystyle \lim_{n \to \infty} b_n = $ ④ なので, 数列の極限の定義 (定義 1.1 (1)) より, ある $N_2 \in \mathbf{N}$ が存在し, $n \geq N_2$ $(n \in \mathbf{N})$ ならば,

$$|b_n - \beta| < \frac{1}{③} \varepsilon \tag{2}$$

となる. ここで, $N \in \mathbf{N}$ を $N = \max\{N_1, N_2\}$ により定める. このとき, $n \geq N$ $(n \in \mathbf{N})$ ならば,

$$\left| \frac{1}{b_n} - \frac{1}{\beta} \right| \overset{\odot\,(1),(2)}{<} ③ \cdot \frac{1}{③} \varepsilon = \varepsilon,$$

すなわち, $\left| \frac{1}{b_n} - \frac{1}{\beta} \right| < \varepsilon$ となる. したがって, 数列の極限の定義 (定義 1.1 (1)) より, (2.4) がなりたつ.

 [⇨ 2·2]

基本問題

問 2.2　$a < 0$ のとき，等式

$$\lim_{n \to \infty} an = -\infty$$

がなりたつことを示せ．　　　　　□□□ [⇨ **2·3**]

問 2.3　次の問に答えよ．

(1)　$r = 0, 1$ のとき，数列 $\{r^n\}_{n=1}^{\infty}$ の極限を求めよ．

(2)　$n \in \mathbf{N}$, $x \geq -1$ のとき，不等式

$$1 + nx \leq (1 + x)^n$$

がなりたつことを示せ．

(3)　$0 < r < 1$ のとき，等式

$$\lim_{n \to \infty} r^n = 0$$

がなりたつことを示せ．

(4)　$r > 1$ のとき，等式

$$\lim_{n \to \infty} r^n = +\infty$$

がなりたつことを示せ．　　　　　□□□ [⇨ **2·4**]

チャレンジ問題

問 2.4　$\{a_n\}_{n=1}^{\infty}$ を $+\infty$ に発散する数列とすると，等式

$$\lim_{n \to \infty} \frac{a_1 + a_2 + \cdots + a_n}{n} = +\infty$$

がなりたつことを示せ．　　　　　□□□ [⇨ **2·3**]

§3 連続の公理（その1）

- **R** は**順序体**であり，さらに，**連続の公理**をみたす，すなわち，上に有界な単調増加数列は収束する．
- 連続の公理からアルキメデスの原理と**区間縮小法**を導くことができる．
- アルキメデスの原理と区間縮小法から**ボルツァーノ-ワイエルシュトラスの定理**を導くことができる．

3・1 順序体としての R

アルキメデスの原理（命題 1.1）は当たり前の事実のようにも思えるが，これは実数の性質と深く関わることである．まず，実数全体の集合には和および積が定義される．すなわち，$a, b \in \mathbf{R}$ とすると，和 $a + b \in \mathbf{R}$ および積 $ab \in \mathbf{R}$ が定められる．このとき，次の定理 3.1 がなりたつことについては，すでに慣れ親しんでいるであろう．

定理 3.1（重要）

$a, b, c \in \mathbf{R}$ とすると，次の (1)〜(10) がなりたつ．

(1) $a + b = b + a$．（和の**交換律**）

(2) $(a + b) + c = a + (b + c)$．（和の**結合律**）

(3) $a + 0 = a$．

(4) $a + (-a) = 0$．

(5) $ab = ba$．（積の**交換律**）

(6) $(ab)c = a(bc)$．（積の**結合律**）

(7) $a(b + c) = ab + ac$，$(a + b)c = ac + bc$．（**分配律**）

(8) $a1 = a$．

(9) $a \neq 0$ のとき，$aa^{-1} = 1$．

(10) $1 \neq 0$.

　一般に，集合 X が定理 3.1 の (1)〜(10) の条件をみたすとき，X を**体**という [1]
[⇨ ［森田］p.12]．なお，**R** が体であることを強調するときは，**R** を**実数体**という．

例 3.1 **R** と同様に，有理数全体の集合 **Q**［⇨ 1·1］は体となる．なお，**Q**
が体であることを強調するときは，**Q** を**有理数体**という． ◆

　さらに，**R** の大小関係「$\leq$」を考えると，次の定理 3.2 がなりたつ．

定理 3.2（重要）

$a, b, c \in \mathbf{R}$ とすると，次の (1)〜(6) がなりたつ．

(1) $a \leq a$．（**反射律**）

(2) $a \leq b, \ b \leq a$ ならば，$a = b$．（**反対称律**）

(3) $a \leq b, \ b \leq c$ ならば，$a \leq c$．（**推移律**）

(4) $a \leq b$ または $b \leq a$ の少なくとも一方がなりたつ．

(5) $a \leq b$ ならば，$a + c \leq b + c$．

(6) $0 \leq a, \ 0 \leq b$ ならば，$0 \leq ab$．

　一般に，定理 3.2 のような大小関係をもつ体を**順序体**という．例えば，**R** と
同様に，**Q** は順序体となる．

3·2 連続の公理

　連続の公理とは順序体の中で **R** を特徴付けるものである．まず，数列の単調
性について，次の定義 3.1 のように定める．

---

[1] 　一般の体の定義においては「0」や「1」と書く特別な元が存在することを仮定する．

定義 3.1

$\{a_n\}_{n=1}^{\infty}$ を数列とする.

(1) 任意の $n \in \mathbf{N}$ に対して, $a_n \leq a_{n+1}$ となるとき, $\{a_n\}_{n=1}^{\infty}$ は**単調増加**であるという.

(2) 任意の $n \in \mathbf{N}$ に対して, $a_n \geq a_{n+1}$ となるとき, $\{a_n\}_{n=1}^{\infty}$ は**単調減少**であるという.

(3) 単調増加または単調減少である数列は**単調**であるという.

連続の公理にはさまざまなものが知られているが, 本書では, 次の公理 3.1 を連続の公理として挙げよう.

公理 3.1（連続の公理）

上に有界な単調増加数列は収束する（**図 3.1**）.

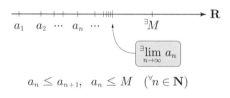

$$a_n \leq a_{n+1}, \quad a_n \leq M \quad (^{\forall}n \in \mathbf{N})$$

図 3.1 連続の公理

注意 3.1 数列 $\{a_n\}_{n=1}^{\infty}$ に対して,

$$\{a_n\}_{n=1}^{\infty} \text{ は上に有界かつ単調増加} \tag{3.1}$$

$$\Updownarrow$$

$$\{-a_n\}_{n=1}^{\infty} \text{ は下に有界かつ単調減少} \tag{3.2}$$

なので, 連続の公理（公理 3.1）は

$$\text{「下に有界な単調減少数列は収束する」} \tag{3.3}$$

と同値である.

例題 3.1　$a, b > 0$ とし，数列 $\{a_n\}_{n=1}^{\infty}$ を

$$a_1 = \frac{1}{2}\left(b + \frac{a}{b}\right), \quad a_n = \frac{1}{2}\left(a_{n-1} + \frac{a}{a_{n-1}}\right) \quad (n \geq 2) \qquad (3.4)$$

により定める．とくに，任意の $n \in \mathbf{N}$ に対して，$a_n > 0$ となるので，$\{a_n\}_{n=1}^{\infty}$ は下に有界である．

(1)　任意の $n \in \mathbf{N}$ に対して，$a_n^2 \geq a$ であることを示せ．

(2)　$\{a_n\}_{n=1}^{\infty}$ は単調減少であることを示せ．

解　(1)　$n = 1$ のとき，

$$a_1^2 - a \stackrel{\odot (3.4) \, 第 1 式}{=} \frac{1}{4}\left(b + \frac{a}{b}\right)^2 - a = \frac{1}{4}\left(b^2 + 2a + \frac{a^2}{b^2}\right) - a$$

$$= \frac{1}{4}\left(b - \frac{a}{b}\right)^2 \geq 0 \qquad (3.5)$$

である．よって，$a_1^2 \geq a$ である．

同様に，$n \geq 2$ $(n \in \mathbf{N})$ のとき，

$$a_n^2 - a \stackrel{\odot (3.4) \, 第 2 式}{=} \frac{1}{4}\left(a_{n-1} - \frac{a}{a_{n-1}}\right)^2 \geq 0 \qquad (3.6)$$

となる．よって，$a_n^2 \geq a$ である．

したがって，任意の $n \in \mathbf{N}$ に対して，$a_n^2 \geq a$ である．

(2)　$n \in \mathbf{N}$ とすると，

$$a_n - a_{n+1} \stackrel{\odot (3.4) \, 第 2 式}{=} a_n - \frac{1}{2}\left(a_n + \frac{a}{a_n}\right) = \frac{a_n^2 - a}{2a_n} \stackrel{\odot a_n > 0, (1)}{\geq} 0 \qquad (3.7)$$

である．よって，$a_n \geq a_{n+1}$ となり，$\{a_n\}_{n=1}^{\infty}$ は単調減少である．　　　　　$\diamondsuit$

例題 3.1 の数列 $\{a_n\}_{n=1}^{\infty}$ について，さらに述べておこう．

例 3.2（正の平方根）　まず，例題 3.1 において，数列 $\{a_n\}_{n=1}^{\infty}$ は下に有界かつ単調減少なので，(3.3) より，$\{a_n\}_{n=1}^{\infty}$ の極限 $\alpha \in \mathbf{R}$ が存在する．よって，(3.4) の第 2 式において，$n \to \infty$ とすると，定理 1.3 の (1), (2) および定理 2.2 の (2) より，

$$\alpha = \frac{1}{2}\left(\alpha + \frac{a}{\alpha}\right) \tag{3.8}$$

となる．すなわち，$\alpha^2 = a$ である．次に，任意の $n \in \mathbf{N}$ に対して，$a_n > 0$ なので，問 1.2 より，$\alpha \geq 0$ となる．さらに，$a > 0$ より，$\alpha = 0$ は等式 $\alpha^2 = a$ をみたさない．したがって，$\alpha > 0$ である．以上より，α は a の正の平方根 $\sqrt{a}$，すなわち，2 乗すると a となる正の実数である．

　ここで，例えば，$a = 2$ としよう．このとき，$\{a_n\}_{n=1}^{\infty}$ は有理数列，すなわち，各項が有理数である数列となる．一方，$\sqrt{2}$ は無理数，すなわち，有理数ではない実数であることを背理法により示すことができる（✍）．よって，有理数列としての $\{a_n\}_{n=1}^{\infty}$ は下に有界かつ単調減少であるが，有理数には収束しない．しかし，実数列としての $\{a_n\}_{n=1}^{\infty}$ はもちろん下に有界かつ単調減少であり，さらに，実数 $\sqrt{2}$ に収束する．　　　　◆

3・3　アルキメデスの原理

　連続の公理（公理 3.1）はアルキメデスの原理（命題 1.1）と 3・4 で述べる区間縮小法と同値となる [⇒**定理 4.5**]．3・3 では，連続の公理（公理 3.1）からアルキメデスの原理（命題 1.1）を導こう．

定理 3.3（重要）

　連続の公理（公理 3.1）$\Longrightarrow$ アルキメデスの原理（命題 1.1）

証明　背理法により示す．

　アルキメデスの原理がなりたたないと仮定する．このとき，ある $a, b > 0$ が存在し，任意の $n \in \mathbf{N}$ に対して，$an < b$ となる．よって，数列 $\{a_n\}_{n=1}^{\infty}$ を

$$a_n = an \tag{3.9}$$

により定めると，$\{a_n\}_{n=1}^{\infty}$ は上に有界である．また，$n \in \mathbf{N}$ とすると，

$$a_{n+1} - a_n = a(n+1) - an = a > 0 \tag{3.10}$$

より，$a_{n+1} > a_n$ である．よって，$\{a_n\}_{n=1}^{\infty}$ は単調増加である．したがって，連続の公理より，$\{a_n\}_{n=1}^{\infty}$ はある $\alpha \in \mathbf{R}$ に収束する．

ここで，$a > 0$ なので，数列の極限の定義（定義 1.1 (1)）より，ある $N \in \mathbf{N}$ が存在し，$n \geq N$ $(n \in \mathbf{N})$ ならば，

$$|a_n - \alpha| < a \tag{3.11}$$

となる．とくに，

$$-a < aN - \alpha \tag{3.12}$$

となるので，$\{a_n\}_{n=1}^{\infty}$ の単調増加性より，$n \geq N+1$ $(n \in \mathbf{N})$ ならば，

$$\alpha < a(N+1) \leq an \tag{3.13}$$

となる．(3.13) において，$n \to \infty$ とすると，問 1.2 より，

$$\alpha < a(N+1) \leq \alpha \tag{3.14}$$

となる．よって，$\alpha < \alpha$ となり，これは矛盾である．したがって，アルキメデスの原理がなりたつ． $\diamondsuit$

3・4　区間縮小法

区間縮小法とは，次の命題 3.1 のことである．

┌─ **命題 3.1（区間縮小法）** ─────────────

$\{[a_n, b_n]\}_{n=1}^{\infty}$ を有界閉区間の列とする．すなわち，各 $n \in \mathbf{N}$ に対して，有界閉区間

$$[a_n, b_n] = \{x \in \mathbf{R} \mid a_n \leq x \leq b_n\} \qquad (a_n, b_n \in \mathbf{R},\ a_n \leq b_n) \tag{3.15}$$

があたえられているとする．さらに，次の (1), (2) の条件をみたすとする．

(1)　$\{[a_n, b_n]\}_{n=1}^{\infty}$ は単調減少，すなわち，任意の $n \in \mathbf{N}$ に対して，

$$[a_n, b_n] \supset [a_{n+1}, b_{n+1}] \tag{3.16}$$

である（**図 3.2**）.

(2) 等式

$$\lim_{n \to \infty}(b_n - a_n) = 0 \tag{3.17}$$

がなりたつ.

このとき，ある $\alpha \in \mathbf{R}$ が存在し，

$$\bigcap_{n=1}^{\infty}[a_n, b_n] = \{x \in \mathbf{R} \mid \text{任意の } n \in \mathbf{N} \text{ に対して，} x \in [a_n, b_n]\} = \{\alpha\} \tag{3.18}$$

となる. さらに，

$$\lim_{n \to \infty} a_n = \lim_{n \to \infty} b_n = \alpha \tag{3.19}$$

である.

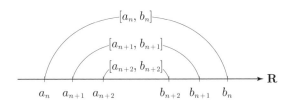

図 3.2 単調減少な有界閉区間の列 $\{[a_n, b_n]\}_{n=1}^{\infty}$

以下では，連続の公理（公理 3.1）から区間縮小法（命題 3.1）を導こう.

定理 3.4（重要）

連続の公理（公理 3.1）$\Longrightarrow$ 区間縮小法（命題 3.1）

証明 まず，

$$\bigcap_{n=1}^{\infty}[a_n, b_n] \neq \emptyset \tag{3.20}$$

であることを示す[2]. $\left\{[a_n, b_n]\right\}_{n=1}^{\infty}$ の単調減少性より,

$$a_1 \leq a_2 \leq \cdots \leq a_n \leq a_{n+1} \leq \cdots \leq b_{n+1} \leq b_n \leq \cdots \leq b_2 \leq b_1 \qquad (3.21)$$

である. よって, 数列 $\left\{a_n\right\}_{n=1}^{\infty}$ は上に有界かつ単調増加であり, 数列 $\left\{b_n\right\}_{n=1}^{\infty}$ は下に有界かつ単調減少である. したがって, 連続の公理および (3.3) より, $\left\{a_n\right\}_{n=1}^{\infty}$ はある $\alpha \in \mathbf{R}$ に収束し, $\left\{b_n\right\}_{n=1}^{\infty}$ はある $\beta \in \mathbf{R}$ に収束する. さらに, 任意の $n \in \mathbf{N}$ に対して, $a_n \leq b_n$ なので, 問 1.2 より, $\alpha \leq \beta$ である. ここで, ある $N \subset \mathbf{N}$ が存在し, $a_N > \alpha$ となると仮定する. このとき, $\left\{a_n\right\}_{n=1}^{\infty}$ の単調増加性より, $n \geq N$ $(n \in \mathbf{N})$ ならば,

$$\alpha < a_N \leq a_n \qquad (3.22)$$

となる. (3.22) において, $n \to \infty$ とすると, 問 1.2 より,

$$\alpha < a_N \leq \alpha \qquad (3.23)$$

となる. よって, $\alpha < \alpha$ となり, これは矛盾である. したがって, 任意の $n \in \mathbf{N}$ に対して, $a_n \leq \alpha$ である. 同様の議論により, 任意の $n \in \mathbf{N}$ に対して, $\beta \leq b_n$ である (✍). 以上より, 任意の $n \in \mathbf{N}$ に対して,

$$a_n \leq \alpha \leq \beta \leq b_n, \qquad (3.24)$$

すなわち,

$$[\alpha, \beta] \subset \bigcap_{n=1}^{\infty} [a_n, b_n] \qquad (3.25)$$

である. とくに, (3.20) がなりたつ.

次に, (3.18), (3.19) を示す. $x \in \bigcap_{n=1}^{\infty} [a_n, b_n]$ とすると, 任意の $n \in \mathbf{N}$ に対して,

$$a_n \leq x \leq b_n \qquad (3.26)$$

である. (3.24), (3.26) より, 任意の $n \in \mathbf{N}$ に対して,

$$|x - \alpha| \leq b_n - a_n \qquad (3.27)$$

---

[2]　∅ は空集合, すなわち, 元を1つももたない集合を表す.

である．(3.27) において，$n \to \infty$ とすると，(3.17) および問 1.2 より，$|x - \alpha|$ ≤ 0 となる．さらに，$|x - \alpha| \geq 0$ なので，$|x - \alpha| = 0$ となり，$x = \alpha$ である．したがって，(3.18) がなりたつ．さらに，$\lim_{n \to \infty} a_n = \alpha$ および (2) より，(3.19) が得られる（✍）． ◇

3・5 ボルツァーノ–ワイエルシュトラスの定理

連続の公理（公理 3.1）はボルツァーノ–ワイエルシュトラスの定理とよばれる命題とも同値となる ［⇨ **定理 4.5**］．まず，数列の部分列について，次の定義 3.2 のように定める．

定義 3.2

$\{a_n\}_{n=1}^{\infty}$ を数列とする．各 $k \in \mathbf{N}$ に対して，$n_k \in \mathbf{N}$ が対応し，$k < l$ $(k, l \in \mathbf{N})$ ならば，$n_k < n_l$ となるとき，数列 $\{a_{n_k}\}_{k=1}^{\infty}$ を $\{a_n\}_{n=1}^{\infty}$ の**部分列**という．

ボルツァーノ–ワイエルシュトラスの定理とは，次の命題 3.2 のことである．

命題 3.2（ボルツァーノ–ワイエルシュトラスの定理）[3]

有界な数列は収束する部分列をもつ．

アルキメデスの原理（命題 1.1）と区間縮小法（命題 3.1）からボルツァーノ–ワイエルシュトラスの定理（命題 3.2）を導くことができる．

定理 3.5（重要）

アルキメデスの原理（命題 1.1）かつ区間縮小法（命題 3.1）

$\Longrightarrow$ ボルツァーノ–ワイエルシュトラスの定理（命題 3.2）

---

[3] 「ワイエルシュトラスの定理」とよぶこともあるが，本書では，定理 6.4 のワイエルシュトラスの定理と区別し，このようによぶことにする．

証明 証明の概略のみ述べる[4]. $\{a_n\}_{n=1}^{\infty}$ を有界な数列とすると，ある有界閉区間 $[a, b]$ が存在し，任意の $n \in \mathbf{N}$ に対して，$a_n \in [a, b]$ となる．ここで，$[a, b]$ を2つの有界閉区間 $\left[a, \frac{a+b}{2}\right]$, $\left[\frac{a+b}{2}, b\right]$ に分割し，無限個の a_n を含む方を $[a_1, b_1]$ とする．以下，同様の操作を繰り返し，有界閉区間の単調減少列 $\{[a_n, b_n]\}_{n=1}^{\infty}$ を得る．このとき，$\{a_n\}_{n=1}^{\infty}$ の部分列 $\{a_{n_k}\}_{k=1}^{\infty}$ を $a_{n_k} \in [a_k, b_k]$ となるように選ぶことができる．さらに，アルキメデスの原理と同値な等式 $\lim\limits_{n \to \infty} \frac{1}{2^n} = 0$ [⇨ **注意 2.3**] および区間縮小法より，$\{a_{n_k}\}_{k=1}^{\infty}$ は収束する．   ◇

§3 の問題

確認問題

問 3.1 数列 $\{a_n\}_{n=1}^{\infty}$ を

$$a_n = \left(1 + \frac{1}{n}\right)^n \qquad (n \in \mathbf{N})$$

により定める．

(1) 二項定理

$$(x + y)^n = \sum_{k=0}^{n} {}_n\mathrm{C}_k x^{n-k} y^k$$

を用いて，$\{a_n\}_{n=1}^{\infty}$ は単調増加であることを示せ．ただし，${}_n\mathrm{C}_k$ は二項係数，すなわち，

$$_n\mathrm{C}_k = \frac{n!}{k!(n-k)!} \qquad (k = 0, 1, 2, \cdots, n)$$

である．

(2) 任意の $n \in \mathbf{N}$ に対して，不等式 $2^{n-1} \leq n!$ がなりたつことを示せ．

---

[4] 詳しくは，例えば，[杉浦] p.24，定理 3.4 を見よ．

(3)　任意の $n \in \mathbf{N}$ に対して，

$$a_n < 2 + \frac{11}{12}$$

であることを示せ．　　　　　　　□□□ $[\Rightarrow \boxed{3 \cdot 2}]$

補足　問 3.1 において，(1), (3) および連続の公理より，$\{a_n\}_{n=1}^{\infty}$ は収束し，極限値 $\displaystyle\lim_{n \to \infty} a_n$ をもつ．この極限値を e と表し，**ネピアの数**という．e は

$$e = 2.718281828459045\cdots$$

と表される無理数である $[\Rightarrow \boxed{問 14.3} (2)]$．

基本問題

$\boxed{問 3.2}$　数列 $\{a_n\}_{n=1}^{\infty}$ が $\alpha \in \mathbf{R}$ に収束するならば，$\{a_n\}_{n=1}^{\infty}$ の任意の部分列も α に収束することを示せ．　　　□□□ $[\Rightarrow \boxed{3 \cdot 5}]$

$\boxed{問 3.3}$　次の問に答えよ．

(1)　アルキメデスの原理を論理記号などを用いて書け $[\Rightarrow \boxed{1 \cdot 3}]$．

(2)　ボルツァーノ–ワイエルシュトラスの定理を書け．

(3)　次の $\boxed{}$ をうめることにより，ボルツァーノ–ワイエルシュトラスの定理からアルキメデスの原理を導け．

　　背理法により示す．アルキメデスの原理がなりたたないと仮定する．このとき，ある $a, b > \boxed{①}$ が存在し，任意の $n \in \boxed{②}$ に対して，$an \leq b$ となる．さらに，$0 < an$ である．よって，数列 $\{a_n\}_{n=1}^{\infty}$ を $a_n = an$ により定めると，$\{a_n\}_{n=1}^{\infty}$ は $\boxed{③}$ である．したがって，ボルツァーノ–ワイエルシュトラスの定理より，$\{a_n\}_{n=1}^{\infty}$ のある $\boxed{④}$ 列 $\{a_{n_k}\}_{k=1}^{\infty}$ が存在し，$\{a_{n_k}\}_{k=1}^{\infty}$ はある $\alpha \in \mathbf{R}$ に収束する．ここで，$a > 0$ なので，数列の極限の定義（定義 1.1 (1)）より，ある $K \in \mathbf{N}$ が存在し，$k \geq K$ $(k \in \mathbf{N})$ ならば，$\left| \boxed{⑤} \right| < a$ となる．とくに，$-a < an_K - \alpha$ となるので，$k \geq K+1$ $(k \in \mathbf{N})$ ならば，

$$\alpha < a(n_K + 1) \overset{\overset{n_K + 1 \le n_k}{\odot}}{\le} an_k$$

となる．さらに，$k \to \infty$ とすると，問 1.2 より，

$$\alpha < a(n_K + 1) \le \boxed{⑥}$$

となる．よって，$\alpha < \boxed{⑥}$ となり，これは矛盾である．したがって，ボルツァーノ-ワイエルシュトラスの定理（命題 3.2）からアルキメデスの原理（命題 1.1）が導かれる．

§4 連続の公理（その2）

- **コーシー列**が収束することを**コーシーの収束条件**という．
- 空でない，**上に有界**な **R** の部分集合が**上限**をもつことを**ワイエルシュトラスの公理**という．
- 次の (1)〜(5) は互いに同値である：(1) 連続の公理，(2) アルキメデスの原理かつ区間縮小法，(3) ボルツァーノ–ワイエルシュトラスの定理，(4) アルキメデスの原理かつコーシーの収束条件，(5) ワイエルシュトラスの公理

4・1 コーシー列

§3 に続いて，さらに連続の公理（公理 3.1）と同値な命題について述べていこう．まず，コーシー列という数列を次の定義 4.1 のように定める．

定義 4.1

$\{a_n\}_{n=1}^{\infty}$ を数列とする．任意の $\varepsilon > 0$ に対して，ある $N \in \mathbf{N}$ が存在し，$m, n \geq N$ $(m, n \in \mathbf{N})$ ならば，$|a_m - a_n| < \varepsilon$ となるとき，$\{a_n\}_{n=1}^{\infty}$ を**コーシー列**という．

例題 4.1 数列 $\{a_n\}_{n=1}^{\infty}$ を

$$a_n = \sum_{k=1}^{n} \frac{1}{k^2} = 1 + \frac{1}{2^2} + \frac{1}{3^2} + \cdots + \frac{1}{n^2} \tag{4.1}$$

により定める．次の ☐ をうめることにより，$\{a_n\}_{n=1}^{\infty}$ はコーシー列であることを示せ．

$m > n \ (m, n \in \mathbf{N})$ とすると,

$$a_m - a_n = \frac{1}{(n+1)^2} + \frac{1}{\boxed{①}} + \cdots + \frac{1}{m^2}$$

$$< \frac{1}{n(n+1)} + \frac{1}{(n+1)(n+2)} + \cdots + \frac{1}{(m-1)m}$$

$$= \left(\frac{1}{n} - \frac{1}{n+1} \right) + \left(\frac{1}{n+1} - \frac{1}{\boxed{②}} \right) + \cdots + \left(\frac{1}{m-1} - \frac{1}{m} \right)$$

$$= \frac{1}{n} - \frac{1}{\boxed{③}} < \frac{1}{n} \tag{4.2}$$

となる. ここで, $\varepsilon > 0$ とすると, $\lim_{n \to \infty} \frac{1}{n} = \boxed{④}$ $[\Rightarrow (1.7)]$ であること より, ある $N \in \mathbf{N}$ が存在し, $n \geq N \ (n \in \mathbf{N})$ ならば, $\frac{1}{n} < \varepsilon$ となる. した がって, (4.2) とあわせると, $m, n \geq N \ (m, n \in \mathbf{N})$ ならば, $|a_m - a_n| < \varepsilon$ となり [1], $\{a_n\}_{n=1}^{\infty}$ はコーシー列である. □ □ □ ☞

解 ① $(n+2)^2$, ② $n+2$, ③ m, ④ 0 ◇

コーシー列に関して, 次の定理 4.1 がなりたつ.

定理 4.1（重要）

収束する数列はコーシー列である.

証明 $\{a_n\}_{n=1}^{\infty}$ を $\alpha \in \mathbf{R}$ に収束する数列とする. このとき, 数列の極限の定 義 (定義 1.1 (1)) より, 任意の $\varepsilon > 0$ に対して, ある $N \in \mathbf{N}$ が存在し, $n \geq N$ $(n \in \mathbf{N})$ ならば,

$$|a_n - \alpha| < \frac{\varepsilon}{2} \tag{4.3}$$

となる. よって, $m, n \geq N \ (m, n \in \mathbf{N})$ ならば,

---

[1] $m = n$ のときは $|a_m - a_n| = 0 < \varepsilon$ であり, $m < n$ のときは上の議論において m と n を入れ替えればよい.

$$|a_m - a_n| \overset{\overset{\smile}{問1.4(2)}}{\leq} |a_m - \alpha| + |\alpha - a_n| \overset{\overset{\smile}{(4.3)}}{<} \frac{\varepsilon}{2} + \frac{\varepsilon}{2} = \varepsilon \tag{4.4}$$

である．すなわち，$|a_m - a_n| < \varepsilon$ となり，$\{a_n\}_{n=1}^{\infty}$ はコーシー列である．したがって，収束する数列はコーシー列である． ◇

注意 4.1　コーシー列，同値関係および商集合［⇨［藤岡4］ **§7**, **§8**］の概念を用いて，有理数体 **Q** から実数体 **R** を構成することができる[2]．X を有理数列全体の集合とし，$\{a_n\}_{n=1}^{\infty}, \{b_n\}_{n=1}^{\infty} \in X$ に対して，

$$\lim_{n \to \infty} (b_n - a_n) = 0 \tag{4.5}$$

となるとき，$\{a_n\}_{n=1}^{\infty} \sim \{b_n\}_{n=1}^{\infty}$ であると定める．このとき，$\sim$ は X 上の同値関係となる．さらに，$\sim$ による X の商集合 $X/\sim$ は連続の公理をみたす順序体となる．この $X/\sim$ が実数体 **R** である．

4・2　コーシーの収束条件

定理 4.1 の逆である次の命題 4.1 を**コーシーの収束条件**という．

┌─ **命題 4.1（コーシーの収束条件）** ─────────────
│
│　コーシー列は収束する．
│
└──────────────────────────────────

　コーシーの収束条件（命題 4.1）は連続の公理（公理 3.1）と深く関わっている．まず，有理数体 **Q** の場合について考えよう．

例 4.1　定理 4.1 は **Q** に対しても，まったく同様になりたつ．すなわち，有理数に収束する有理数列はコーシー列となる．

　一方，**Q** に対しては，コーシーの収束条件（命題 4.1）は**なりたつとは限らない**．すなわち，コーシー列となる有理数列が有理数に収束するとは限らない．例えば，$\sqrt{2}$ を

---

[2]　この手続きを**完備化**という．詳しくは，例えば，［杉浦］p.32, 問題 8) を見よ．

$$\sqrt{2} = 1.41421356\cdots \tag{4.6}$$

と 10 進法を用いて無限小数に展開しておく．さらに，$n \in \mathbf{N}$ に対して，(4.6) の右辺の小数第 n 位までを a_n とおく．すなわち，

$$a_1 = 1.4, \quad a_2 = 1.41, \quad a_3 = 1.414, \quad a_4 = 1.4142, \quad \cdots \tag{4.7}$$

である．このとき，$\{a_n\}_{n=1}^{\infty}$ は有理数列である．また，$m, n \in \mathbf{N}$ とすると，

$$|a_m - a_n| < \frac{1}{10^{\min\{m,n\}}} \tag{4.8}$$

となる（✍）．ただし，$\min\{m, n\}$ は m と n のうちの小さい方である[3]．よって，問 2.3 (3) より，$\{a_n\}_{n=1}^{\infty}$ はコーシー列となる（✍）．しかし，$\sqrt{2}$ が無理数であることより，$\{a_n\}_{n=1}^{\infty}$ は有理数には収束しない．　　　　◆

　$\mathbf{R}$ が $\mathbf{Q}$ と異なるのは，コーシーの収束条件（命題 4.1）がなりたつことである．実は，連続の公理（公理 3.1）はアルキメデスの原理（命題 1.1）とコーシーの収束条件（命題 4.1）と同値となる［⇨**定理 4.5**］．

例 4.2　例題 4.1 の数列 $\{a_n\}_{n=1}^{\infty}$ はコーシー列なので，コーシーの収束条件（命題 4.1）より，$\{a_n\}_{n=1}^{\infty}$ はある実数に収束する．さらに，

$$\lim_{n \to \infty} a_n = \sum_{n=1}^{\infty} \frac{1}{n^2} = \frac{\pi^2}{6} \tag{4.9}$$

となる［⇨ **問 23.6** (3)］．　　　　◆

　以下では，ボルツァーノ–ワイエルシュトラスの定理（命題 3.2）からコーシーの収束条件（命題 4.1）を導こう．なお，ボルツァーノ–ワイエルシュトラスの定理（命題 3.2）からアルキメデスの原理（命題 1.1）を導くことについては，問 3.3 (3) ですでに扱っている．また，$\mathbf{R}$ に対してコーシーの収束条件（命題 4.1）がなりたつことを，「$\mathbf{R}$ は**完備**である」という．

---

[3]　$m = n$ のときは，$\min\{m, n\} = m = n$ とする．

定理 4.2（重要）

ボルツァーノ-ワイエルシュトラスの定理（命題 3.2）

$\Longrightarrow$ コーシーの収束条件（命題 4.1）

証明 $\{a_n\}_{n=1}^{\infty}$ をコーシー列とする.

$\{a_n\}_{n=1}^{\infty}$ はコーシー列なので, コーシー列の定義（定義 4.1）より, ある $N' \in$ **N** が存在し, $m, n \geq N'$ $(m, n \in \mathbf{N})$ ならば, $|a_m - a_n| < 1$ となる. とくに, $n \geq N'$ $(n \in \mathbf{N})$ ならば, $|a_n - a_{N'}| < 1$, すなわち,

$$a_{N'} - 1 < a_n < a_{N'} + 1 \tag{4.10}$$

である. ここで, $M > 0$ を

$$M = \max \left\{ |a_1|, |a_2|, \cdots, |a_{N'-1}|, |a_{N'} - 1|, |a_{N'} + 1| \right\} \tag{4.11}$$

により定める. このとき, 任意の $n \in \mathbf{N}$ に対して, $|a_n| \leq M$ となる. よって, $\{a_n\}_{n=1}^{\infty}$ は有界である.

$\{a_n\}_{n=1}^{\infty}$ の有界性およびボルツァーノ-ワイエルシュトラスの定理（命題 3.2）より, $\{a_n\}_{n=1}^{\infty}$ のある部分列 $\{a_{n_k}\}_{k=1}^{\infty}$ が存在し, $\{a_{n_k}\}_{k=1}^{\infty}$ はある $\alpha \in \mathbf{R}$ に収束する. よって, $\varepsilon > 0$ とすると, 数列の極限の定義（定義 1.1 (1)）より, ある $K \in \mathbf{N}$ が存在し, $k \geq K$ $(k \in \mathbf{N})$ ならば,

$$|a_{n_k} - \alpha| < \frac{\varepsilon}{2} \tag{4.12}$$

となる. 一方, ふたたび $\{a_n\}_{n=1}^{\infty}$ がコーシー列であることを用いると, ある $N'' \in \mathbf{N}$ が存在し, $m, n \geq N''$ $(m, n \in \mathbf{N})$ ならば,

$$|a_m - a_n| < \frac{\varepsilon}{2} \tag{4.13}$$

となる. ここで, $N \in \mathbf{N}$ を $N = \max\{K, N''\}$ により定める. このとき, $k \geq N$ $(k \in \mathbf{N})$ ならば,

$$|a_k - \alpha| \overset{\odot 問 1.4 (2)}{\leq} |a_k - a_{n_k}| + |a_{n_k} - \alpha| < \frac{\varepsilon}{2} + \frac{\varepsilon}{2}$$

$$(\odot \ n_k \geq k, \ (4.13), \ (4.12)) = \varepsilon \tag{4.14}$$

となる．すなわち，$|a_k - \alpha| < \varepsilon$ である．よって，数列の極限の定義（定義 1.1 (1)）より，$\{a_n\}_{n=1}^{\infty}$ は α に収束する．したがって，コーシーの収束条件がなりたつ.

◇

4・3 上限と下限

さらに，$\mathbf{R}$ の部分集合に対して，次の定義 4.2 のように定める.

定義 4.2

$A \subset \mathbf{R}$ とする.

(1) $b \in \mathbf{R}$ とする．任意の $x \in A$ に対して，$x \leq b$ となるとき，b を A の**上界**という．A の上界が存在するとき，A は**上に有界**であるという．A の上界全体の集合が最小元をもつとき，その元を $\sup A$ と表し，A の**上限**（または**最小上界**）という.

(2) $a \in \mathbf{R}$ とする．任意の $x \in A$ に対して，$a \leq x$ となるとき，a を A の**下界**（かかい）という．A の下界が存在するとき，A は**下に有界**であるという．A の下界全体の集合が最大元をもつとき，その元を $\inf A$ と表し，A の**下限**（または**最大下界**）という.

(3) 上にも下にも有界な $\mathbf{R}$ の部分集合は**有界**であるという.

例 4.3 右半開区間

$$[0, 1) = \{x \in \mathbf{R} \mid 0 \leq x < 1\} \subset \mathbf{R} \tag{4.15}$$

を考える（**図 4.1**）．まず，$[0, 1)$ の上界全体の集合は無限閉区間

$$[1, +\infty) = \{x \in \mathbf{R} \mid 1 \leq x\} \tag{4.16}$$

である．さらに，$\sup [0, 1) = 1$ である．また，$[0, 1)$ の下界全体の集合は無限閉区間

$$(-\infty, 0] = \{x \in \mathbf{R} \mid x \leq 0\} \tag{4.17}$$

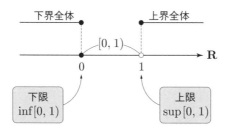

図 4.1 $[0, 1)$ の上界，上限，下界，下限

である．さらに，$\inf [0, 1) = 0$ である． ◆

4・4 ワイエルシュトラスの公理

連続の公理（公理 3.1）は次のワイエルシュトラスの公理（命題 4.2）とも同値となる [⇨**定理 4.5**]．

┌─ **命題 4.2（ワイエルシュトラスの公理）**[4] ──────────────
│ 空でない，上に有界な $\mathbf{R}$ の部分集合は上限をもつ．
└──────────────────────────────────────

まず，有理数体 $\mathbf{Q}$ に対して，ワイエルシュトラスの公理（命題 4.2）を考えてみよう．

例 4.4 定義 4.2 の上界，上限，下界，下限といった概念は $\mathbf{Q}$ の部分集合に対しても，まったく同様に定めることができる．ここで，$A \subset \mathbf{Q}$ を

$$A = \left\{ x \in \mathbf{Q} \,\middle|\, x > 0,\ 0 < x^2 < 2 \right\} \tag{4.18}$$

により定める．A の上界全体の集合は

$$\left\{ x \in \mathbf{Q} \,\middle|\, x > 0,\ x^2 \geq 2 \right\} \neq \emptyset \tag{4.19}$$

であるが，$x^2 = 2$ をみたす $x \in \mathbf{Q}$ は存在しないことに注意すると，A の上限

──────────────────────

[4] 「ワイエルシュトラスの定理」とよぶこともあるが，本書では，定理 6.4 のワイエルシュトラスの定理と区別し，このようによぶことにする．

$\sup A$ は存在しない．よって，$\mathbf{Q}$ に対しては，ワイエルシュトラスの公理（命題 4.2）は**なりたたない**．なお，A の下界全体の集合は

$$\{x \in \mathbf{Q} \mid x \leq 0\} \neq \emptyset \tag{4.20}$$

であり，A の下限は $\inf A = 0$ である．　　　　　　　　　　　　　　　　◆

　　アルキメデスの原理（命題 1.1）とコーシーの収束条件（命題 4.1）からワイエルシュトラスの公理（命題 4.2）を導くことができる．

定理 4.3（重要）

　　アルキメデスの原理（命題 1.1）かつコーシーの収束条件（命題 4.1）
　　$\Longrightarrow$ ワイエルシュトラスの公理（命題 4.2）

証明　証明の概略のみ述べる[5]．A を空でない，上に有界な $\mathbf{R}$ の部分集合とする．このとき，B を A の上界全体の集合とすると，$B \neq \emptyset$ である．さらに，C を $\mathbf{R}$ における B の補集合とすると[6]，$C \neq \emptyset$ となる．ここで，$b \in B, c \in C$ を選んでおくと，$c < b$ となる．さらに，有界閉区間 $[c,b]$ を 2 つの有界閉区間 $\left[c, \frac{c+b}{2}\right], \left[\frac{c+b}{2}, b\right]$ に分割し，B および C との共通部分が空ではない方を $[c_1, b_1]$ とする．以下，同様の操作を繰り返し，有界閉区間の単調減少列 $\{[c_n, b_n]\}_{n=1}^{\infty}$ を得る．さらに，アルキメデスの原理と同値な等式 $\lim_{n \to \infty} \frac{1}{2^n} = 0$ ［注意 2.3］より，$\{b_n\}_{n=1}^{\infty}, \{c_n\}_{n=1}^{\infty}$ はコーシー列となる．よって，コーシーの収束条件より，$\{b_n\}_{n=1}^{\infty}, \{c_n\}_{n=1}^{\infty}$ はそれぞれある $\beta, \gamma \in \mathbf{R}$ に収束する．さらに，

$$\beta = \gamma = \sup A \tag{4.21}$$

となる．　　　　　　　　　　　　　　　　　　　　　　　　　　　　◇

　　最後に，ワイエルシュトラスの公理（命題 4.2）から連続の公理（公理 3.1）を導こう．

---

[5]　詳しくは，例えば，［杉浦］p.28 を見よ．

[6]　差集合の記号を用いると，$C = \mathbf{R} \setminus B$ である．

定理 4.4（重要）

ワイエルシュトラスの公理（命題 4.2）$\Longrightarrow$ 連続の公理（公理 3.1）

【**証明**】 $\{a_n\}_{n=1}^{\infty}$ を上に有界な単調増加数列とし，

$$A = \{a_n \mid n \in \mathbf{N}\} \tag{4.22}$$

とおく．このとき，A は空でない，上に有界な $\mathbf{R}$ の部分集合となる．よって，ワイエルシュトラスの公理より，A の上限 $\sup A$ が存在する．とくに，任意の $n \in \mathbf{N}$ に対して，

$$a_n \leq \sup A \tag{4.23}$$

である．ここで，$\varepsilon > 0$ とする．このとき，$\sup A - \varepsilon < \sup A$ なので，上限の定義（定義 4.2 (1)）より，$\sup A - \varepsilon$ は A の上界ではない．よって，ある $N \in \mathbf{N}$ が存在し，

$$\sup A - \varepsilon < a_N \tag{4.24}$$

となる．さらに，$\{a_n\}_{n=1}^{\infty}$ の単調増加性より，$n \geq N$ $(n \in \mathbf{N})$ ならば，

$$\sup A - \varepsilon \overset{\odot (4.24)}{<} a_N \leq a_n \overset{\odot (4.23)}{\leq} \sup A, \tag{4.25}$$

すなわち，

$$|a_n - \sup A| < \varepsilon \tag{4.26}$$

となる．したがって，数列の極限の定義（定義 1.1 (1)）より，$\{a_n\}_{n=1}^{\infty}$ は $\sup A$ に収束する．以上より，連続の公理がなりたつ． $\diamondsuit$

定理 3.3〜定理 3.5，問 3.3 (3)，定理 4.2〜定理 4.4 より，次の定理 4.5 がなりたつ．

定理 4.5（重要）

次の (1)〜(5) は互いに同値である[7]．

---

7) このことから，(2)〜(5) も連続の公理ということがある．

(1) 連続の公理（公理 3.1）

(2) アルキメデスの原理（命題 1.1）かつ区間縮小法（命題 3.1）

(3) ボルツァーノ–ワイエルシュトラスの定理（命題 3.2）

(4) アルキメデスの原理（命題 1.1）かつコーシーの収束条件（命題 4.1）

(5) ワイエルシュトラスの公理（命題 4.2）

§4 の問題

確認問題

問 4.1 数列 $\{a_n\}_{n=1}^\infty$ を

$$a_n = \sum_{k=1}^n \frac{1}{k} = 1 + \frac{1}{2} + \frac{1}{3} + \cdots + \frac{1}{n}$$

により定める.

(1) $n \in \mathbf{N}$ に対して，$a_{2n} - a_n$ を計算することにより，$\{a_n\}_{n=1}^\infty$ は**コーシー列ではない**ことを示せ.

(2) 等式

$$\lim_{n\to\infty} a_n = \sum_{n=1}^\infty \frac{1}{n} = +\infty$$

を示せ. なお，上の級数を**調和級数**という. □□□ [⇨ 4·1]

問 4.2 $A \subset \mathbf{R}$ とする.

(1) A が上に有界であることの定義を論理記号などを用いて書け [⇨ 1·3].

(2) A が下に有界であることの定義を論理記号などを用いて書け [⇨ 1·3].
□□□ [⇨ 4·3]

基本問題

問 4.3　$A, B \subset \mathbf{R}$ が次の条件をみたすとき，組 (A, B) を $\mathbf{R}$ の**切断**という.

$A, B \neq \emptyset$, $\quad \mathbf{R} = A \cup B$, $\quad A \cap B = \emptyset$, $\quad$「$a \in A,\ b \in B \Longrightarrow a < b$」

さらに，次の命題を考え，これを**デデキントの公理**という（**図 4.2**）.

(A, B) を $\mathbf{R}$ の切断とすると，次の (a) または (b) がなりたつ.

(a)　A の最大元は存在しないが，B の最小元は存在する.

(b)　A の最大元は存在するが，B の最小元は存在しない.

(1)　A を空でない，上に有界な $\mathbf{R}$ の部分集合とする. このとき，B を A の上界全体の集合とすると，$B \neq \emptyset$ である. また，C を $\mathbf{R}$ における B の補集合とすると，$C \neq \emptyset$ となる. (C, B) は $\mathbf{R}$ の切断であることを示せ.

(2)　(1) を用いて，「デデキントの公理 $\Longrightarrow$ ワイエルシュトラスの公理（命題 4.2)」を示せ.

(3)　「ワイエルシュトラスの公理（命題 4.2)$\Longrightarrow$ デデキントの公理」を示せ.

□□□ [$\Rightarrow$ 4·4]

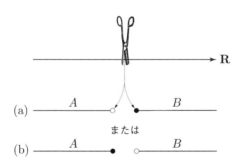

(a)

または

(b)

図 4.2　デデキントの公理

第1章のまとめ

実数列 $\{a_n\}_{n=1}^{\infty}$ を考える.

数列の極限

○ $\{a_n\}_{n=1}^{\infty}: \alpha \in \mathbf{R}$ に**収束** $\quad \left(\lim\limits_{n \to \infty} a_n = \alpha\right)$

$\quad\quad\quad \Updownarrow \text{ def.}^{1)}$

$\quad ^{\forall}\varepsilon > 0,\, ^{\exists}N \in \mathbf{N} \text{ s.t. }\lceil n \geq N\ (n \in \mathbf{N}) \Longrightarrow |a_n - \alpha| < \varepsilon\rfloor$

○ $\{a_n\}_{n=1}^{\infty}: +\infty$ に**発散** $\quad \left(\lim\limits_{n \to \infty} a_n = +\infty\right)$

$\quad\quad\quad \Updownarrow \text{ def.}$

$\quad ^{\forall}M \in \mathbf{R},\, ^{\exists}N \in \mathbf{N} \text{ s.t. }\lceil n \geq N\ (n \in \mathbf{N}) \Longrightarrow M < a_n\rfloor$

○ $-\infty$ に発散する数列についても同様に定めることができる.

数列の有界性

○ $\{a_n\}_{n=1}^{\infty}:$ **上に有界** $\underset{\text{def.}}{\Longleftrightarrow}^{2)} {}^{\exists}M \in \mathbf{R},\, ^{\forall}n \in \mathbf{N},\, a_n < M$

○ **下に有界**な数列,**有界**な数列についても定めることができる.

○ 収束する数列は有界である.

三角不等式

○ $x, y \in \mathbf{R} \Longrightarrow |x + y| \leq |x| + |y|$

数列の極限に関する基本的性質

○ **はさみうちの原理**,**追い出しの原理**がなりたつ.

○ 四則演算やスカラー倍との順序交換ができる.

---

1) 「$\Updownarrow$ def.」は上の概念を下で定義することを意味する.

2) 「$\underset{\text{def.}}{\Longleftrightarrow}$」は左の概念を右で定義することを意味する.

R の基本的性質

○ 四則演算および大小関係が定義され，**順序体**となる．

○ **連続の公理**　上に有界な単調増加数列は収束する．

○ **アルキメデスの原理**　$\forall a, b > 0,\ \exists n \in \mathbf{N}$ s.t. $na > b$：以下と同値

$$\lim_{n \to \infty} \frac{1}{n} = 0, \quad \lim_{n \to \infty} \frac{1}{2^n} = 0, \quad \lim_{n \to \infty} n = +\infty, \quad \lim_{n \to \infty} 2^n = +\infty$$

○ **区間縮小法**　$\{[a_n, b_n]\}_{n=1}^{\infty}$：「単調減少な有界閉区間の列 s.t.

$$\lim_{n \to \infty} (b_n - a_n) = 0 \rfloor \implies \bigcap_{n=1}^{\infty} [a_n, b_n] = \{\exists \alpha\},\ \lim_{n \to \infty} a_n = \lim_{n \to \infty} b_n = \alpha$$

○ **ボルツァーノ‐ワイエルシュトラスの定理**

有界な数列は収束する**部分列**をもつ．

○ **コーシー列**は収束する（**コーシーの収束条件**）．

$$\{a_n\}_{n=1}^{\infty} : \text{コーシー列}$$

$$\Updownarrow \text{ def.}$$

$$\forall \varepsilon > 0,\ \exists N \in \mathbf{N} \text{ s.t. } \lceil m, n \geq N\ (m, n \in \mathbf{N}) \implies |a_m - a_n| < \varepsilon \rfloor$$

○ **ワイエルシュトラスの公理**

空でない，**上に有界な R の部分集合**は**上界**をもつ．

○ **デデキントの公理**　(A, B)：**R の切断**

$A, B \neq \emptyset,\quad \mathbf{R} = A \cup B,\quad A \cap B = \emptyset,\quad \lceil a \in A,\ b \in B \implies a < b \rfloor$

$\implies$ 次の (a) または (b) がなりたつ．

　　(a)　A の最大元は存在しないが，B の最小元は存在する．

　　(b)　A の最大元は存在するが，B の最小元は存在しない．

○ 次の (1)〜(6) は互いに同値．

　　(1)　連続の公理　　(2)　アルキメデスの原理かつ区間縮小法

　　(3)　ボルツァーノ‐ワイエルシュトラスの定理

　　(4)　アルキメデスの原理かつコーシーの収束条件

　　(5)　ワイエルシュトラスの公理　　(6)　デデキントの公理

連続関数

§5 関数の極限

§5のポイント

- **R** の部分集合に対して，各項がその部分集合の元となる数列の極限全体を考えると，**閉包**が得られる.
- 関数の極限に関して，**はさみうちの原理**がなりたつ.
- とりうる値の絶対値がある定数以下となる関数は**有界**であるという.
- 関数に対する四則演算と極限をとる操作の順序は交換可能である. ただし，商については分母の極限は 0 でないとする.
- $+\infty$ または $-\infty$ に発散する関数を考えることができる.

5・1 閉包

§5 では，**R** の部分集合で定義された実数値関数に対する極限について述べる. まず，次の定義 5.1 のように定める.

定義 5.1

A を **R** の空でない部分集合とする. 各 $x \in A$ に対して，$f(x) \in \mathbf{R}$ が対応

しているとき，これを $f : A \to \mathbf{R}$ と表し，A で定義された（**実数値**）**関数**という．このとき，A を f の**定義域**という．

関数 $f : A \to \mathbf{R}$ に対して，「$x \to a$ のときの f の極限 $\lim\limits_{x \to a} f(x)$」というものを定めたいのであるが，**このときの a は必ずしも f の定義域 A の元である必要はない**．すなわち，各 $n \in \mathbf{N}$ に対して $a_n \in A$ となる数列 $\{a_n\}_{n=1}^{\infty}$ を考えたとき，$\lim\limits_{n \to \infty} a_n = a \notin A$ となることがある．このとき，a は f の定義域の元ではないので，$f(a)$ の値は定められない．しかし，極限 $\lim\limits_{n \to \infty} f(a_n)$ は存在することがある．そこで，次の定義 5.2 のように定める[1]．

定義 5.2

$A \subset \mathbf{R}$ に対して，A 内の数列の極限全体の集合を $\overline{A}$ と表す（**図 5.1**）．すなわち，

$$\overline{A} = \left\{ x \in \mathbf{R} \ \middle| \ \begin{array}{l} \text{ある数列 } \{a_n\}_{n=1}^{\infty} \text{ が存在し，任意の } n \in \mathbf{N} \\ \text{に対して，} a_n \in A \text{ であり，かつ，} \lim\limits_{n \to \infty} a_n = x \end{array} \right\} \tag{5.1}$$

である．$\overline{A}$ を A の**閉包**という．

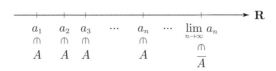

図 5.1 A の閉包 $\overline{A}$ の元

集合 A, B について，$A \subset B$ であるとは，任意の $x \in A$ に対して，$x \in B$ となることである．このことに注意すると，閉包について，次の定理 5.1 を示すことができる．

---

[1]　閉包の概念は位相空間論において，より一般的にまなぶものであるが，本書では予備知識が少なくてすむ数列の概念を用いて定めている．詳しくは，例えば，[藤岡 4] p.150, p.162 を見よ．

定理5.1（重要）

$A, B \subset \mathbf{R}$ とすると，次の (1), (2) がなりたつ.

(1)　$A \subset \overline{A}$.

(2)　$A \subset B \implies \overline{A} \subset \overline{B}$.

証明　(1)　$x \in A$ とし，数列 $\{a_n\}_{n=1}^{\infty}$ を

$$a_n = x \qquad (n \in \mathbf{N}) \tag{5.2}$$

により定める．このとき，任意の $n \in \mathbf{N}$ に対して，$a_n \in A$ である．また，$\lim_{n \to \infty} a_n = x$ である [$\Rightarrow$ **例1.1**]．よって，(5.1) より，$x \in \overline{A}$ である．したがって，(1) がなりたつ.

(2)　$x \in \overline{A}$ とすると，(5.1) より，ある数列 $\{a_n\}_{n=1}^{\infty}$ が存在し，任意の $n \in \mathbf{N}$ に対して，$a_n \in A$ であり，かつ，$\lim_{n \to \infty} a_n = x$ となる．ここで，$A \subset B$ より，任意の $n \in \mathbf{N}$ に対して，$a_n \in B$ である．よって，(5.1) より，$x \in \overline{B}$ である．したがって，(2) がなりたつ.　　　　　　　　　　　　　$\diamondsuit$

例5.1　関数の定義域としては，区間を考えることが多い．そこで，例えば，右半開区間 $[a, b)$ $(a, b \in \mathbf{R}, \ a < b)$ の閉包について，等式

$$\overline{[a, b)} = [a, b] \tag{5.3}$$

がなりたつことを示そう．なお，集合 A, B について，$A = B$ であるとは，$A \subset B$ かつ $B \subset A$ となることである．よって，(5.3) を示すには，$\overline{[a, b)} \subset [a, b]$ および $[a, b] \subset \overline{[a, b)}$ を示せばよい.

$\overline{[a, b)} \subset [a, b]$ の証明　$x \in \overline{[a, b)}$ とする．このとき，(5.1) より，ある数列 $\{a_n\}_{n=1}^{\infty}$ が存在し，任意の $n \in \mathbf{N}$ に対して，$a_n \in [a, b)$，すなわち，$a \leq a_n < b$ であり，かつ，$\lim_{n \to \infty} a_n = x$ となる．よって，問 1.2 より，$a \leq x \leq b$，すなわち，$x \in [a, b]$ となる．したがって，$\overline{[a, b)} \subset [a, b]$ である.

$[a, b] \subset \overline{[a, b)}$ の証明　$x \in [a, b]$ とする．以下，$x \in [a, b)$ と $x \notin [a, b)$ の場合に分けて考える．$x \in [a, b)$ のとき，定理 5.1 の (1) より，$x \in \overline{[a, b)}$ である．$x \notin [a, b)$

のとき，$x = b$ である．ここで，

$$a_n = b - \frac{b-a}{n} \qquad (n \in \mathbf{N}) \tag{5.4}$$

とおく．このとき，任意の $n \in \mathbf{N}$ に対して，$a_n \in [a, b)$ であり，かつ，$\displaystyle\lim_{n \to \infty} a_n = b$ となる．よって，(5.1) より，$b \in \overline{[a,b)}$ である．したがって，$[a,b] \subset \overline{[a,b)}$ である．

以上より，(5.3) が示された．

その他の区間に対しても同様の議論を行うと，まとめて

$$\overline{(a,b)} = \overline{[a,b)} = \overline{(a,b]} = \overline{[a,b]} = [a,b] \qquad (a, b \in \mathbf{R},\ a < b), \tag{5.5}$$

$$\overline{(a,+\infty)} = \overline{[a,+\infty)} = [a,+\infty) \qquad (a \in \mathbf{R}), \tag{5.6}$$

$$\overline{(-\infty,b)} = \overline{(-\infty,b]} = (-\infty,b] \qquad (b \in \mathbf{R}), \tag{5.7}$$

$$\overline{\mathbf{R}} = \mathbf{R} \tag{5.8}$$

となる（✍）.　　　　　　　　　　　　　　　　　　　　　　　　　　◆

5・2　関数の極限の定義

A を $\mathbf{R}$ の空でない部分集合，$f : A \to \mathbf{R}$ を関数とし，$a \in \overline{A}$, $l \in \mathbf{R}$ とする[2]．$f(x)$ が $x \to a$ のとき l に収束するとは，$x \in A$ を a に十分近づければ，$f(x)$ を l に限りなく近づけられることをいうのであった $[\Rightarrow [藤岡 1]\ \textbf{定義 2.1}]$．このことは ε-δ 論法を用いて，次の定義 5.3 のように表される（**図 5.2**）.

┌─ **定義 5.3（関数の極限）** ─────────────────

A を $\mathbf{R}$ の空でない部分集合，$f : A \to \mathbf{R}$ を関数とし，$a \in \overline{A}$, $l \in \mathbf{R}$ とする．任意の $\varepsilon > 0$ に対して，ある $\delta > 0$ が存在し，$|x - a| < \delta$ $(x \in A)$ ならば，$|f(x) - l| < \varepsilon$ となるとき，$f(x)$ は $x \to a$ のとき**極限 l に収束する**と

────────────────────

[2]　5・1 で述べたように，a は必ずしも f の定義域 A の元である必要はない．

いう. このとき, $\lim_{x \to a} f(x) = l$ または $f(x) \to l \ (x \to a)$ と表す.

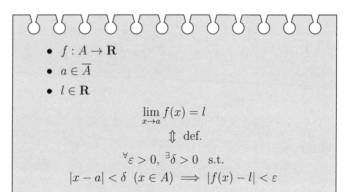

- $f : A \to \mathbf{R}$
- $a \in \overline{A}$
- $l \in \mathbf{R}$

$$\lim_{x \to a} f(x) = l$$

$$\Updownarrow \text{def.}$$

$$^{\forall}\varepsilon > 0, \ ^{\exists}\delta > 0 \ \ \text{s.t.}$$

$$|x - a| < \delta \ (x \in A) \implies |f(x) - l| < \varepsilon$$

図 5.2　関数の極限

注意 5.1　定義5.3において, A が (a, b), $[a, b)$, $(a, b]$, $[a, b]$, $(a, +\infty)$, $[a, +\infty)$ と表される区間の場合は, $x \to a$ のときの極限を $\lim_{x \to a+0} f(x)$ と表し, **右極限**と もいう.

また, A が (a, b), $[a, b)$, $(a, b]$, $[a, b]$, $(-\infty, b)$, $(-\infty, b]$ と表される区間の場 合は, $x \to b$ のときの極限を $\lim_{x \to b-0} f(x)$ と表し, **左極限**ともいう.

さらに, $x \to 0$ のときの右極限, 左極限はそれぞれ $\lim_{x \to +0} f(x)$, $\lim_{x \to -0} f(x)$ と も表す.

例 5.2　A を $\mathbf{R}$ の空でない部分集合とし, $c \in \mathbf{R}$ とする. このとき, 関数 $f : A \to \mathbf{R}$ を

$$f(x) = c \qquad (x \in A) \tag{5.9}$$

により定める. また, $a \in \overline{A}$ とする. ε-δ 論法を用いて, $f(x)$ が $x \to a$ のとき c に収束すること, すなわち, 等式

$$\lim_{x \to a} f(x) = c \tag{5.10}$$

を示そう.

$\varepsilon > 0$ とする．このとき，$x \in A$ ならば，

$$\left| f(x) - c \right| \overset{\odot\ (5.9)}{=} |c - c| = |0| = 0 < \varepsilon, \tag{5.11}$$

すなわち，$\left| f(x) - c \right| < \varepsilon$ である．よって，定義 5.3 において，$\delta > 0$ を任意に選んでおくことにより，(5.10) が示された． ◆

一般には，定義 5.3 の **δ は ε に依存する**．次の例 5.3 で見てみよう．

例 5.3 A を $\mathbf{R}$ の空でない部分集合とし，関数 $f : A \to \mathbf{R}$ を

$$f(x) = x \qquad (x \in A) \tag{5.12}$$

により定める．また，$a \in \overline{A}$ とする．ε-δ 論法を用いて，$f(x)$ が $x \to a$ のとき a に収束すること，すなわち，等式

$$\lim_{x \to a} f(x) = a \tag{5.13}$$

を示そう．

$\varepsilon > 0$ とする．このとき，$|x - a| < \varepsilon \ (x \in A)$ ならば，

$$\left| f(x) - a \right| \overset{\odot\ (5.12)}{=} |x - a| < \varepsilon, \tag{5.14}$$

すなわち，$\left| f(x) - a \right| < \varepsilon$ である．よって，定義 5.3 において，$\delta = \varepsilon$ とすることにより，(5.13) が示された．この例では，δ は ε そのものであり，ε に依存している． ◆

5・3 関数の極限の基本的性質

数列の極限の場合と同様に，関数の極限についてもはさみうちの原理がなりたつ［⇨**定理 1.1**］.

── **定理 5.2（はさみうちの原理）（重要）** ──────────

A を $\mathbf{R}$ の空でない部分集合，$f, g, h : A \to \mathbf{R}$ を関数とし，$a \in \overline{A}$ とする．
さらに，$f(x), g(x)$ は $x \to a$ のとき $l \in \mathbf{R}$ に収束し，任意の $x \in A$ に対

して,

$$f(x) \le h(x) \le g(x) \tag{5.15}$$

となるとする. このとき, $h(x)$ は $x \to a$ のとき l に収束する.

[証明] 定理 1.1 の証明と同様の考え方で示すことができる [⇨ **例題 5.1**]. ◇

例題 5.1　次の ☐ をうめることにより, はさみうちの原理（定理 5.2）を示せ.

$\varepsilon > 0$ とする. まず, $\lim_{x \to a} f(x) = \boxed{①}$ なので, 関数の極限の定義（定義 5.3）より, ある $\delta_1 > 0$ が存在し, $|x - a| < \delta_1 \ (x \in A)$ ならば,

$$\bigl|f(x) - l\bigr| < \varepsilon \tag{5.16}$$

となる. また, $\lim_{x \to a} g(x) = \boxed{②}$ なので, 関数の極限の定義（定義 5.3）より, ある $\delta_2 > 0$ が存在し, $|x - a| < \delta_2 \ (x \in A)$ ならば,

$$\bigl|g(x) - l\bigr| < \varepsilon \tag{5.17}$$

となる. ここで, $\delta > 0$ を $\delta = \min\{\delta_1, \delta_2\}$ により定める. このとき, $|x - a| < \delta \ (x \in A)$ ならば,

$$l - \varepsilon \overset{\overset{\odot (5.16)}{}}{<} \boxed{③} \overset{\overset{\odot (5.15)}{}}{\le} h(x) \overset{\overset{\odot (5.15)}{}}{\le} \boxed{④} \overset{\overset{\odot (5.17)}{}}{<} l + \varepsilon \tag{5.18}$$

である. すなわち, $\bigl|h(x) - l\bigr| < \varepsilon$ である. よって, 関数の極限の定義（定義 5.3）より, $h(x)$ は $x \to a$ のとき l に収束する.　☐☐☐✍

[解]　① l, ② l, ③ $f(x)$, ④ $g(x)$　　　　　　　　　　　◇

数列の場合と同様に，あたえられた関数から和，差，スカラー倍といった新たな関数を定めることができる［⇨［藤岡 1］ 2・4 ］．このとき，次の定理 5.3 がなりたつ．

定理 5.3（重要）

A を $\mathbf{R}$ の空でない部分集合，$f, g : A \to \mathbf{R}$ を関数とし，$a \in \overline{A}$ とする．さらに，$f(x), g(x)$ は $x \to a$ のときそれぞれ $l, m \in \mathbf{R}$ に収束するとする．このとき，次の (1), (2) がなりたつ．

(1) $\displaystyle \lim_{x \to a} \big(f(x) \pm g(x)\big) = l \pm m.$ （複号同順）

(2) $\displaystyle \lim_{x \to a} cf(x) = cl.$ （$c \in \mathbf{R}$）

証明 　定理 1.3 の証明と同様の考え方で示すことができる［⇨ 問 5.1 ］．◇

5・4 　関数の有界性

関数の有界性について，次の定義 5.4 のように定める．

定義 5.4

A を $\mathbf{R}$ の空でない部分集合，$f : A \to \mathbf{R}$ を関数，B を A の空でない部分集合とする．ある $M > 0$ が存在し，任意の $x \in B$ に対して，$\big|f(x)\big| \leq M$ となるとき，f は B で（または B 上）**有界**であるという．

関数の極限と有界性に関して，次の定理 5.4 がなりたつ．

定理 5.4（重要）

A を $\mathbf{R}$ の空でない部分集合，$f : A \to \mathbf{R}$ を関数とし，$a \in \overline{A}$ とする．さらに，$f(x)$ は $x \to a$ のとき $l \in \mathbf{R}$ に収束するとする．このとき，ある $\delta > 0$ が存在し，

$$B = \big\{ x \in A \mid |x - a| < \delta \big\} \tag{5.19}$$

とおくと，f は B で有界となる．

【証明】 $\displaystyle\lim_{x \to a} f(x) = l$ なので，関数の極限の定義（定義5.3）より，ある $\delta > 0$ が存在し，$|x - a| < \delta \ (x \in A)$ ならば，

$$|f(x) - l| < 1 \tag{5.20}$$

となる [3]．このとき，B を (5.19) により定めると，$x \in B$ のとき，

$$|f(x)| = |(f(x) - l) + l| \overset{\text{三角不等式}}{\leq} |f(x) - l| + |l| \overset{(5.20)}{<} 1 + |l| \tag{5.21}$$

となる．よって，f は B で有界である． ◇

数列の場合と同様に，あたえられた関数から積，商といった新たな関数を定めることができる $[\Rightarrow [\text{藤岡1}] \boxed{2 \cdot 4}]$．このとき，次の定理5.5がなりたつ．

─ **定理5.5（重要）** ─────────

A を $\mathbf{R}$ の空でない部分集合，$f, g : A \to \mathbf{R}$ を関数とし，$a \in \overline{A}$ とする．さらに，$f(x), g(x)$ は $x \to a$ のときそれぞれ $l, m \in \mathbf{R}$ に収束するとする．このとき，次の (1), (2) がなりたつ．

(1)　$\displaystyle\lim_{x \to a} f(x)g(x) = lm.$

(2)　$\displaystyle\lim_{x \to a} \frac{f(x)}{g(x)} = \frac{l}{m}. \quad (g(x), m \neq 0)$

【証明】 定理2.2の証明と同様の考え方で示すことができる $[\Rightarrow \boxed{\text{問 5.3}}]$．なお，(1) では，定理5.4を用いる． ◇

5・5 発散する関数

さらに，収束しない関数に関して，次の定義5.5のように定める．

─────────────

[3]　定義5.3の δ は ε に依存するため，$\varepsilon = 1$ とし，δ が固定された数になるようにしている．

定義 5.5

A を $\mathbf{R}$ の空でない部分集合，$f : A \to \mathbf{R}$ を関数とし，$a \in \overline{A}$ とする．

(1) 任意の $M \in \mathbf{R}$ に対して，ある $\delta > 0$ が存在し，$|x - a| < \delta$ $(x \in A)$ ならば，$M < f(x)$ となるとき，$f(x)$ は $x \to a$ のとき**極限 $+\infty$** または**正の無限大に発散する**という．このとき，$\lim\limits_{x \to a} f(x) = +\infty$ または $f(x) \to +\infty$ $(x \to a)$ と表す．

(2) 任意の $M \in \mathbf{R}$ に対して，ある $\delta > 0$ が存在し，$|x - a| < \delta$ $(x \in A)$ ならば，$f(x) < M$ となるとき，$f(x)$ は $x \to a$ のとき**極限 $-\infty$** または**負の無限大に発散する**という．このとき，$\lim\limits_{x \to a} f(x) = -\infty$ または $f(x) \to -\infty$ $(x \to a)$ と表す．

例 5.4 $x \in (0, +\infty)$ とし，関数 $\dfrac{1}{x}$ を考えよう[4]．このとき，等式 (1.7) を用いることにより，等式

$$\lim_{x \to +0} \frac{1}{x} = +\infty \tag{5.22}$$

を示すことができる [⇨ **問 5.4**]．　　　　　　　　　　　　◆

---

[4] $x \in (0, +\infty)$ に対して，$\frac{1}{x}$ を対応させることにより得られる関数のことである．関数 f に対して，「$f(x)$」という記号は f の x における値を意味し，厳密には関数自身とは異なるものであるが，慣習にしたがいこのような表し方も用いることにする．

§5 の問題

確認問題

問 5.1　次の問に答えよ.

(1)　定理 5.3 の (1) の等式

$$\lim_{x \to a} \big(f(x) \pm g(x)\big) = l \pm m$$

を示せ.

(2)　定理 5.3 の (2) の等式

$$\lim_{x \to a} cf(x) = cl$$

を示せ.　　　　　□□□ [⇨ **5・3**]

基本問題

問 5.2　関数が収束するならば,その極限は一意的であることを示せ.なお,数列の場合の証明も参考にするとよい [⇨ **例題 1.1**].　□□□ [⇨ **5・2**]

問 5.3　次の問に答えよ.

(1)　定理 5.5 の (1) の等式

$$\lim_{x \to a} f(x)g(x) = lm$$

を示せ.

(2)　定理 5.5 の (2) の等式

$$\lim_{x \to a} \frac{f(x)}{g(x)} = \frac{l}{m}$$

を示せ.　　　　　□□□ [⇨ **5・4**]

問 5.4   例 5.4 の等式

$$\lim_{x \to +0} \frac{1}{x} = +\infty$$

を示せ.   □□□ [⇨ 5・5]

チャレンジ問題

問 5.5   次の問に答えよ.

(1) $A \subset \mathbf{R}$ とする. A の閉包 $\overline{A}$ の定義を書け.

(2) $A \subset \mathbf{R}$ に対して, $\overline{\overline{A}} = \overline{A}$ であることを示せ.

(3) $A, B \subset \mathbf{R}$ に対して, $\overline{A \cup B} = \overline{A} \cup \overline{B}$ であることを示せ.

□□□ [⇨ 5・1]

§6 関数の連続性とワイエルシュトラスの定理

— **§6 のポイント** —

- 関数の極限を用いて，関数の**連続性**を定めることができる．
- 連続な関数から四則演算や**合成**を用いて定められる関数は連続である．
  ただし，商については分母は 0 でないとする．
- 関数の連続性は数列の極限を用いて調べることができる．
- 有界閉区間で連続な関数は最大値および最小値をもつ（**ワイエルシュト
  ラスの定理**）．

6・1 連続関数の定義と基本的性質

関数の極限 [⇨ §5] を用いて，**R** の部分集合で定義された実数値関数の連
続性を定めることができる．

— **定義 6.1** —

A を **R** の空でない部分集合，$f : A \to \mathbf{R}$ を関数とする．

(1) $a \in A$ とする[1]．等式

$$\lim_{x \to a} f(x) = f(a) \tag{6.1}$$

がなりたつとき[2]，$f(x)$ は $x = a$ で**連続**であるという．

(2) 任意の $a \in A$ に対して，$f(x)$ が $x = a$ で連続なとき，f は A で**連続**
であるという．

定理 5.3，定理 5.5，定義 6.1 の (1) より，次の定理 6.1 がなりたつ．

---

[1] (6.1) の右辺に $f(a)$ とあるため，a は f の定義域 A の元である必要がある．

[2] 論理記号などを用いると，$^{\forall}\varepsilon > 0,\ ^{\exists}\delta > 0$ s.t. 「$|x - a| < \delta\ (x \in A) \implies |f(x) - f(a)| < \varepsilon$」と表すことができる．

定理6.1（重要）

A を $\mathbf{R}$ の空でない部分集合，$f, g : A \to \mathbf{R}$ を関数とし，$a \in A$ とする．さらに，$f(x), g(x)$ は $x = a$ で連続であるとする．このとき，次の (1)〜(4) がなりたつ．

(1) $\displaystyle\lim_{x \to a}\bigl(f(x) \pm g(x)\bigr) = f(a) \pm g(a).$ （複号同順）

(2) $\displaystyle\lim_{x \to a} cf(x) = cf(a).$ （$c \in \mathbf{R}$）

(3) $\displaystyle\lim_{x \to a} f(x)g(x) = f(a)g(a).$

(4) $\displaystyle\lim_{x \to a} \frac{f(x)}{g(x)} = \frac{f(a)}{g(a)}.$ （$g(x), g(a) \neq 0$）

すなわち，$f(x) \pm g(x),\ cf(x),\ f(x)g(x),\ \dfrac{f(x)}{g(x)}$ は $x = a$ で連続である．

例6.1 A を $\mathbf{R}$ の空でない部分集合とする．まず，関数 $f : A \to \mathbf{R}$ を

$$f(x) = 1 \qquad (x \in A) \tag{6.2}$$

により定める．このとき，例5.2 より，任意の $a \in A$ に対して，$f(x)$ は $x = a$ で連続となる．よって，f は A で連続である．また，関数 $g : A \to \mathbf{R}$ を

$$g(x) = x \qquad (x \in A) \tag{6.3}$$

により定める．このとき，例5.3 より，任意の $a \in A$ に対して，$g(x)$ は $x = a$ で連続となる．よって，g は A で連続である．

ここで，$h : A \to \mathbf{R}$ を，実数を係数とする 1 変数の n 次多項式により定められる関数とする．すなわち，h はある $a_0, a_1, a_2, \cdots, a_n \in \mathbf{R}$ を用いて，

$$h(x) = a_0 x^n + a_1 x^{n-1} + a_2 x^{n-2} + \cdots + a_{n-1}x + a_n \quad (x \in A) \tag{6.4}$$

と表される．h は (6.2), (6.3) により定めた f, g に対して，和，スカラー倍，積の演算を何回か施すことにより得られる．したがって，定理6.1 の (1)〜(3) より，任意の $a \in A$ に対して，$h(x)$ は $x = a$ で連続となり，さらに，h は A で連続である． ◆

例題 6.1　関数 $f : (0, 2) \to \mathbf{R}$ を

$$f(x) = \frac{x - 1}{x^2 + x} \qquad \bigl(x \in (0, 2)\bigr) \tag{6.5}$$

により定める. f は $(0, 2)$ で連続であることを示せ. □□□ ✍

解　関数 $g, h : (0, 2) \to \mathbf{R}$ を

$$g(x) = x - 1, \quad h(x) = x^2 + x \quad \bigl(x \in (0, 2)\bigr) \tag{6.6}$$

により定める. このとき, 例 6.1 より, g, h は $(0, 2)$ で連続である. ここで, 任意の $a \in (0, 2)$ に対して,

$$h(a) = a(a + 1) \neq 0 \tag{6.7}$$

である. よって, 定理 6.1 の (4) より, 任意の $a \in (0, 2)$ に対して, $f(x) = \dfrac{g(x)}{h(x)}$ は $x = a$ で連続である. したがって, f は $(0, 2)$ で連続である.　　　　◇

6・2　合成関数の連続性

　連続関数と連続関数の合成は連続となる. まず, 合成関数について述べよう. A, B を $\mathbf{R}$ の空でない部分集合, $f : A \to \mathbf{R}$, $g : B \to \mathbf{R}$ を関数とする. ここで, 包含関係

$$\bigl\{f(x) \,\big|\, x \in A\bigr\} \subset B \tag{6.8}$$

がなりたつとする[3]. このとき, 関数 $g \circ f : A \to \mathbf{R}$ を

$$(g \circ f)(x) = g\bigl(f(x)\bigr) \qquad (x \in A) \tag{6.9}$$

により定めることができる. $g \circ f$ を f と g の**合成関数**（または**合成**）という.

　合成関数の連続性について, 次の定理 6.2 がなりたつ.

---

[3]　$f(A) = \bigl\{f(x) \,\big|\, x \in A\bigr\}$ と表し, これを f による A の**像**という.

定理 6.2（重要）

A, B を $\mathbf{R}$ の空でない部分集合，$f : A \to \mathbf{R}$ を (6.8) をみたす関数，$g : B \to \mathbf{R}$ を関数とし，$a \in A$ とする．$f(x)$, $g(y)$ がそれぞれ $x = a$, $y = f(a)$ で連続ならば，$(g \circ f)(x)$ は $x = a$ で連続である．すなわち，

$$\lim_{x \to a} (g \circ f)(x) = (g \circ f)(a) \tag{6.10}$$

である．

証明 $\varepsilon > 0$ とする．まず，$g(y)$ は $y = f(a)$ で連続なので，関数の連続性の定義（定義 6.1 (1)）より，ある $\delta > 0$ が存在し，$\left| y - f(a) \right| < \delta$ $(y \in B)$ ならば，

$$\left| g(y) - g\big(f(a)\big) \right| < \varepsilon \tag{6.11}$$

となる．次に，$f(x)$ は $x = a$ で連続なので，関数の連続性の定義（定義 6.1 (1)）より，ある $\rho > 0$ が存在し，$|x - a| < \rho$ $(x \in A)$ ならば，

$$\left| f(x) - f(a) \right| < \delta \tag{6.12}$$

となる．よって，$|x - a| < \rho$ $(x \in A)$ ならば，

$$\left| (g \circ f)(x) - (g \circ f)(a) \right| \overset{\odot\,(6.9)}{=} \left| g(f(x)) - g(f(a)) \right| \overset{\odot\,(6.11),(6.12)}{<} \varepsilon \tag{6.13}$$

となる [4]．すなわち，

$$\left| (g \circ f)(x) - (g \circ f)(a) \right| < \varepsilon \tag{6.14}$$

である．よって，関数の連続性の定義（定義 6.1 (1)）より，$(g \circ f)(x)$ は $x = a$ で連続である． $\diamondsuit$

6・3 関数の収束と数列の収束

連続関数の性質についてさらに述べるための準備として，6・3 では，関数の収束と数列の収束に関する次の定理 6.3 を示しておこう．

---

[4] (6.11) は $|y - f(a)| < \delta$ という条件のもとでなりたつので，(6.12) も必要であることに注意しよう．

定理 6.3（重要）

A を $\mathbf{R}$ の空でない部分集合，$f : A \to \mathbf{R}$ を関数とし，$a \in A$, $l \in \mathbf{R}$ とする．このとき，次の (1), (2) は同値である．

(1) $\displaystyle\lim_{x \to a} f(x) = l$ がなりたつ．

(2) 任意の $n \in \mathbf{N}$ に対して，$a_n \in A$ であり，かつ，$\displaystyle\lim_{n \to \infty} a_n = a$ となる任意の数列 $\{a_n\}_{n=1}^{\infty}$ に対して，$\displaystyle\lim_{n \to \infty} f(a_n) = l$ となる．

証明 (1) ⟹ (2) $\{a_n\}_{n=1}^{\infty}$ を任意の $n \in \mathbf{N}$ に対して，$a_n \in A$ であり，かつ，$\displaystyle\lim_{n \to \infty} a_n = a$ となる数列とし，$\varepsilon > 0$ とする．(1) および関数の極限の定義（定義 5.3）より，ある $\delta > 0$ が存在し，$|x - a| < \delta$ $(x \in A)$ ならば，

$$|f(x) - l| < \varepsilon \tag{6.15}$$

となる．ここで，$\displaystyle\lim_{n \to \infty} a_n = a$ なので，ある $N \in \mathbf{N}$ が存在し，$n \geq N$ $(n \in \mathbf{N})$ ならば，

$$|a_n - a| < \delta \tag{6.16}$$

となる．(6.15), (6.16) より，$n \geq N$ $(n \in \mathbf{N})$ ならば，

$$|f(a_n) - l| < \varepsilon \tag{6.17}$$

となる．よって，$\displaystyle\lim_{n \to \infty} f(a_n) = l$ である．

(2) ⟹ (1) 対偶を示す．

(1) がなりたたないと仮定する．このとき，関数の極限の定義（定義 5.3）より，ある $\varepsilon > 0$ が存在し，任意の $\delta > 0$ に対して，ある $x \in A$ が存在し，

$$|x - a| < \delta, \qquad |f(x) - l| \geq \varepsilon \tag{6.18}$$

となる ［⇨ 注意 1.2 ］．そこで，各 $n \in \mathbf{N}$ に対して，$a_n \in A$ を

$$|a_n - a| < \frac{1}{n}, \qquad |f(a_n) - l| \geq \varepsilon \tag{6.19}$$

をみたすように選んでおく ［⇨ 注意 6.1 ］．このとき，$\displaystyle\lim_{n \to \infty} a_n = a$ であるが，$\displaystyle\lim_{n \to \infty} f(a_n) = l$ ではない． ◇

注意 6.1　定理 6.3 の (2) ⇒ (1) の証明では，各自然数 $n \in \mathbf{N}$ に対して，空ではない集合

$$\left\{ x \in A \mid |x - a| < \frac{1}{n}, \ |f(x) - l| \geq \varepsilon \right\} \tag{6.20}$$

を考え，これらの中から元 a_n を一斉に取り出して，数列 $\{a_n\}_{n=1}^{\infty}$ を得ている．このような操作が可能であるとする命題を**可算選択公理**という〔⇨〔藤岡 4〕 **例 12.1**〕．すなわち，定理 6.3 の (2) ⇒ (1) の証明では，可算選択公理を認めている．

6・4 ワイエルシュトラスの定理

　有界閉区間で連続な関数は最大値および最小値をもつ．すなわち，次のワイエルシュトラスの定理がなりたつ．

定理 6.4（ワイエルシュトラスの定理）（重要）

$f : [a, b] \to \mathbf{R}$ を有界閉区間 $[a, b]$ で連続な関数とする．このとき，ある $c, c' \in [a, b]$ が存在し，任意の $x \in [a, b]$ に対して，

$$f(c') \leq f(x) \leq f(c) \tag{6.21}$$

がなりたつ．すなわち，$f(x)$ は $x = c$ で最大値 $f(c)$，$x = c'$ で最小値 $f(c')$ をとる（**図 6.1**）．

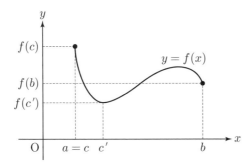

図 6.1　ワイエルシュトラスの定理（$a = c$，$a < c' < b$ となる例）

証明 f による $[a,b]$ の像，すなわち，

$$f([a,b]) = \{ f(x) \mid x \in [a,b] \} \tag{6.22}$$

を考え，次の (1)～(3) の手順により定理の主張を証明していく（**図 6.2**）．

> (1) $^{\exists}M, M' \in \mathbf{R}$ s.t. $^{\forall}x \in [a,b]$, $M' \leq f(x) \leq M$
> 　　（背理法により示す）
>
> (2) $\overline{f([a,b])} = f([a,b])$
>
> $\left(\begin{array}{l} f([a,b]) \text{ 内の数列の極限となるものは} \\ \text{すべて } f([a,b]) \text{ の元} \end{array} \right)$
>
> (3) $^{\exists}\max\{ f(x) \mid a \leq x \leq b \}$, $^{\exists}\min\{ f(x) \mid a \leq x \leq b \}$

図 6.2 手順 (1)～(3)

(1) 　$f([a,b])$ が有界であることを示す ［⇨**定義 4.2** (3)[5)]］．

(2) 　$\overline{f([a,b])} = f([a,b])$ であることを示す ［⇨ **5・1**］．

(3) 　(1), (2) を用いて，f の最大値，最小値の存在を示す．

　なお，一般に，$A \subset \mathbf{R}$ に対して，$\overline{A} = A$ となるとき，A を**閉集合**という．

(1) 　$f([a,b])$ の有界性 　背理法により示す．

　$f([a,b])$ が有界ではないと仮定する．$[a,b]$ を 2 つの有界閉区間 $\left[a, \frac{a+b}{2}\right]$，$\left[\frac{a+b}{2}, b\right]$ に分割する．$f([a,b])$ が有界ではないことより，f による $\left[a, \frac{a+b}{2}\right]$，$\left[\frac{a+b}{2}, b\right]$ の像，すなわち，

$$f\left(\left[a, \frac{a+b}{2}\right]\right) = \left\{ f(x) \;\middle|\; x \in \left[a, \frac{a+b}{2}\right] \right\}, \tag{6.23}$$

$$f\left(\left[\frac{a+b}{2}, b\right]\right) = \left\{ f(x) \;\middle|\; x \in \left[\frac{a+b}{2}, b\right] \right\} \tag{6.24}$$

のいずれかは有界ではない．そこで，$\left[a, \frac{a+b}{2}\right]$，$\left[\frac{a+b}{2}, b\right]$ のうち，f による像が

---

5)　$[a,b]$ は f の定義域なので，f の有界性 ［⇨**定義 5.4**］ と同値である．

有界ではない方を選んでおき，これを $[a_1, b_1]$ とする．次に，$[a_1, b_1]$ を 2 つの有界閉区間 $\left[a_1, \frac{a_1+b_1}{2}\right]$，$\left[\frac{a_1+b_1}{2}, b_1\right]$ に分割する．$f([a_1, b_1])$ が有界ではないことより，f による $\left[a_1, \frac{a_1+b_1}{2}\right]$，$\left[\frac{a_1+b_1}{2}, b_1\right]$ の像のいずれかは有界ではない．そこで，$\left[a_1, \frac{a_1+b_1}{2}\right]$，$\left[\frac{a_1+b_1}{2}, b_1\right]$ のうち，f による像が有界ではない方を選んでおき，これを $[a_2, b_2]$ とする．以下，同様の操作を繰り返し，$n \in \mathbf{N}$ に対して，f による像が有界ではない有界閉区間 $[a_n, b_n]$ が定められたとき，$[a_n, b_n]$ を 2 つの有界閉区間 $\left[a_n, \frac{a_n+b_n}{2}\right]$，$\left[\frac{a_n+b_n}{2}, b_n\right]$ に分割し，f による像が有界ではない方を選んでおく．そして，これを $[a_{n+1}, b_{n+1}]$ とする．このとき，有界閉区間の単調減少列 $\{[a_n, b_n]\}_{n=1}^{\infty}$ を得る．さらに，アルキメデスの原理と同値な等式 $\lim\limits_{n \to \infty} \frac{1}{2^n} = 0$ [⇨ **注意 2.3**] および区間縮小法（命題 3.1）より，ある $c \in \mathbf{R}$ が存在し，

$$\bigcap_{n=1}^{\infty} [a_n, b_n] = \{c\}, \qquad \lim_{n \to \infty} a_n = \lim_{n \to \infty} b_n = c \tag{6.25}$$

となる．ここで，$\{[a_n, b_n]\}_{n=1}^{\infty}$ の定義より，$c \in [a, b]$ である．さらに，f は $[a, b]$ で連続なので，$f(x)$ は $x = c$ で連続である．よって，関数の連続性の定義（定義 6.1 (1)）より，ある $\delta > 0$ が存在し，$|x - c| < \delta$ $(x \in [a, b])$ ならば，

$$\left| f(x) - f(c) \right| < 1, \tag{6.26}$$

すなわち，

$$-1 + f(c) < f(x) < 1 + f(c) \tag{6.27}$$

となる [⇨ **定理 5.4 の証明の脚注**]．さらに，(6.25) より，ある $N \in \mathbf{N}$ が存在し，$x \in [a_N, b_N]$ ならば，$|x - c| < \delta$ となる．一方，$f([a_N, b_N])$ は有界ではない．これは (6.27) に矛盾する．したがって，$f([a, b])$ は有界である．

(2) 　$f([a, b])$ が閉集合であること　　等式

$$\overline{f([a, b])} = f([a, b]) \tag{6.28}$$

を示す．

　まず，定理 5.1 の (1) より，

$$f([a,b]) \subset \overline{f([a,b])} \tag{6.29}$$

である.

次に, $x \in \overline{f([a,b])}$ とする. このとき, ある数列 $\{q_n\}_{n=1}^{\infty}$ が存在し, 任意の $n \in \mathbf{N}$ に対して, $q_n \in f([a,b])$ であり, かつ, $\lim_{n\to\infty} q_n = x$ となる $[\Rightarrow(5.1)]$. さらに, $q_n \in f([a,b])$ より, ある $p_n \in [a,b]$ が存在し, $q_n = f(p_n)$ となる. とくに, 数列 $\{p_n\}_{n=1}^{\infty}$ は有界である $[\Rightarrow$**定義 2.1**(3)$]$. よって, ボルツァーノ−ワイエルシュトラスの定理 (命題 3.2) より, $\{p_n\}_{n=1}^{\infty}$ のある部分列 $\{p_{n_k}\}_{k=1}^{\infty}$ が存在し, $\{p_{n_k}\}_{k=1}^{\infty}$ はある $p \in \mathbf{R}$ に収束する. さらに, $p_n \in [a,b]$ および問 1.2 より, $p \in [a,b]$ である. このとき, f が $[a,b]$ で連続であることと定理 6.3 の (1) $\Rightarrow$ (2) より,

$$\lim_{k\to\infty} f(p_{n_k}) = f(p) \tag{6.30}$$

である. 一方,

$$x \overset{\odot \ \lim_{n\to\infty} q_n = x, \ 問3.2}{=} \lim_{k\to\infty} q_{n_k} \overset{\odot \ q_n = f(p_n)}{=} \lim_{k\to\infty} f(p_{n_k}) \tag{6.31}$$

である. (6.30), (6.31) より, $x = f(p)$ となるので, (6.22) より, $x \in f([a,b])$ である. したがって,

$$\overline{f([a,b])} \subset f([a,b]) \tag{6.32}$$

である.

(6.29), (6.32) より, (6.28) がなりたつ.

(3)　最大値, 最小値の存在　最大値の存在のみ示す. 最小値については, 以下の議論で f の代わりに $-f$ を考えればよい.

(1) およびワイエルシュトラスの公理 (命題 4.2) より, $f([a,b])$ の上限 M が存在する. 上限の定義 $[\Rightarrow$**定義 4.2**(1)$]$ より, ある数列 $\{c_n\}_{n=1}^{\infty}$ が存在し, 任意の $n \in \mathbf{N}$ に対して, $f(c_n) \in f([a,b])$ $(c_n \in [a,b])$ であり, かつ, $\lim_{n\to\infty} f(c_n) = M$ となる. さらに,

$$M \overset{\odot \ (5.1)}{\in} \overline{f([a,b])} \overset{\odot \ (2)}{=} f([a,b]), \tag{6.33}$$

すなわち，$M \in f([a, b])$ となる．よって，ある $c \in [a, b]$ が存在し，$f(c) = M$ となる．すなわち，$f(x)$ は $x = c$ で最大値 $f(c)$ をとる． ◇

§6 の問題

確認問題

問 6.1 関数 $f : (-1, 1) \to \mathbf{R}$ を

$$f(x) = \frac{x^2 + 2x}{x^2 - 1} \qquad (x \in (-1, 1))$$

により定める．f は $(-1, 1)$ で連続であることを示せ． ☐☐☐ [⇨ **6・1**]

基本問題

問 6.2 次の問に答えよ．

(1) A を $\mathbf{R}$ の空でない部分集合，$f : A \to \mathbf{R}$ を A で連続な関数とする．このとき，関数 $|f| : A \to \mathbf{R}$ を

$$|f|(x) = |f(x)| \qquad (x \in A)$$

により定める．$|f|$ は A で連続であることを示せ．

(2) $a, b \in \mathbf{R}$ とすると，等式

$$\max\{a, b\} = \frac{1}{2}(a + b + |a - b|)$$

がなりたつことを示せ．

(3) A を $\mathbf{R}$ の空でない部分集合，$f, g : A \to \mathbf{R}$ を A で連続な関数とする．このとき，関数 $\max\{f, g\} : A \to \mathbf{R}$ を

$$\max\{f, g\}(x) = \max\{f(x), g(x)\} \qquad (x \in A)$$

により定める．$\max\{f, g\}$ は A で連続であることを示せ．

☐☐☐ [⇨ **6・1**]

チャレンジ問題

問 6.3　次の問に答えよ.

(1) 次の \boxed{} をうめることにより, 任意の $a \in \mathbf{R}$ に対して, ある $n \in \mathbf{Z}$ が存在し,

$$n \leq a < n+1 \tag{$*$}$$

となることを示せ.

　まず, $m + a > 1$ となる $m \in \mathbf{N}$ が存在することを示す. $a \geq 1$ のとき, $m = 1$ とおくと,

$$m + a = 1 + a \geq 1 + 1 = 2 > 1$$

となる. すなわち, $m + a > 1$ である. $a < 1$ のとき, $1 - a > 0$ である. よって, \boxed{①} の原理より, ある $m \in \mathbf{N}$ が存在し, $m \cdot 1 > 1 - a$, すなわち, $m + a > 1$ となる. そこで, $m + a > 1$ となる $m \in \mathbf{N}$ を 1 つ選んでおく. このとき, \boxed{①} の原理より, ある $l \in \mathbf{N}$ が存在し, $l \cdot 1 > m + a$, すなわち, $-l < -(m+a)$ となる. よって,

$$A = \left\{ -l \mid l \in \mathbf{N}, \ -l < -(m+a) \right\}$$

とおくと, A は空でない, 上に \boxed{②} な $\mathbf{R}$ の部分集合である. したがって, \boxed{③} の公理より, A の上限 $-k$ $(k \in \mathbf{N})$ が存在する. このとき,

$$1 < m + a < k \tag{a}$$

なので, $k \geq 2$ となり, $k - 1 \in$ \boxed{④} である. さらに, $-k$ が A の上限であることより,

$$k - 1 \leq m + a \tag{b}$$

となる. (a), (b) より, $n = k - m - 1$ とおくと, $n \in$ \boxed{⑤} であり, $(*)$ がなりたつ.

(2) $(*)$ をみたす $n \in \mathbf{Z}$ は一意的であることを示せ.

(3) $a < b$ をみたす任意の $a, b \in \mathbf{R}$ に対して, $a < r < b$ をみたす $r \in \mathbf{Q}$ が存在

することを示せ[6]．

(4) 関数 $f: \mathbf{R} \to \mathbf{R}$ が任意の $x, y \in \mathbf{R}$ に対して，等式
$$f(x + y) = f(x) + f(y)$$
をみたすとする．このとき，ある $c \in \mathbf{R}$ が存在し，任意の $r \in \mathbf{Q}$ に対して，$f(r) = cr$ となることを示せ．

(5) (4) において，f が $\mathbf{R}$ で連続ならば，任意の $x \in \mathbf{R}$ に対して，$f(x) = cx$ となることを示せ．

□□□ [⇨ **6・3**]

---

[6]　この小問 (3) より，任意の実数のどんな近くにも有理数が存在することになる．この事実を $\mathbf{Q}$ は $\mathbf{R}$ において **稠密** であるという．

§7 　中間値の定理と逆関数

───────────── §7のポイント ─────────────

- 有界閉区間で連続な関数に対して，**中間値の定理**がなりたつ.
- **単調増加**または**単調減少**である関数は**単調**であるという.
- 区間で定義された連続かつ単調な関数は，連続かつ単調な**逆関数**をもつ.
- 上または下に有界ではない $\mathbf{R}$ の部分集合で定義された関数に対して，それぞれ正または負の無限大における極限を考えることができる.

7・1 　中間値の定理

ワイエルシュトラスの定理（定理6.4）と並び，次の中間値の定理も有界閉区間で連続な関数に対する基本的な定理である.

─── **定理7.1（中間値の定理）（重要）** ───────────

$f : [a,b] \to \mathbf{R}$ を有界閉区間 $[a,b]$ で連続な関数とする. $f(a) \neq f(b)$ ならば，$f(a)$ と $f(b)$ の間の任意の $l \in \mathbf{R}$ に対して[1]，ある $c \in (a,b)$ が存在し，$f(c) = l$ となる.

[証明] 　$f(a) < l < f(b)$ の場合のみ示す（$f(b) < l < f(a)$ の場合も同様に示すことができる（✎）).

まず，有界閉区間 $[a_1, b_1]$ を

$$[a_1, b_1] = \begin{cases} \left[a, \frac{a+b}{2} \right] & \left(f\left(\frac{a+b}{2} \right) > l \right), \\ \left[\frac{a+b}{2}, b \right] & \left(f\left(\frac{a+b}{2} \right) \leq l \right) \end{cases} \tag{7.1}$$

により定める. 次に，有界閉区間 $[a_2, b_2]$ を

---

[1] 　$f(a) < f(b)$ のときは $f(a) < l < f(b)$ であり，$f(b) < f(a)$ のときは $f(b) < l < f(a)$ である.

$$[a_2, b_2] = \begin{cases} \left[a_1, \frac{a_1+b_1}{2}\right] & \left(f\left(\frac{a_1+b_1}{2}\right) > l\right), \\ \left[\frac{a_1+b_1}{2}, b_1\right] & \left(f\left(\frac{a_1+b_1}{2}\right) \le l\right) \end{cases} \tag{7.2}$$

により定める. 以下, 同様の操作を繰り返し, $n \in \mathbf{N}$ に対して, 有界閉区間 $[a_n, b_n]$ が定められたとき, 有界閉区間 $[a_{n+1}, b_{n+1}]$ を

$$[a_{n+1}, b_{n+1}] = \begin{cases} \left[a_n, \frac{a_n+b_n}{2}\right] & \left(f\left(\frac{a_n+b_n}{2}\right) > l\right), \\ \left[\frac{a_n+b_n}{2}, b_n\right] & \left(f\left(\frac{a_n+b_n}{2}\right) \le l\right) \end{cases} \tag{7.3}$$

により定める. このとき, 有界閉区間の単調減少列 $\{[a_n, b_n]\}_{n=1}^{\infty}$ を得る. さらに, アルキメデスの原理 (命題 1.1) と同値な等式 $\lim\limits_{n \to \infty} \frac{1}{2^n} = 0$ [⇨ 注意 2.3] および区間縮小法 (命題 3.1) より, ある $c \in \mathbf{R}$ が存在し,

$$\bigcap_{n=1}^{\infty} [a_n, b_n] = \{c\}, \qquad \lim_{n \to \infty} a_n = \lim_{n \to \infty} b_n = c \tag{7.4}$$

となる.

ここで, 任意の $n \in \mathbf{N}$ に対して,

$$f(a_n) \le l \le f(b_n) \tag{7.5}$$

となることを n に関する数学的帰納法により示す. $n = 1$ のとき, $f(a) < l < f(b)$ および (7.1) より, (7.5) がなりたつ. $n = k$ $(k \in \mathbf{N})$ のとき, (7.5) がなりたつと仮定する. このとき, $f(a_k) \le l \le f(b_k)$ である. よって, (7.3) とあわせると, $n = k+1$ のとき, (7.5) がなりたつ. したがって, 任意の $n \in \mathbf{N}$ に対して, (7.5) がなりたつ.

f は $[a, b]$ で連続なので, 定理 6.3 の (1) ⇒ (2) および (7.4) の第 2 式より,

$$\lim_{n \to \infty} f(a_n) = \lim_{n \to \infty} f(b_n) = f(c) \tag{7.6}$$

となる. よって, はさみうちの原理 (定理 1.1) および (7.5) より, $f(c) = l$ となる. さらに, $\{[a_n, b_n]\}_{n=1}^{\infty}$ の定義より, $c \in [a, b]$ であるが, $f(a) < l < f(b)$, $f(c) = l$ なので, $c \in (a, b)$ となる. ◇

7・2 逆関数

中間値の定理（定理 7.1）を用いて，あたえられた関数から逆関数という新たな関数を定めることができる． 7・2 では，逆関数について述べよう．

まず，A を $\mathbf{R}$ の空でない部分集合，$f : A \to \mathbf{R}$ を関数とする．さらに，f による A の像を B とおく．すなわち，

$$B = f(A) = \{ f(x) \mid x \in A \} \tag{7.7}$$

である．このとき，各 $x \in A$ に対して，$f(x) \in B$ が対応している．この対応を $f : A \to B$ と表す．

ここで，次の条件 (7.8) を考えよう．

　　任意の $x_1, x_2 \in A$ に対して，「$x_1 \neq x_2 \implies f(x_1) \neq f(x_2)$」 (7.8)

条件 (7.8) がみたされていれば，逆に，各 $f(x) \in B$ $(x \in A)$ に対して，$x \in A$ を対応させることができる．この対応を $f^{-1} : B \to A$ と表し，$f : A \to B$ の**逆関数**という．なお，条件 (7.8) は対偶を考えると，次の条件 (7.9) と同値である．

　　任意の $x_1, x_2 \in A$ に対して，「$f(x_1) = f(x_2) \implies x_1 = x_2$」 (7.9)

例題 7.1 $\mathbf{R}$ の空でない部分集合 A に対して，関数 $f : A \to \mathbf{R}$ を

$$f(x) = x^3 - x \qquad (x \in A) \tag{7.10}$$

により定める．また，$B = f(A)$ とおく．A が下記の (1), (2) の場合の B を求め，さらに，$f : A \to B$ の逆関数 $f^{-1} : B \to A$ が存在するかどうかを調べよ．

(1)　$A = \{0, 1, 2\}$　　(2)　$A = \{1, 2, 3\}$

解　(1)　(7.10) より，$f(0) = 0$, $f(1) = 0$, $f(2) = 6$ となる．よって，$B = \{0, 6\}$ である．ここで，$f(0) = f(1) = 0$ なので，f は条件 (7.9) をみたさない．したがって，逆関数 $f^{-1} : B \to A$ は存在しない．

(2)　(7.10) より，$f(1) = 0$, $f(2) = 6$, $f(3) = 24$ となる．よって，$B = \{0, 6, 24\}$ である．さらに，f は条件 (7.8) をみたす．したがって，逆関数 $f^{-1} : B \to A$ が存在する[2)]．　　　　　　　　　　　　　　　　　　◇

7・3　関数の単調性

逆関数の存在に関する準備として，**7・2** に続き，**7・3** では，関数の単調性について述べよう．

定義 7.1

A を $\mathbf{R}$ の空でない部分集合，$f : A \to \mathbf{R}$ を関数とする．

(1)　$x_1, x_2 \in A$, $x_1 < x_2$ ならば，$f(x_1) < f(x_2)$ となるとき，f は**単調増加**であるという．

(2)　$x_1, x_2 \in A$, $x_1 < x_2$ ならば，$f(x_1) > f(x_2)$ となるとき，f は**単調減少**であるという．

(3)　単調増加または単調減少である関数は**単調**であるという．

例 7.1　$\mathbf{R}$ の空でない部分集合 A に対して，関数 $f : A \to \mathbf{R}$ を

$$f(x) = x^2 \qquad (x \in A) \tag{7.11}$$

により定める．

$A = [0, +\infty)$ とする．このとき，$x_1, x_2 \in A$, $x_1 < x_2$ とすると，

$$x_2 + x_1 > 0, \qquad x_2 - x_1 > 0 \tag{7.12}$$

である．よって，

$$f(x_2) - f(x_1) = x_2^2 - x_1^2 = (x_2 + x_1)(x_2 - x_1) > 0 \tag{7.13}$$

となる．すなわち，$f(x_1) < f(x_2)$ である．したがって，f は単調増加である．

$A = (-\infty, 0]$ とする．このとき，f は単調減少となる（✍）．

[2)]　$f^{-1}(0) = 1$, $f^{-1}(6) = 2$, $f^{-1}(24) = 3$ である．

$A = \mathbf{R}$ とする．このとき，例えば，$\pm 1 \in A$ であるが，$f(\pm 1) = 1$ である．よって，f は単調増加でも単調減少でもない． ◆

7・4 　逆関数の連続性

それでは，次の定理 7.2 を示そう．

定理 7.2（重要）

$f : [a, b] \to \mathbf{R}$ を有界閉区間 $[a, b]$ で連続かつ単調な関数とし，$J = f([a, b])$ とおく．このとき，

$$J = \begin{cases} [f(a), f(b)] & (f \text{ は単調増加}), \\ [f(b), f(a)] & (f \text{ は単調減少}) \end{cases} \tag{7.14}$$

である．さらに，$f : [a, b] \to J$ の逆関数 $f^{-1} : J \to [a, b]$ で，連続かつ単調なものが存在する（**図 7.1**）．

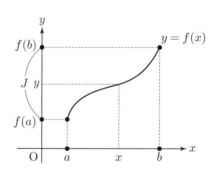

図 7.1 　単調関数の逆関数

証明 　f が単調増加である場合のみ示す（f が単調減少である場合も同様に示すことができる（✍））．

まず，f の単調増加性より，$J \subset [f(a), f(b)]$ である．次に，$y \in [f(a), f(b)]$ とすると，f の連続性および中間値の定理（定理 7.1）より，ある $x \in [a, b]$ が存

在し，$f(x) = y$ となる．よって，$y \in J$ である．したがって，$[f(a), f(b)] \subset J$ である．以上より，$J = [f(a), f(b)]$ である．

さらに，f の単調増加性より，$y \in J$ に対して，$y = f(x)$ となる x は一意的である．よって，$f : [a, b] \to J$ の逆関数 $f^{-1} : J \to [a, b]$ が存在する．また，f の単調増加性より，f^{-1} は単調増加となる．

最後に，$c \in [a, b]$ に対して $d = f(c)$ とおき，$f^{-1} : J \to [a, b]$ が $y = d$ で連続であることを示す．$\varepsilon > 0$ とし，次の (1)〜(4) の場合に分けて考える．

(1) $a \leq c - \varepsilon < c + \varepsilon \leq b$ (2) $c - \varepsilon < a \leq c + \varepsilon \leq b$

(3) $a \leq c - \varepsilon \leq b < c + \varepsilon$ (4) $c - \varepsilon < a < b < c + \varepsilon$

(1) の場合 f の単調増加性に注意すると，$\delta > 0$ を

$$\delta = \min\{f(c) - f(c - \varepsilon), \, f(c + \varepsilon) - f(c)\} \tag{7.15}$$

により定めることができる．このとき，$|y - d| < \delta \ (y \in J)$，すなわち，$|y - f(c)| < \delta \ (y \in J)$ ならば，

$$-(f(c) - f(c - \varepsilon)) \overset{\odot \, (7.15)}{\leq} -\delta < y - f(c) < \delta$$

$$\overset{\odot \, (7.15)}{\leq} f(c + \varepsilon) - f(c) \tag{7.16}$$

となる．すなわち，

$$f(c - \varepsilon) < y < f(c + \varepsilon) \tag{7.17}$$

である．(7.17) および f の単調増加性より，

$$c - \varepsilon < f^{-1}(y) < c + \varepsilon, \tag{7.18}$$

すなわち，

$$|f^{-1}(y) - f^{-1}(d)| < \varepsilon \tag{7.19}$$

である．

(2) の場合 f の単調増加性に注意すると，$\delta > 0$ を

$$\delta = f(c + \varepsilon) - f(c) \tag{7.20}$$

により定めることができる．このとき，$|y - d| < \delta \ (y \in J)$ ならば，

$$y - f(c) < f(c + \varepsilon) - f(c), \tag{7.21}$$

すなわち,

$$y < f(c + \varepsilon) \tag{7.22}$$

となる. (7.22) および f の単調増加性より,

$$c - \varepsilon < a \leq f^{-1}(y) < c + \varepsilon, \tag{7.23}$$

すなわち, (7.19) がなりたつ.

(3) の場合　f の単調増加性に注意すると, $\delta > 0$ を

$$\delta = f(c) - f(c - \varepsilon) \tag{7.24}$$

により定めることができる. このとき, (2) の場合と同様の議論により,
$|y - d| < \delta$ $(y \in J)$ ならば, (7.19) がなりたつ（✍）.

(4) の場合　任意の $y \in J$ に対して,

$$c - \varepsilon < a \leq f^{-1}(y) \leq b < c + \varepsilon, \tag{7.25}$$

すなわち, (7.19) がなりたつ.

以上 (1)〜(4) より, $f^{-1}(y)$ は $y = d$ で連続である. したがって, f^{-1} は J で連続である.　　　　　　　　　　　　　　　　　　　　　　　◇

注意 7.1　定理 7.2 において, f の定義域を有界閉区間以外の区間としても,
同様の結論がなりたつ. このとき, J は有界閉区間以外の区間となる.

7・5　正または負の無限大における極限

注意 7.1 に関連して, 関数の定義域が上または下に有界ではない場合に, 次
の定義 7.2 のような極限を定めておく.

┌─ 定義 7.2 ─────────────────────

A を上に有界 [⇨**定義 4.2** (1)] ではない $\mathbf{R}$ の部分集合, $f : A \to \mathbf{R}$ を関
数とする.

(1)　$l \in \mathbf{R}$ とする．任意の $\varepsilon > 0$ に対して，ある $M \in \mathbf{R}$ が存在し，$M < x$ $(x \in A)$ ならば，$|f(x) - l| < \varepsilon$ となるとき，$f(x)$ は $x \to +\infty$ のとき **極限 l に収束する**という．このとき $\lim\limits_{x \to +\infty} f(x) = l$ または $f(x) \to l$ $(x \to +\infty)$ と表す．

(2)　任意の $M \in \mathbf{R}$ に対して，ある $L \in \mathbf{R}$ が存在し，$L < x$ $(x \in A)$ ならば，$M < f(x)$ となるとき，$f(x)$ は $x \to +\infty$ のとき**極限 $+\infty$ または正の無限大に発散する**という．このとき $\lim\limits_{x \to +\infty} f(x) = +\infty$ または $f(x) \to +\infty$ $(x \to +\infty)$ と表す．

(3)　(2) と同様に，$x \to +\infty$ のとき**極限 $-\infty$ または負の無限大に発散する**関数を定めることができる $[\Rightarrow \boxed{\textbf{問 7.3}} \, (1)]$．

(4)　(1), (2) と同様に，A が下に有界ではないときは，$x \to -\infty$ のときの極限を定めることができる $[\Rightarrow \boxed{\textbf{問 7.3}} \, (2)]$．

$\boxed{\textbf{例 7.2}}$　$x \in (0, +\infty)$ に対して，$\dfrac{1}{x}$ を対応させることにより得られる関数 $f : (0, +\infty) \to \mathbf{R}$ を考えよう．すなわち，

$$f(x) = \frac{1}{x} \qquad (x \in (0, +\infty)) \tag{7.26}$$

である．このとき，等式 (1.7) を用いることにより，等式

$$\lim_{x \to +\infty} \frac{1}{x} = 0 \tag{7.27}$$

を示すことができる $[\Rightarrow \boxed{\textbf{問 7.4}}]$．また，$f$ は $(0, +\infty)$ で単調減少である．実際，$x_1, x_2 \in (0, +\infty)$，$x_1 < x_2$ とすると，

$$f(x_2) - f(x_1) = \frac{1}{x_2} - \frac{1}{x_1} = \frac{x_1 - x_2}{x_1 x_2} < 0 \tag{7.28}$$

となるからである．さらに，

$$f((0, +\infty)) = \left(\lim_{x \to +\infty} \frac{1}{x}, \lim_{x \to +0} \frac{1}{x} \right) \overset{\odot \, (7.27),(5.22)}{=} (0, +\infty) \tag{7.29}$$

となる．　◆

数列の極限の場合と同様に，関数の極限についても追い出しの原理がなりた
つ [⇨**定理 2.3**]．証明は定理 2.3 の証明と同様である（✍）．

定理 7.3（追い出しの原理）（重要）

A を上に有界ではない **R** の部分集合，$f, g : A \to$ **R** を任意の $x \in A$ に
対して，$f(x) \le g(x)$ となる関数とする．$f(x)$ が $x \to +\infty$ のとき $+\infty$ に
発散するならば，$g(x)$ も $x \to +\infty$ のとき $+\infty$ に発散する．

注意 7.2　追い出しの原理（定理 7.3）において，「任意の $x \in A$ に対して」と
いう部分は「ある $M \in$ **R** が存在し，$M < x$ となる任意の $x \in A$ に対して」と
してもよい．

例 7.3　$x \in [0, +\infty)$ に対して，x^2 を対応させる関数 $f : [0, +\infty) \to$ **R** を考え
よう．例 3.2 より，f の逆関数は，$y \in [0, +\infty)$ に対して $\sqrt{y}$ を対応させる関数
$f^{-1} : [0, +\infty) \to [0, +\infty)$ である．このことを注意 7.1 の立場から見てみよう．

まず，$x \in [0, +\infty)$ とし，関数 x を考える．このとき，等式 (2.16) を用いる
ことにより，等式

$$\lim_{x \to +\infty} x = +\infty \tag{7.30}$$

を示すことができる（✍）．次に，(7.30) および注意 7.2 より，等式

$$\lim_{x \to +\infty} x^2 = +\infty \tag{7.31}$$

を示すことができる（✍）[3]．さらに，f は $[0, +\infty)$ で連続かつ単調増加であ
る [⇨**例 6.1**, **例 7.1**]．よって，

$$f\big([0, +\infty)\big) = \left[0^2, \lim_{x \to +\infty} x^2\right) = [0, +\infty) \tag{7.32}$$

となり，さらに，注意 7.1 より，f の逆関数 $f^{-1} : [0, +\infty) \to [0, +\infty)$ は連続で
ある．　　　　　　　　　　　　　　　　　　　　　　　　　　　　　　◆

---
[3]　さらに，$n \in$ **N** に対して，$\displaystyle \lim_{x \to +\infty} x^n = +\infty$ がなりたつ（✍）．

§7 の問題

確認問題

問 7.1 $f : [a, b] \to \mathbf{R}$ を有界閉区間 $[a, b]$ で連続な関数とする. f に対する中間値の定理を論理記号などを用いて表せ $[\Rightarrow \boxed{1 \cdot 3}]$. □□□ $[\Rightarrow \boxed{7 \cdot 1}]$

問 7.2 $\mathbf{R}$ の空でない部分集合 A に対して, 関数 $f : A \to \mathbf{R}$ を

$$f(x) = x^4 - 1 \qquad (x \in A)$$

により定める. また, $B = f(A)$ とおく. A が次の (1), (2) の場合に, B を求め, さらに, $f : A \to B$ の逆関数 $f^{-1} : B \to A$ が存在するかどうかを調べよ.

(1) $A = \{-1, 0, 1\}$　　(2) $A = \{0, 1, 2\}$　　□□□ $[\Rightarrow \boxed{7 \cdot 2}]$

基本問題

問 7.3 定義 7.2 の (3), (4) において, 次の (1), (2) の定義を論理記号などを用いて表せ $[\Rightarrow \boxed{1 \cdot 3}]$.

(1) $\displaystyle \lim_{x \to +\infty} f(x) = -\infty$　　(2) $\displaystyle \lim_{x \to -\infty} f(x) = l \quad (l \in \mathbf{R})$

□□□ $[\Rightarrow \boxed{7 \cdot 5}]$

問 7.4 例 7.2 の等式

$$\lim_{x \to +\infty} \frac{1}{x} = 0$$

を示せ. □□□ $[\Rightarrow \boxed{7 \cdot 5}]$

問 7.5 A を上に有界ではない $\mathbf{R}$ の部分集合, $f : A \to \mathbf{R}$ を関数とする. さらに, $f(x)$ は $x \to +\infty$ のとき $+\infty$ に発散するとする. 次の問に答えよ.

(1) 等式

$$\lim_{x \to +\infty} \frac{1}{f(x)} = 0$$

を示せ[4].

(2)　$c > 0$ とする.等式

$$\lim_{x \to +\infty} cf(x) = +\infty$$

を示せ[5].　　　　　　　　

---

[4]　同様に,$f(x)$ が $x \to +\infty$ のとき $-\infty$ に発散するならば,等式 $\displaystyle \lim_{x \to +\infty} \frac{1}{f(x)} = 0$ がなりたつ (✍).また,A を下に有界ではない $\mathbf{R}$ の部分集合,$f : A \to \mathbf{R}$ を関数とし,$f(x)$ が $x \to -\infty$ のとき $+\infty$ または $-\infty$ に発散するならば,等式 $\displaystyle \lim_{x \to -\infty} \frac{1}{f(x)} = 0$ がなりたつ (✍).

[5]　同様に,$c < 0$ とすると,等式 $\displaystyle \lim_{x \to +\infty} cf(x) = -\infty$ がなりたつ (✍).また,A を下に有界ではない $\mathbf{R}$ の部分集合,$f : A \to \mathbf{R}$ を関数とし,$f(x)$ が $x \to -\infty$ のとき $\pm\infty$ に発散するならば,等式 $\displaystyle \lim_{x \to -\infty} cf(x) = \mp\infty$(複号同順)がなりたつ (✍).

第 2 章のまとめ

- $A \subset \mathbf{R},\ A \neq \emptyset$
- $f : A \to \mathbf{R}$：関数

関数の極限

- $a \in \overline{A} = \left\{ x \in \mathbf{R} \ \middle| \ \begin{array}{l} {}^{\exists}\{a_n\}_{n=1}^{\infty} : 数列 \text{ s.t. }「{}^{\forall}n \in \mathbf{N}, \\ a_n \in A \text{ かつ } \lim_{n \to \infty} a_n = x 」\end{array} \right\}$ （閉包）

- $$f(x) : x \to a \text{ のとき } l \in \mathbf{R} \text{ に収束} \qquad \left(\lim_{x \to a} f(x) = l \right)$$
$$\Updownarrow \text{ def.}$$
$${}^{\forall}\varepsilon > 0,\ {}^{\exists}\delta > 0 \text{ s.t. }「|x - a| < \delta\ (x \in A) \implies |f(x) - l| < \varepsilon 」$$

- $\lim_{x \to a} f(x) = \pm\infty,\ \lim_{x \to \pm\infty} f(x) = l,\ \lim_{x \to \pm\infty} f(x) = \pm\infty$ についても
同様に定めることができる.

関数の極限に関する基本的性質

- **はさみうちの原理**，**追い出しの原理**がなりたつ.
- 四則演算やスカラー倍との順序交換ができる.

関数の連続性

- $$f(x) : x = a \in A \text{ で連続} \underset{\text{def.}}{\iff} \lim_{x \to a} f(x) = f(a)$$
- $f(x)$ が A の各点で連続なとき，f は A で**連続**であるという.
- 連続な関数から四則演算や**合成**を用いて定められる関数は連続である.

有界閉区間で連続な関数

- 最大値および最小値をもつ（**ワイエルシュトラスの定理**）.
- **中間値の定理**がなりたつ.

逆関数の存在と連続性

- 区間で定義された連続かつ**単調**な関数は，連続かつ単調な**逆関数**をもつ.

関数項級数と一様収束

§8 級数

— §8のポイント

- 数列の各項の和を考えることにより，**級数**を定めることができる.
- **収束する**級数に対する元の数列は 0 に収束する.
- **絶対収束する**級数は収束する.
- 絶対収束しないが収束する級数は**条件収束する**という.
- **正項級数**に対して，**比較定理**がなりたつ.
- **コーシーの判定法**や**ダランベールの判定法**を用いると，正項級数が収束するか発散するかを調べることができる.

8・1 級数の収束と発散

数列 $\{a_n\}_{n=1}^{\infty}$ があたえられると，その各項の和をとることで級数

$$\sum_{n=1}^{\infty} a_n = a_1 + a_2 + \cdots + a_n + \cdots \tag{8.1}$$

を定めることができる［⇨［藤岡1］ 8・1］．第3章では，数列や区間からな

る列［⇨**命題 3.1**］のように，関数からなる列を考え，さらに，各項が関数で
あるような級数を考える．まず，§8 では，そのための準備として，級数に関
する必要事項を述べよう．

$\{a_n\}_{n=1}^{\infty}$ を数列とする．このとき，数列 $\{s_n\}_{n=1}^{\infty}$ を

$$s_1 = a_1, \quad s_2 = a_1 + a_2, \quad \cdots, \tag{8.2}$$

$$s_n = \sum_{k=1}^{n} a_k = a_1 + a_2 + \cdots + a_n, \quad \cdots \tag{8.3}$$

により定め，これを a_n を第 n 項とする**級数**（または**無限級数**）という．なお，
級数 $\{s_n\}_{n=1}^{\infty}$ 自身のことを

$$\sum_{n=1}^{\infty} a_n, \qquad a_1 + a_2 + \cdots + a_n + \cdots \tag{8.4}$$

などと表すことが多い．また，s_n を $\{s_n\}_{n=1}^{\infty}$ の**第 n 部分和**という．$\{s_n\}_{n=1}^{\infty}$
の極限 $s \in \mathbf{R}$ が存在するとき，$\{s_n\}_{n=1}^{\infty}$ は s に**収束する**という．このとき，

$$s = \sum_{n=1}^{\infty} a_n = a_1 + a_2 + \cdots + a_n + \cdots \tag{8.5}$$

と表し，s を $\{s_n\}_{n=0}^{\infty}$ の**和**という．$\{s_n\}_{n=1}^{\infty}$ が収束しないとき，$\{s_n\}_{n=1}^{\infty}$ は
発散するという．

例 8.1（等比級数） $r \in \mathbf{R}$ とする．このとき，級数 $\sum_{n=1}^{\infty} r^n$ を**等比級数**という．
この級数の第 n 部分和を s_n とおくと，

$$s_n = r + r^2 + \cdots + r^n = \begin{cases} \dfrac{r(1-r^n)}{1-r} & (r \neq 1), \\ n & (r = 1) \end{cases} \tag{8.6}$$

となる（✍）．ここで，$-1 < r < 1$ とすると，問 2.3 (1), (3) およびはさみうち
の原理（定理 1.1）より，

$$\lim_{n \to \infty} r^n = 0 \tag{8.7}$$

となる（✍）．よって，

$$\sum_{n=1}^{\infty} r^n = \lim_{n \to \infty} s_n \overset{\odot}{\underset{(8.6)}{=}} \lim_{n \to \infty} \frac{r(1-r^n)}{1-r} \overset{\odot}{\underset{(8.7)}{=}} \frac{r}{1-r} \qquad (8.8)$$

となり，$\displaystyle\sum_{n=1}^{\infty} r^n$ は収束する．$r \le -1$ または $r \ge 1$ の場合については，例 8.2 で述べる． ◆

部分和の数列に対して，定理 1.3 を用いることにより，次の定理 8.1 が得られる．

定理 8.1（重要）

級数 $\displaystyle\sum_{n=1}^{\infty} a_n$, $\displaystyle\sum_{n=1}^{\infty} b_n$ をそれぞれ $s, t \in \mathbf{R}$ に収束する級数とすると，次の (1), (2) がなりたつ．

(1) $\displaystyle\sum_{n=1}^{\infty} (a_n \pm b_n) = s \pm t$. （複号同順）

(2) $\displaystyle\sum_{n=1}^{\infty} c a_n = cs$. $(c \in \mathbf{R})$

8・2 コーシーの収束条件

コーシーの収束条件（命題 4.1）を用いることにより，級数が収束するかどうかを調べることができる（**図 8.1**）．すなわち，次の定理 8.2 がなりたつ．

定理 8.2（重要）

級数 $\displaystyle\sum_{n=1}^{\infty} a_n$ に対して，次の (1) と (2) は同値である．

(1) $\displaystyle\sum_{n=1}^{\infty} a_n$ は収束する．

(2) 任意の $\varepsilon > 0$ に対して，ある $N \in \mathbf{N}$ が存在し，$m > n \ge N$ $(m, n \in \mathbf{N})$ ならば，$|a_{n+1} + a_{n+2} + \cdots + a_m| < \varepsilon$ となる．

証明 s_n をあたえられた級数の第 n 部分和とする．定理 4.1 およびコーシー

の収束条件（命題 4.1）より，数列 $\{s_n\}_{n=1}^{\infty}$ が収束することと $\{s_n\}_{n=1}^{\infty}$ がコーシー列であることは同値である．ここで，$m > n$ $(m, n \in \mathbf{N})$ とすると，

$$s_m - s_n = a_{n+1} + a_{n+2} + \cdots + a_m \tag{8.9}$$

である．よって，コーシー列の定義（定義 4.1）より，(1) と (2) は同値である．

◇

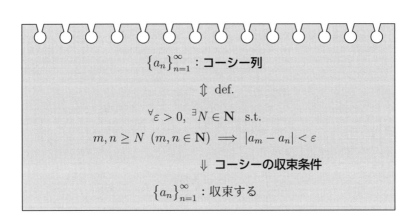

図 8.1 コーシー列とコーシーの収束条件

定理 8.2 より，次の定理 8.3 がなりたつ．

定理 8.3（重要）

$$\text{級数 } \sum_{n=1}^{\infty} a_n \text{ が収束する} \implies \lim_{n \to \infty} a_n = 0$$

証明 $n \geq 2$ $(n \in \mathbf{N})$ とする．(8.9) 左辺の m, n をそれぞれ $n, n-1$ に置き換えると，定理 8.2 の (2) の結論は $|a_n| < \varepsilon$ となる．よって，$\lim_{n \to \infty} a_n = 0$ である．

◇

注意 8.1 定理 8.3 の**逆はなりたつとは限らない**．例えば，$\lim_{n \to \infty} \dfrac{1}{n} = 0$ であるが，問 4.1 (2) より，

$$\sum_{n=1}^{\infty} \frac{1}{n} = +\infty \tag{8.10}$$

である.

例8.2　$r \leq -1$ または $r \geq 1$ とする. すなわち, $|r| \geq 1$ である. このとき, 等比級数 $\displaystyle\sum_{n=1}^{\infty} r^n$ が発散することを背理法により示そう.

$\displaystyle\sum_{n=1}^{\infty} r^n$ が収束すると仮定する. このとき, 定理 8.3 より,

$$\lim_{n \to \infty} r^n = 0 \tag{8.11}$$

である. よって,

$$\lim_{n \to \infty} |r^n| = 0 \tag{8.12}$$

となる. 一方, $|r| \geq 1$ なので,

$$|r|^n \overset{\odot \text{問} 2.3 (1),\ (4)}{\to} \begin{cases} 1 & (r = \pm 1), \\ +\infty & (r \neq \pm 1) \end{cases} \quad (n \to \infty) \tag{8.13}$$

となる. これは矛盾である. したがって, $\displaystyle\sum_{n=1}^{\infty} r^n$ は発散する. ◆

8・3　絶対収束と条件収束

さらに, 定理 8.2 より, 次の定理 8.4 がなりたつ.

┌─ **定理 8.4 （重要）** ───────────

数列 $\{a_n\}_{n=1}^{\infty}$ に対して, 級数 $\displaystyle\sum_{n=1}^{\infty} |a_n|$ が収束するならば, 級数 $\displaystyle\sum_{n=1}^{\infty} a_n$ は収束する.

└───────────────────────

証明　$\varepsilon > 0$ とする. $\displaystyle\sum_{n=1}^{\infty} |a_n|$ が収束することと定理 8.2 の $(1) \Rightarrow (2)$ より, ある $N \in \mathbf{N}$ が存在し, $m > n \geq N$ $(m, n \in \mathbf{N})$ ならば,

$$|a_{n+1}| + |a_{n+2}| + \cdots + |a_m| < \varepsilon \tag{8.14}$$

となる. また,

$$|a_{n+1} + a_{n+2} + \cdots + a_m| \overset{\overset{\odot\text{問}1.4\,(1)}{}}{\leq} |a_{n+1}| + |a_{n+2}| + \cdots + |a_m| \quad (8.15)$$

である. (8.15), (8.15) および定理 8.2 の (2) ⇒ (1) より, $\sum_{n=1}^{\infty} a_n$ は収束する.

$$\diamondsuit$$

定理 8.4 に関して, 次の定義 8.1 のように定める.

定義 8.1

数列 $\{a_n\}_{n=1}^{\infty}$ に対して級数 $\sum_{n=1}^{\infty} |a_n|$ が収束するとき, 級数 $\sum_{n=1}^{\infty} a_n$ は **絶対収束する**という. 絶対収束しないが収束する級数は**条件収束する**という.

例 8.3 まず, (8.10) がなりたつ. 一方, 等式

$$\sum_{n=1}^{\infty} \frac{(-1)^{n+1}}{n} = \log 2 \quad (8.16)$$

がなりたつ $[\Rightarrow (21.36)]$. よって, (8.16) の左辺の級数は絶対収束しないが, $\log 2$ に条件収束する. ◆

8・4 正項級数

級数の中には絶対収束しないものもあるが $[\Rightarrow \boxed{\textbf{例 8.3}}]$, 絶対収束する級数は収束する $[\Rightarrow \textbf{定理 8.4}]$. そこで, 任意の $n \in \mathbf{N}$ に対して, $a_n \geq 0$ となる数列 $\{a_n\}_{n=1}^{\infty}$ を考えよう. このとき, 級数 $\sum_{n=1}^{\infty} a_n$ を**正項級数**という.

正項級数に関して, 次の定理 8.5 がなりたつ.

定理 8.5

$\sum_{n=1}^{\infty} a_n$ を正項級数, s_n をその第 n 部分和とすると,

$$\sum_{n=1}^{\infty} a_n \text{ が収束する} \iff \text{数列} \left\{s_n\right\}_{n=1}^{\infty} \text{ が上に有界} \left[\Rightarrow \textbf{定義 2.1}\,(1)\right]$$

証明 必要性 (⇒) 級数の収束の定義より,$\sum_{n=1}^{\infty} a_n$ が収束するならば,$\left\{s_n\right\}_{n=1}^{\infty}$ は収束する.このとき,定理 2.1 より,$\left\{s_n\right\}_{n=1}^{\infty}$ は有界である.とくに,$\left\{s_n\right\}_{n=1}^{\infty}$ は上に有界である.

十分性 (⇐) $\sum_{n=1}^{\infty} a_n$ は正項級数なので,任意の $n \in \mathbf{N}$ に対して,$a_n \geq 0$ である.よって,$\left\{s_n\right\}_{n=1}^{\infty}$ は単調増加となる $\left[\Rightarrow \textbf{定義 3.1}\,(1)\right]$.さらに,$\left\{s_n\right\}_{n=1}^{\infty}$ が上に有界ならば,連続の公理(公理 3.1)より,$\left\{s_n\right\}_{n=1}^{\infty}$ は収束する.すなわち,$\sum_{n=1}^{\infty} a_n$ は収束する. ◇

注意 8.2 定理 8.5 の十分性の証明において,正項級数 $\sum_{n=1}^{\infty} a_n$ の第 n 部分和からなる数列 $\left\{s_n\right\}_{n=1}^{\infty}$ は単調増加であったことに注意しよう.このことより,発散する正項級数 $\sum_{n=1}^{\infty} a_n$ の極限は $+\infty$ となる.

さらに,次の比較定理がなりたつ.

定理 8.6(比較定理)(重要)

$\sum_{n=1}^{\infty} a_n$,$\sum_{n=1}^{\infty} b_n$ を正項級数とすると,次の (1)〜(4) がなりたつ.

(1) 任意の $n \in \mathbf{N}$ に対して $a_n \leq b_n$ がなりたち,$\sum_{n=1}^{\infty} b_n$ が収束するならば,$\sum_{n=1}^{\infty} a_n$ は収束する.

(2) 任意の $n \in \mathbf{N}$ に対して $b_n \leq a_n$ がなりたち,$\sum_{n=1}^{\infty} b_n$ が発散するならば,$\sum_{n=1}^{\infty} a_n$ は発散する.

(3) 任意の $n \in \mathbf{N}$ に対して $\frac{a_{n+1}}{a_n} \leq \frac{b_{n+1}}{b_n}$ がなりたち,$\sum_{n=1}^{\infty} b_n$ が収束

するならば，$\displaystyle\sum_{n=1}^{\infty} a_n$ は収束する.

(4) 任意の $n \in \mathbf{N}$ に対して $\dfrac{b_{n+1}}{b_n} \leq \dfrac{a_{n+1}}{a_n}$ がなりたち，$\displaystyle\sum_{n=1}^{\infty} b_n$ が発散

するならば，$\displaystyle\sum_{n=1}^{\infty} a_n$ は発散する.

証明 $\displaystyle\sum_{n=1}^{\infty} a_n, \sum_{n=1}^{\infty} b_n$ の第 n 部分和をそれぞれ s_n, t_n とする.

(1) $\displaystyle\sum_{n=1}^{\infty} b_n$ が収束することと定理 8.5 より，数列 $\{t_n\}_{n=1}^{\infty}$ は上に有界である.

さらに，任意の $n \in \mathbf{N}$ に対して $a_n \leq b_n$ であるので，数列 $\{s_n\}_{n=1}^{\infty}$ は上に有界

となる. よって，定理 8.5 より，$\displaystyle\sum_{n=1}^{\infty} a_n$ は収束する.

(2) 背理法により示す. $\displaystyle\sum_{n=1}^{\infty} a_n$ が発散しない，すなわち，収束すると仮定する.

このとき，(1) より，$\displaystyle\sum_{n=1}^{\infty} b_n$ は収束する. これは矛盾である. よって，$\displaystyle\sum_{n=1}^{\infty} a_n$

は発散する.

(3) $n \in \mathbf{N}$ とすると，あたえられた不等式より，

$$\frac{a_n}{b_n} \leq \frac{a_{n-1}}{b_{n-1}} \leq \cdots \leq \frac{a_1}{b_1} \tag{8.17}$$

である. よって，

$$a_n \leq \frac{a_1}{b_1} b_n \tag{8.18}$$

である. $\displaystyle\sum_{n=1}^{\infty} b_n$ が収束することと定理 8.1 の (2) より，級数 $\displaystyle\sum_{n=1}^{\infty} \frac{a_1}{b_1} b_n$ は収束す

る. したがって，(8.18), (1) とあわせると，$\displaystyle\sum_{n=1}^{\infty} a_n$ は収束する.

(4) 問 8.2 (3) とする. ◇

注意 8.3 比較定理（定理 8.6）において，「任意の $n \in \mathbf{N}$ に対して」という
部分は「ある $N \in \mathbf{N}$ が存在し，$n \geq N$ となる任意の $n \in \mathbf{N}$ に対して」として
もよい.

8・5 コーシーの判定法とダランベールの判定法

比較定理（定理8.6）を用いて，正項級数が収束するかどうかを調べる方法を2つ紹介しよう．まず，次のコーシーの判定法がなりたつ．

定理8.7（コーシーの判定法）（重要）

$\sum_{n=1}^{\infty} a_n$ を極限 $\lim_{n \to \infty} \sqrt[n]{a_n} = r$ が存在する正項級数とする[1]．

ただし，$r \geq 0$ または $r = +\infty$ である．このとき，

- $0 \leq r < 1 \implies \sum_{n=1}^{\infty} a_n$ は収束する

- $r > 1$ または $r = +\infty \implies \sum_{n=1}^{\infty} a_n$ は発散する

証明　まず，$0 \leq r < 1$ とする．このとき，$r < \rho < 1$ となる $\rho \in \mathbf{R}$ を1つ選んでおく．$\lim_{n \to \infty} \sqrt[n]{a_n} = r$ なので，ある $N \in \mathbf{N}$ が存在し，$n \geq N$ $(n \in \mathbf{N})$ ならば，$\sqrt[n]{a_n} < \rho$，すなわち，$a_n < \rho^n$ となる．ここで，$r < \rho < 1$ および例8.1より，等比級数 $\sum_{n=1}^{\infty} \rho^n$ は収束する．よって，比較定理（定理8.6）の (1) および注意8.3より，$\sum_{n=1}^{\infty} a_n$ は収束する．

次に，$r > 1$ または $r = +\infty$ とする．$\lim_{n \to \infty} \sqrt[n]{a_n} = r$ なので，ある $N \in \mathbf{N}$ が存在し，$n \geq N$ $(n \in \mathbf{N})$ ならば，$\sqrt[n]{a_n} > 1$，すなわち，$a_n > 1$ となる．ここで，例8.2より，等比級数 $\sum_{n=1}^{\infty} 1^n = \sum_{n=1}^{\infty} 1$ は発散する．よって，比較定理（定理8.6）の (2) および注意8.3より，$\sum_{n=1}^{\infty} a_n$ は発散する．　　　　◇

注意8.4　コーシーの判定法（定理8.7）において，$r = 1$ のときは $\sum_{n=1}^{\infty} a_n$ は収束することもあれば，発散することもある ［⇨ **問8.3** 補足］．

---

[1]　例7.3と同様の議論により，$n \geq 3$ $(n \in \mathbf{N})$ とすると，$y \in [0, +\infty)$ に対して，y の正の n 乗根 $\sqrt[n]{y} \in [0, +\infty)$ を対応させる関数は連続かつ単調増加となる（✍）．

例題 8.1   コーシーの判定法（定理 8.7）を用いて，正項級数
$\displaystyle\sum_{n=1}^{\infty}\left(\dfrac{n}{n+1}\right)^{n^2}$ が収束するか発散するかを調べよ． □ □ □ ✍

解   まず，

$$\sqrt[n]{\left(\dfrac{n}{n+1}\right)^{n^2}} = \left(\dfrac{n}{n+1}\right)^{n} = \dfrac{1}{\left(1+\frac{1}{n}\right)^n} \overset{\odot \text{問 3.1 補足}}{\longrightarrow} \dfrac{1}{e} \quad (n \to \infty) \qquad (8.19)$$

である．さらに，問 3.1 補足より，$e = 2.718\cdots$ なので，$\frac{1}{e} < 1$ である．よって，コーシーの判定法より，あたえられた正項級数は収束する．   ◇

また，次のダランベールの判定法がなりたつ．

定理 8.8（ダランベールの判定法）（重要）

$\displaystyle\sum_{n=1}^{\infty} a_n$ を極限 $\displaystyle\lim_{n\to\infty} \dfrac{a_{n+1}}{a_n} = r$ が存在する正項級数とする．

ただし，$r \geq 0$ または $r = +\infty$ である．このとき，

- $0 \leq r < 1 \implies \displaystyle\sum_{n=1}^{\infty} a_n$ は収束する

- $r > 1$ または $r = +\infty \implies \displaystyle\sum_{n=1}^{\infty} a_n$ は発散する

証明   まず，$0 \leq r < 1$ とする．このとき，$r < \rho < 1$ となる $\rho \in \mathbf{R}$ を 1 つ選んでおく．$\displaystyle\lim_{n\to\infty} \dfrac{a_{n+1}}{a_n} = r$ なので，ある $N \in \mathbf{N}$ が存在し，$n \geq N \ (n \in \mathbf{N})$ ならば，$\dfrac{a_{n+1}}{a_n} < \rho$ となる．ここで，$r < \rho < 1$ および例 8.1 より，等比級数 $\displaystyle\sum_{n=1}^{\infty} \rho^n$ は収束する．よって，比較定理（定理 8.6）の (3) および注意 8.3 より，$\displaystyle\sum_{n=1}^{\infty} a_n$ は収束する．

次に，$r > 1$ または $r = +\infty$ とする．$\displaystyle\lim_{n\to\infty} \dfrac{a_{n+1}}{a_n} = r$ なので，ある $N \in \mathbf{N}$ が存在し，$n \geq N \ (n \in \mathbf{N})$ ならば，$\dfrac{a_{n+1}}{a_n} > 1$ となる．ここで，例 8.2 より，等比

級数 $\displaystyle\sum_{n=1}^{\infty} 1^n = \sum_{n=1}^{\infty} 1$ は発散する. よって, 比較定理（定理 8.6）の (4) および

注意 8.3 より, $\displaystyle\sum_{n=1}^{\infty} a_n$ は発散する. ◇

§8 の問題

確認問題

問 8.1 コーシーの判定法（定理 8.7）を用いて, 正項級数 $\displaystyle\sum_{n=1}^{\infty}\left(\frac{n}{2n+1}\right)^n$
が収束するか発散するかを調べよ. ☐☐☐ [⇨ **8·5**]

基本問題

問 8.2 次の問に答えよ.

(1) $\{a_n\}_{n=1}^{\infty}$ を $\displaystyle\lim_{n\to\infty} a_n = +\infty$ となる数列とし, $c>0$ とする. このとき, $\displaystyle\lim_{n\to\infty} ca_n = +\infty$ であることを示せ.

(2) $\displaystyle\sum_{n=1}^{\infty} a_n$ を $\displaystyle\sum_{n=1}^{\infty} a_n = +\infty$ となる級数とし, $c>0$ とする. このとき, $\displaystyle\sum_{n=1}^{\infty} ca_n$ $= +\infty$ であることを示せ.

(3) 比較定理（定理 8.6）の (4) を示せ. ☐☐☐ [⇨ **8·4**]

問 8.3 次の問に答えよ.

(1) $n \in \mathbf{N}$, $x \geq 0$ のとき, 不等式

$$1 + nx + \frac{n(n-1)}{2}x^2 \leq (1+x)^n$$

がなりたつことを示せ.

(2) 次の ☐ をうめることにより, 極限 $\displaystyle\lim_{n\to\infty} \sqrt[n]{n}$ の値を求めよ.

$n \in \mathbf{N}$, $x \geq 0$ とすると, (1) より,

$$1 + \frac{n(n-1)}{2}x^2 \leq (1+x)^n$$

である．さらに，$x = \sqrt{\frac{2}{n}}$ とすると，$n \leq \left(\boxed{①} \right)^n$ である．よって，

$$\boxed{②} \leq \sqrt[n]{n} \leq \boxed{①}$$

である．ここで，$\displaystyle\lim_{n\to\infty} \boxed{②} = \lim_{n\to\infty} \left(\boxed{①} \right) = \boxed{③}$ となる．したがっ
て，$\boxed{④}$ の原理より，$\displaystyle\lim_{n\to\infty} \sqrt[n]{n} = \boxed{⑤}$ である．

$\Box\Box\Box$ [⇨ **8・5**]

補足　問 8.3 (2) より，

$$\lim_{n\to\infty} \sqrt[n]{\frac{1}{n}} = \lim_{n\to\infty} \sqrt[n]{\frac{1}{n^2}} = 1$$

となる．一方，

$$\sum_{n=1}^{\infty} \frac{1}{n} = +\infty, \qquad \sum_{n=1}^{\infty} \frac{1}{n^2} = \frac{\pi^2}{6}$$

である [⇨ (8.10)，**問 23.6** (3)]．なお，これらの級数が収束するか発散するか
については，ダランベールの判定法（定理 8.8）も用いることができない（✍）．

問 8.4　$x > 0$ とする．ダランベールの判定法を用いて，正項級数 $\displaystyle\sum_{n=1}^{\infty} \frac{1}{n!}x^n$
が収束するか発散するかを調べよ．

$\Box\Box\Box$ [⇨ **8・5**]

§9　関数項級数とべき級数

―――――――――――――――――――――――――　§9のポイント

- 関数からなる列を**関数列**という.
- **各点収束する**関数列は定義域の各点で数列として収束する.
- **関数列**の各項の和を考えると, **関数項級数**が定められる.
- **コーシー–アダマールの公式**や**ダランベールの公式**を用いると, **べき級数の収束半径**を求めることができる.
- べき級数は連続な関数を定める.

9・1　関数列と各点収束

　数列とは各 $n \in \mathbf{N}$ に対して数 a_n が対応していること, すなわち, 自然数 $1, 2, \cdots, n, \cdots$ に対してそれぞれ数 $a_1, a_2, \cdots, a_n, \cdots$ が対応していることをいうのであった [⇨［藤岡 1］ 1・2]. 9・1 では, 8・1 の始めに述べたように, 関数からなる列を考えよう.

― **定義 9.1** ―――――――――――――――――――――――――

A を $\mathbf{R}$ の空でない部分集合とする. 各 $n \in \mathbf{N}$ に対して関数 $f_n : A \to \mathbf{R}$ が対応しているとき, すなわち, 自然数 $1, 2, \cdots, n, \cdots$ に対してそれぞれ A で定義された実数値関数 $f_1, f_2, \cdots, f_n, \cdots$ が対応しているとき, これを $\{f_n\}_{n=1}^{\infty}$ と表し, **関数列**という[1]. 関数列に対して, 対応する各関数を**項**という. とくに, 関数列 $\{f_n\}_{n=1}^{\infty}$ に対して, f_n を**第 n 項**という.

　定義 9.1 において, $x_0 \in A$ を 1 つ選んでおこう. このとき, 各 $n \in \mathbf{N}$ に対して $f_n(x_0) \in \mathbf{R}$ となる. よって, 数列 $\{f_n(x_0)\}_{n=1}^{\infty}$ が得られる. そこで, 関数列の各点収束というものを次の定義 9.2 のように定める.

――――――――――――

[1]　複素数値関数を考えることもあるが, 簡単のため, 本書では実数値関数を考える.

定義 9.2

A を **R** の空でない部分集合，$\{f_n\}_{n=1}^{\infty}$ を A で定義された関数からなる関数列，$f : A \to \mathbf{R}$ を関数とする．任意の $x \in A$ に対して，数列 $\{f_n(x)\}_{n=1}^{\infty}$ が $f(x)$ に収束するとき，$\{f_n\}_{n=1}^{\infty}$ は**極限**（または**極限関数**）f に**各点収束する**[2)] という．

注意 9.1 定義 9.2 において，$\{f_n\}_{n=1}^{\infty}$ が f に各点収束することは，論理記号などを用いて，

$$
{}^{\forall}\varepsilon > 0, \, {}^{\forall}x \in A, \, {}^{\exists}N \in \mathbf{N} \text{ s.t.}
$$
$$
\lceil n \geq N \ (n \in \mathbf{N}) \Longrightarrow |f_n(x) - f(x)| < \varepsilon \rfloor \tag{9.1}
$$

と表すことができる．

例題 9.1 $n \in \mathbf{N}$ に対して，関数 $f_n : [0,1] \to \mathbf{R}$ を
$$
f_n(x) = x^n \qquad (x \in [0,1]) \tag{9.2}
$$
により定める．関数列 $\{f_n\}_{n=1}^{\infty}$ が各点収束するかどうかを調べよ．

解 $x \in [0,1)$ のとき，

$$
\lim_{n \to \infty} f_n(x) = \lim_{n \to \infty} x^n \overset{\textcircled{\tiny\smile}\,問2.3\,(3)}{=} 0 \tag{9.3}
$$

である．また，$x = 1$ のとき，

$$
\lim_{n \to \infty} f_n(1) = \lim_{n \to \infty} 1^n \overset{\textcircled{\tiny\smile}\,問2.3\,(1)}{=} 1 \tag{9.4}
$$

である．よって，関数 $f : [0,1] \to \mathbf{R}$ を

[2)] まさに，各点 $x \in X$ において，$\{f_n(x)\}_{n=1}^{\infty}$ が収束するということである．

$$f(x) = \lim_{n \to \infty} f_n(x) = \begin{cases} 0 & (x \in [0,1)), \\ 1 & (x = 1) \end{cases} \tag{9.5}$$

により定めると，$\{f_n\}_{n=1}^{\infty}$ は f に各点収束する（**図 9.1**）[3]. $\qquad\qquad \diamond$

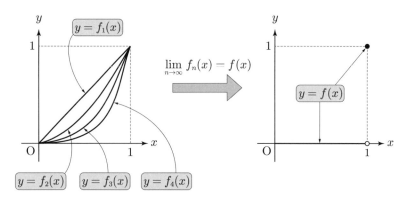

$$\lim_{n \to \infty} f_n(x) = f(x)$$

図 9.1 関数 $y = f_1(x),\ f_2(x),\ f_3(x),\ f_4(x),\ f(x)$ のグラフ

9・2 関数項級数

　数列から級数を定める方法 ［⇨ 8・1］ と同様にして，関数列から関数項級数というものを定めることができる．A を $\mathbf{R}$ の空でない部分集合，$\{f_n\}_{n=1}^{\infty}$ を A で定義された関数からなる関数列とする．このとき，関数列 $\{s_n\}_{n=1}^{\infty}$ を

$$s_1 = f_1, \quad s_2 = f_1 + f_2, \quad \cdots, \tag{9.6}$$

$$s_n = \sum_{k=1}^{n} f_k = f_1 + f_2 + \cdots + f_n, \quad \cdots \tag{9.7}$$

により定め，これを f_n を第 n 項とする**関数項級数**という．数列に対する級数の場合と同様に，関数項級数 $\{s_n\}_{n=1}^{\infty}$ 自身のことを

---

[3]　f_n の定義域を，例えば $[0,2]$ とすると，問 2.3 (4) より，$\{f_n\}_{n=1}^{\infty}$ は各点収束しない（✍）.

$$\sum_{n=1}^{\infty} f_n, \qquad f_1 + f_2 + \cdots + f_n + \cdots \tag{9.8}$$

などと表すことが多い．また，s_n を $\{s_n\}_{n=1}^{\infty}$ の**第 n 部分和**という．関数列 $\{s_n\}_{n=1}^{\infty}$ がある関数 $f : A \to \mathbf{R}$ に各点収束するとき，関数項級数 $\{s_n\}_{n=1}^{\infty}$ は f に**各点収束する**という．

$\boxed{例\,9.1}$ $n \in \mathbf{N}$ に対して，関数 $f_n : [0, +\infty) \to \mathbf{R}$ を

$$f_n(x) = \frac{x}{(1+x)^n} \qquad \big(x \in [0, +\infty)\big) \tag{9.9}$$

により定める．このとき，関数列 $\{f_n\}_{n=1}^{\infty}$ が得られる．さらに，s_n を関数項級数 $\sum_{n=1}^{\infty} f_n$ の第 n 部分和 (9.7) とする．ここで，$x = 0$ のとき，

$$s_n(0) = \sum_{k=1}^{n} f_k(0) \overset{\odot\,(9.9)}{=} \sum_{k=1}^{n} 0 = 0 \to 0 \qquad (n \to \infty) \tag{9.10}$$

である．また，$x \in (0, +\infty)$ のとき，$0 < \frac{1}{1+x} < 1$ となるので，

$$s_n(x) = \sum_{k=1}^{n} \frac{x}{(1+x)^k} \overset{\odot\,(8.6)}{=} \frac{x}{1+x} \frac{1 - \frac{1}{(1+x)^n}}{1 - \frac{1}{1+x}} \overset{\odot\,問\,2.3\,(3)}{\to} 1 \qquad (n \to \infty) \tag{9.11}$$

である．よって，関数 $f : [0, +\infty) \to \mathbf{R}$ を

$$f(x) = \lim_{n \to \infty} s_n(x) = \begin{cases} 0 & (x = 0), \\ 1 & (x \in (0, +\infty)) \end{cases} \tag{9.12}$$

により定めると，$\sum_{n=1}^{\infty} f_n$ は f に各点収束する（**図 9.2**）．　　　　◆

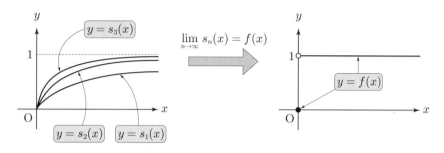

図 9.2　関数 $y = s_1(x),\ s_2(x),\ s_3(x), f(x)$ のグラフ

9・3　べき級数

関数項級数の重要な例として，べき級数というものを考えよう [$\Rightarrow$ [藤岡 1]
§8]．まず，$a \in \mathbf{R}$ とし，第 0 項を初項とする数列 $\{a_n\}_{n=0}^{\infty}$ を考える．この
とき，$x \in \mathbf{R}$ を変数とする関数からなる関数列

$$a_0,\quad a_1(x-a),\quad a_2(x-a)^2,\quad \cdots,\quad a_n(x-a)^n,\quad \cdots \tag{9.13}$$

を考えることができる．$a_0(x-a)^0 = a_0$ と約束すると，(9.13) は $\{a_n(x-a)^n\}_{n=0}^{\infty}$ と表すことができる．そこで，$a_n(x-a)^n$ を第 n 項とする関数項級数

$$\sum_{n=0}^{\infty} a_n(x-a)^n = a_0 + a_1(x-a) + a_2(x-a)^2 + \cdots + a_n(x-a)^n + \cdots$$

$$\tag{9.14}$$

を a を**中心**とする**べき級数**（または**整級数**）という．

変数 $x \in \mathbf{R}$ を定数として固定しておくと，(9.14) は級数となる．このとき，
次の定理 9.1 がなりたつ．

定理 9.1（重要） ─────────────

$x \in \mathbf{R}$ とすると，級数 (9.14) に対して，次の (1)～(3) のいずれか 1 つが
なりたつ．

(1)　$x \neq a$ ならば，(9.14) は発散する．

(2) ある $r > 0$ が存在し, $|x - a| < r$ ならば, (9.14) は絶対収束し [⇨ **定義 8.1**], $|x - a| > r$ ならば, (9.14) は発散する.

(3) 任意の x に対して, (9.14) は絶対収束する.

証明 $A \subset \mathbf{R}$ を

$$A = \{ |x - a| \,\big|\, x \text{ は (9.14) が収束する実数} \} \tag{9.15}$$

により定める. $x = a$ とすると, (9.14) は a_0 に収束する. よって, $0 \in A$ となり, A は空ではない.

A が上に有界なとき, ワイエルシュトラスの公理 (命題 4.2) より, A は上界をもつ. そこで, $r = \sup A$ とおく. (9.15) より, A の任意の元は 0 以上なので, $r \geq 0$ である.

$r = 0$ のとき, $A = \{0\}$ となる. また, $x \neq a$ ならば, $|x - a| > 0$ である. よって, $A = \{0\}$ より, $|x - a| \notin A$ となり, (9.14) は収束しない, すなわち, 発散する. したがって, (1) がなりたつ.

$r > 0$ のとき, まず, $|x - a| < r$ とする. $r = \sup A$ と定めたことより, ある $x_0 \in \mathbf{R}$ が存在し,

$$|x - a| < |x_0 - a| < r \tag{9.16}$$

であり, かつ, 級数 $\sum_{n=0}^{\infty} a_n (x_0 - a)^n$ は収束する. よって, 定理 8.3 より,

$$\lim_{n \to \infty} a_n (x_0 - a)^n = 0 \tag{9.17}$$

である. さらに, 定理 2.1 および (2.1) より, ある $M > 0$ が存在し, 任意の $n \in \mathbf{N}$ に対して,

$$\left| a_n (x_0 - a)^n \right| \leq M \tag{9.18}$$

となる. (9.16) より, $x_0 \neq a$ であり, さらに, (9.18) より,

$$\left| a_n (x - a)^n \right| \leq M \left| \frac{x - a}{x_0 - a} \right|^n \tag{9.19}$$

となる. ここで, (9.16) より,

$$\left| \frac{x - a}{x_0 - a} \right| < 1 \tag{9.20}$$

であることに注意し，比較定理（定理 8.6）の (1) を用いると，正項級数 $\sum_{n=0}^{\infty} \left| a_n(x - a)^n \right|$ は収束する（✍）．したがって，(9.14) は絶対収束する．次に，$|x - a| > r$ とする．このとき，$r = \sup A$ と定めたことより，(9.14) は収束しない，すなわち，発散する．

A が上に有界ではないとき，ある $x_0 \in \mathbf{R}$ が存在し，

$$|x - a| < |x_0 - a| \tag{9.21}$$

であり，かつ，級数 $\sum_{n=0}^{\infty} a_n(x_0 - a)^n$ は収束する．以下，A が上に有界であり，$r > 0$ のときの議論と同様に，(9.14) は絶対収束する．　　　　　◇

注意 9.2　定理 9.1 より，べき級数 (9.14) の定義域（x の動く範囲）は (1)〜(3) の場合に対応して，次のように定めることができる．

(1) 1 点 a からなる集合 $\{a\}$　(2) 有界開区間 $(a - r, a + r)$　(3) $\mathbf{R}$

(1)〜(3) の場合に対応して，それぞれ $r = 0$，$r > 0$，$r = +\infty$ を (9.14) の**収束半径**という[4]（**図 9.3**）．なお，(2) の場合，$x = a \pm r$ とすると，(9.14) は収束することもあれば，発散することもある ［⇨ **注意 9.3**］．

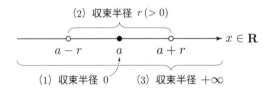

図 9.3　べき級数の定義域と収束半径

例 9.2　例 8.1，例 8.2 より，べき級数 $\sum_{n=1}^{\infty} x^n$ の収束半径は 1 である．　　◆

---

[4]　べき級数は複素数を変数とする複素数値関数として考えることができる．このとき，定理 9.1 の (2) に対応する級数は「収束半径」を半径とする円の内部で絶対収束する ［⇨ ［杉浦］第 III 章 §2］．

9・4　コーシー‐アダマールの公式とダランベールの公式

コーシーの判定法およびダランベールの判定法〔⇨ 8・5〕を応用することにより，べき級数の収束半径を求めることができる．

定理 9.2（重要）

べき級数 (9.14) の収束半径を r とすると，次の (1), (2) がなりたつ．

(1)　$\lim\limits_{n\to\infty} \sqrt[n]{|a_n|}$ が存在するならば，$\frac{1}{r} = \lim\limits_{n\to\infty} \sqrt[n]{|a_n|}$ である．
　　ただし，右辺が 0, $+\infty$ の場合は，それぞれ $r = +\infty, 0$ とする．
　　（コーシー‐アダマールの公式）

(2)　$\lim\limits_{n\to\infty} \left|\frac{a_{n+1}}{a_n}\right|$ が存在するならば，$\frac{1}{r} = \lim\limits_{n\to\infty} \left|\frac{a_{n+1}}{a_n}\right|$ である．
　　ただし，右辺が 0, $+\infty$ の場合は，それぞれ $r = +\infty, 0$ とする．
　　（ダランベールの公式）

証明　$x = a$ とすると，(9.14) は a_0 に収束するので，$x \neq a$ として考える．

(1)　$l = \lim\limits_{n\to\infty} \sqrt[n]{|a_n|}$ とおくと，$x - a \neq 0$ より，

$$\lim_{n\to\infty} \sqrt[n]{|a_n(x-a)^n|} = \begin{cases} l|x-a| & (l \in [0, +\infty)), \\ +\infty & (l = +\infty) \end{cases} \tag{9.22}$$

となる〔⇨ 問 8.2 (1)〕．よって，コーシーの判定法（定理 8.7）より，$l \in [0, +\infty)$ ならば，(9.14) は $l|x-a| < 1$ のときに絶対収束し，$l|x-a| > 1$ のときに発散する．また，$l = +\infty$ ならば，(9.14) は発散する．したがって，(1) がなりたつ．

(2)　$l = \lim\limits_{n\to\infty} \left|\frac{a_{n+1}}{a_n}\right|$ とおくと，$x - a \neq 0$ より，

$$\lim_{n\to\infty} \frac{|a_{n+1}(x-a)^{n+1}|}{|a_n(x-a)^n|} = \begin{cases} l|x-a| & (l \in [0, +\infty)), \\ +\infty & (l = +\infty) \end{cases} \tag{9.23}$$

となる〔⇨ 問 8.2 (1)〕．よって，ダランベールの判定法（定理 8.8）より，$l \in [0, +\infty)$ ならば，(9.14) は $l|x-a| < 1$ のときに絶対収束し，$l|x-a| > 1$ のときに発散する．また，$l = +\infty$ ならば，(9.14) は発散する．したがって，(2) がなりたつ．　◇

例題 9.2 ダランベールの公式（定理 9.2 (2)）を用いて，べき級数 $\displaystyle\sum_{n=0}^{\infty}\frac{1}{n+1}x^n$ の収束半径を求めよ． □□□ ✍

解 $a_n = \frac{1}{n+1}$ とおくと，

$$\left|\frac{a_{n+1}}{a_n}\right| = \left|\frac{\frac{1}{n+2}}{\frac{1}{n+1}}\right| = \frac{\frac{(n+1)(n+2)}{n}\cdot\frac{1}{n+2}}{\frac{(n+1)(n+2)}{n}\cdot\frac{1}{n+1}} = \frac{1+\frac{1}{n}}{1+\frac{2}{n}} \to 1 \quad (n\to\infty) \quad (9.24)$$

である．よって，ダランベールの公式より，収束半径は 1 である． ◇

注意 9.3 例題 9.2 のべき級数 $\displaystyle\sum_{n=0}^{\infty}\frac{1}{n+1}x^n$ は注意 9.2 の (2) において，$a = 0$, $r = 1$ とした例になっている．このとき，$x = 1$ とすると，

$$\sum_{n=0}^{\infty}\frac{1}{n+1}\cdot 1^n = \sum_{n=1}^{\infty}\frac{1}{n} = +\infty \quad (9.25)$$

である [⇨ **問 4.1** (2)]．一方，$x = -1$ とすると，

$$\sum_{n=0}^{\infty}\frac{1}{n+1}\cdot(-1)^n = \sum_{n=1}^{\infty}\frac{(-1)^{n+1}}{n} = \log 2 \quad (9.26)$$

である [⇨(8.16)]．

9・5 べき級数の連続性

関数列や関数項級数は，各項の関数が連続であり，各点収束したとしても，その極限が連続であるとは限らない．

例 9.3 例題 9.1 において，各 $n \in \mathbf{N}$ に対して，(9.2) により定めた関数 $f_n : [0,1] \to \mathbf{R}$ は $[0,1]$ で連続である [⇨ **例 6.1**]．また，関数列 $\{f_n\}_{n=1}^{\infty}$ は (9.5) により定めた関数 $f : [0,1] \to \mathbf{R}$ に各点収束する．一方で，

$$\lim_{x \to 1-0} f(x) = 0 \neq 1 = f(1) \tag{9.27}$$

なので，$f(x)$ は $x = 1$ で連続ではない．よって，f は $[0,1]$ で連続ではない． ◆

例 9.4　例 9.1 において，各 $n \in \mathbf{N}$ に対して，(9.9) により定めた関数 $f_n :$ $[0, +\infty) \to \mathbf{R}$ は $[0, +\infty)$ で連続である [⇨ **定理 6.1**]．また，関数項級数 $\sum_{n=1}^{\infty} f_n$ は (9.12) により定めた関数 $f : [0, +\infty) \to \mathbf{R}$ に各点収束する．一方で，

$$\lim_{x \to +0} f(x) = 1 \neq 0 = f(0) \tag{9.28}$$

なので，$f(x)$ は $x = 0$ で連続ではない．よって，f は $[0, +\infty)$ で連続ではない．

◆

　しかし，べき級数に対しては，次の定理 9.3 がなりたつ．

― **定理 9.3（重要）** ―――――――――――――――――――――

　べき級数 (9.14) は注意 9.2 で定めた定義域で連続な関数を定める．

証明　定理 9.1, 注意 9.2 の (1)〜(3) の場合に対応して，収束半径 r について，次の 3 つの場合に分けて考える．

$r = 0$ の場合　$\{a\}$ を (9.14) の定義域とすると，(9.14) は定数関数 a_0 となる．よって，(9.14) は $\{a\}$ で連続な関数を定める．

$r > 0$ の場合　$b \in (a - r, a + r)$ とし，(9.14) が $x = b$ で連続な関数を定めることを示せばよい．

　$\varepsilon > 0$ とする．$b \in (a - r, a + r)$，すなわち，$|b - a| < r$ なので，

$$|b - a| < |c - a| < r \tag{9.29}$$

をみたす $c \in \mathbf{R}$ を選んでおくことができる．このとき，定理 9.1 の (2) より，級数 $\sum_{n=0}^{\infty} |a_n(c - a)^n|$ は収束する．よって，ある $N \in \mathbf{N}$ が存在し，

$$\sum_{n=N+1}^{\infty} |a_n(c - a)^n| < \frac{\varepsilon}{3} \tag{9.30}$$

となる[5]. ここで, $s_n(x)$ を (9.14) の第 n 部分和とする. このとき, $s_n(x)$ は $(a-r, a+r)$ で連続な関数 $s_n : (a-r, a+r) \to \mathbf{R}$ を定める [⇨ **例 6.1**]. とくに, $s_n(x)$ は $x = b$ で連続なので, ある $\delta' > 0$ が存在し, $|x - b| < \delta'$ ならば,

$$|s_n(x) - s_n(b)| < \frac{\varepsilon}{3} \tag{9.31}$$

となる. さらに, (9.29) より, $\delta > 0$ を $\delta < \delta'$ かつ

$$|b - a| + \delta < |c - a| \tag{9.32}$$

となるように選んでおくことができる. このとき, $|x - b| < \delta$ ならば,

$$|x - a| \overset{\overset{問 1.4\,(2)}{\smile}}{\leq} |x - b| + |b - a| < \delta + |b - a| \overset{\overset{(9.32)}{\smile}}{<} |c - a| \tag{9.33}$$

となる. よって, (9.14) を $f(x)$ とおくと, $|x - b| < \delta$ ならば,

$$\left| f(x) - s_N(x) \right| = \left| \sum_{n=N+1}^{\infty} a_n (x-a)^n \right| \overset{\overset{問 1.4\,(1)}{\smile}}{\leq} \sum_{n=N+1}^{\infty} \left| a_n (c-a)^n \right|$$

$$\overset{\overset{(9.30)}{\smile}}{<} \frac{\varepsilon}{3} \tag{9.34}$$

となる. したがって, $|x - b| < \delta$ ならば,

$$\left| f(x) - f(b) \right| = \left| \big(f(x) - s_N(x) \big) + \big(s_N(x) - s_N(b) \big) + \big(s_N(b) - f(b) \big) \right|$$

$$\overset{\overset{問 1.4\,(1)}{\smile}}{\leq} \left| f(x) - s_N(x) \right| + \left| s_N(x) - s_N(b) \right| + \left| s_N(b) - f(b) \right|$$

$$\overset{\overset{(9.34),\,(9.31)}{\smile}}{<} \frac{\varepsilon}{3} + \frac{\varepsilon}{3} + \frac{\varepsilon}{3} = \varepsilon \tag{9.35}$$

となる[6]. すなわち, $\left| f(x) - f(b) \right| < \varepsilon$ となり, (9.14) は $x = b$ で連続な関数を定める. 以上より, (9.14) は $(a-r, a+r)$ で連続である.

$r = +\infty$ の場合 $r > 0$ の場合と同様である ($\mathscr{Z}$). ◇

---

5) 和 $\displaystyle\sum_{n=0}^{\infty} \left| a_n(c-a)^n \right|$ と第 k 部分和 $\displaystyle\sum_{n=0}^{k} \left| a_n(c-a)^n \right|$ の差は $\displaystyle\sum_{n=k+1}^{\infty} \left| a_n(c-a)^n \right|$ と表され, $k \to \infty$ のとき, 0 に収束する.

6) (9.31) は $n = N$ のときになりたつ. また, (9.34) は $x = b$ のときになりたつ.

§9 の問題

確認問題

問 9.1 $n \in \mathbf{N}$ に対して，関数 $f_n : [0,1] \to \mathbf{R}$ を

$$f_n(x) = \frac{1}{n} x^n \qquad (x \in [0,1])$$

により定める．関数列 $\{f_n\}_{n=1}^{\infty}$ が各点収束するかどうかを調べよ．

□□□ [⇨ **9・1**]

問 9.2 次の問に答えよ．

(1) べき級数 (9.14) の収束半径 r に関して，コーシー–アダマールの公式を書け．

(2) $a > 0$ とする．コーシー–アダマールの公式を用いて，べき級数 $\displaystyle\sum_{n=0}^{\infty} a^{n^2} x^n$ の収束半径を求めよ．

(3) べき級数 (9.14) の収束半径 r に関して，ダランベールの公式を書け．

□□□ [⇨ **9・4**]

基本問題

問 9.3 $n \in \mathbf{N}$ に対して，関数 $f_n : [0, +\infty) \to \mathbf{R}$ を

$$f_n(x) = \frac{1}{1 + x^n} \qquad (x \in [0, +\infty))$$

により定める．

(1) 関数列 $\{f_n\}_{n=1}^{\infty}$ はある関数 $f : [0, +\infty) \to \mathbf{R}$ に各点収束する．各 $x \in [0, +\infty)$ に対して，$f(x)$ の値を求めよ．

(2) f は $[0, +\infty)$ で**連続ではない**ことを示せ．

□□□ [⇨ **9・1**]

§10 上極限と下極限

---

§10のポイント

- 上<ruby>極<rt>じょう</rt></ruby>限や下<ruby>極<rt>か</rt></ruby>限を求めることによって，数列の値の変化の様子を調べることができる．

- 上極限および下極限は任意の数列に対して定められ，実数，$+\infty$，$-\infty$ のいずれかの値をとる．

- 上に有界な数列の上極限の値は，もとの数列から単調減少な数列を構成することによって定められる．

- 下に有界な数列の下極限の値は，もとの数列から単調増加な数列を構成することによって定められる．

- 数列に対して，極限が存在することと上極限と下極限が一致することは同値である．

- **一般化されたコーシーの判定法**や**一般化されたコーシー–アダマールの公式**は上極限を用いて表すことができる．

- **一般化されたダランベールの判定法**は上極限や下極限を用いて表すことができる．

10・1 上極限と下極限の定義

数列の極限は数列の値の変化の様子を調べる上で重要な概念であるが，いつでも存在するとは限らない．　§10　では，数列の値の変化の様子を調べる別の概念として，上極限と下極限について述べよう．上極限，下極限は任意の数列に対して定められ，実数，$+\infty$，$-\infty$ のいずれかの値をとる．

$\{a_n\}_{n=1}^{\infty}$ を数列とする．まず，$\{a_n\}_{n=1}^{\infty}$ が上に有界であるとする ［$\Rightarrow$**定義 2.1**(1)］．このとき，$n \in \mathbf{N}$ に対して，$\mathbf{R}$ の空でない部分集合 A_n を

$$A_n = \{a_m \mid m \geq n \ (m \in \mathbf{N})\} \tag{10.1}$$

により定める（**図 10.1**）．$\{a_n\}_{n=1}^{\infty}$ は上に有界なので，A_n は上に有界である
[⇨ **定義 4.2** (1)]．よって，ワイエルシュトラスの公理（命題 4.2）より，A_n の
上限 $\sup A_n \in \mathbf{R}$ が存在する．ここで，(10.1) より，$n \leq n'$ $(n, n' \in \mathbf{N})$ とする
と，$A_n \supset A_{n'}$ である．よって，数列 $\{\sup A_n\}_{n=1}^{\infty}$ は単調減少となる [⇨ **定義
3.1** (2)]．$\{\sup A_n\}_{n=1}^{\infty}$ が下に有界なとき，(3.3) より，$\{\sup A_n\}_{n=1}^{\infty}$ は収束
する．そこで，次の定義 10.1 のように定める．

$$A_1 = \{a_m \mid m \geq 1 \ (m \in \mathbf{N})\} = \{a_1, a_2, a_3, \cdots\}$$
$$\cup$$
$$A_2 = \{a_m \mid m \geq 2 \ (m \in \mathbf{N})\} = \{a_2, a_3, a_4, \cdots\}$$
$$\cup$$
$$\vdots$$
$$\cup$$
$$A_n = \{a_m \mid m \geq n \ (m \in \mathbf{N})\} = \{a_n, a_{n+1}, a_{n+2}, \cdots\}$$
$$\cup$$
$$\vdots$$

図 10.1　集合 $A_n = \{a_m \mid m \geq n \ (m \in \mathbf{N})\}$

定義 10.1

$\{a_n\}_{n=1}^{\infty}$ を数列とし，$\{a_n\}_{n=1}^{\infty}$ が上に有界なとき，$A_n \subset \mathbf{R}$ $(n \in \mathbf{N})$ を
(10.1) により定める．

(1)　$\{a_n\}_{n=1}^{\infty}$ が上に有界であり，$\{\sup A_n\}_{n=1}^{\infty}$ が下に有界なとき，

$$\limsup_{n \to \infty} a_n = \varlimsup_{n \to \infty} a_n = \lim_{n \to \infty} \sup A_n \tag{10.2}$$

とおき，これを $\{a_n\}_{n=1}^{\infty}$ の**上極限**という．

(2)　$\{a_n\}_{n=1}^{\infty}$ が上に有界であり，$\{\sup A_n\}_{n=1}^{\infty}$ が下に有界でないとき，

$$\limsup_{n \to \infty} a_n = -\infty \ \text{と定める}.$$

(3) $\{a_n\}_{n=1}^{\infty}$ が上に有界でないとき, $\displaystyle\limsup_{n \to \infty} a_n = +\infty$ と定める.

同様に, 下極限についても定めることができる. まず, $\{a_n\}_{n=1}^{\infty}$ が下に有界であるとする [⇨**定義 2.1** (2)]. このとき, $n \in \mathbf{N}$ に対して, $\mathbf{R}$ の空でない部分集合 A_n を (10.1) により定めると, 数列 $\{\inf A_n\}_{n=1}^{\infty}$ は単調増加となる (✐). $\{\inf A_n\}_{n=1}^{\infty}$ が上に有界なとき, 連続の公理 (公理 3.1) より, $\{\inf A_n\}_{n=1}^{\infty}$ は収束する. そこで, 次の定義 10.2 のように定める.

定義 10.2

$\{a_n\}_{n=1}^{\infty}$ を数列とし, $\{a_n\}_{n=1}^{\infty}$ が下に有界なとき, $A_n \subset \mathbf{R}$ $(n \in \mathbf{N})$ を (10.1) により定める.

(1) $\{a_n\}_{n=1}^{\infty}$ が下に有界であり, $\{\inf A_n\}_{n=1}^{\infty}$ が上に有界なとき,

$$\liminf_{n \to \infty} a_n = \lim_{n \to \infty} a_n = \lim_{n \to \infty} \inf A_n \tag{10.3}$$

とおき, これを $\{a_n\}_{n=1}^{\infty}$ の**下極限**という.

(2) $\{a_n\}_{n=1}^{\infty}$ が下に有界であり, $\{\inf A_n\}_{n=1}^{\infty}$ が上に有界でないとき, $\displaystyle\liminf_{n \to \infty} a_n = +\infty$ と定める.

(3) $\{a_n\}_{n=1}^{\infty}$ が下に有界でないとき, $\displaystyle\liminf_{n \to \infty} a_n = -\infty$ と定める.

例題 10.1 数列 $\{(-1)^n\}_{n=1}^{\infty}$ の上極限および下極限を求めよ.

解 $A_n \subset \mathbf{R}$ $(n \in \mathbf{N})$ を (10.1) により定めると,

$$(-1)^n = \begin{cases} -1 & (n \text{ は奇数}), \\ 1 & (n \text{ は偶数}) \end{cases} \tag{10.4}$$

より，

$$A_n = \{-1,\, 1\} \tag{10.5}$$

である．よって，$\sup A_n = 1$ となるので，上極限は

$$\limsup_{n \to \infty} a_n = \lim_{n \to \infty} \sup A_n = \lim_{n \to \infty} 1 = 1 \tag{10.6}$$

である．また，$\inf A_n = -1$ となるので，下極限は

$$\liminf_{n \to \infty} a_n = \lim_{n \to \infty} \inf A_n = \lim_{n \to \infty} (-1) = -1 \tag{10.7}$$

である． ◇

10・2　上極限と下極限の定義の言い換え

10・1 で述べた上極限と下極限の定義は，他の形に言い換えることができる．まず，上極限が $+\infty$ や $-\infty$ ではなく，実数となる場合については，次の定理 10.1 がなりたつ．

定理 10.1（上極限の言い換え）（重要）

$\{a_n\}_{n=1}^{\infty}$ を数列とし，$\alpha \in \mathbf{R}$ とすると，次の (1)～(3) は互いに同値である．

(1)　$\displaystyle \limsup_{n \to \infty} a_n = \alpha.$

(2)　次の (a), (b) がなりたつ．

　(a)　任意の $\varepsilon > 0$ に対して，ある $N \in \mathbf{N}$ が存在し，$n \geq N$ $(n \in \mathbf{N})$ ならば，$a_n < \alpha + \varepsilon$ となる．

　(b)　任意の $\varepsilon > 0$ および任意の $n \in \mathbf{N}$ に対して，ある $N \in \mathbf{N}$ が存在し，$N \geq n$ かつ $\alpha - \varepsilon < a_N$ となる．

(3)　次の (c)～(e) がなりたつ．

　(c)　$\{a_n\}_{n=1}^{\infty}$ は上に有界である．

　(d)　$\{a_{n_k}\}_{k=1}^{\infty}$ を $\{a_n\}_{n=1}^{\infty}$ の収束する任意の部分列とすると，$\displaystyle \lim_{k \to \infty} a_{n_k} \leq \alpha$ である．

(e) α に収束する $\{a_n\}_{n=1}^{\infty}$ のある部分列が存在する.

証明 (1) $\Rightarrow$ (a), (1) $\Rightarrow$ (b), (2) $\Rightarrow$ (c), (d), (2) $\Rightarrow$ (e), (3) $\Rightarrow$ (1) の順に示す. また, $A_n \subset \mathbf{R}$ $(n \in \mathbf{N})$ を (10.1) により定める.

$(1) \Rightarrow (a)$ (1) および数列の極限の定義 (定義 1.1 (1)) より, 任意の $\varepsilon > 0$ に対して, ある $N \in \mathbf{N}$ が存在し, $n \geq N$ $(n \in \mathbf{N})$ ならば,

$$|\sup A_n - \alpha| < \varepsilon \tag{10.8}$$

となる. よって, $n \geq N$ $(n \in \mathbf{N})$ ならば,

$$a_n \overset{\odot (10.1)}{\leq} \sup A_n \overset{\odot (10.8)}{<} \alpha + \varepsilon \tag{10.9}$$

となる. すなわち, (a) がなりたつ.

$(1) \Rightarrow (b)$ 背理法により示す. (b) がなりたたないと仮定する. このとき, ある $\varepsilon > 0$ およびある $n \in \mathbf{N}$ が存在し, $m \geq n$ $(m \in \mathbf{N})$ ならば, $a_m \leq \alpha - \varepsilon$ となる [$\Rightarrow$ 注意 1.2]. よって, $\alpha - \varepsilon$ は A_n の上界であり,

$$\sup A_n \leq \alpha - \varepsilon \tag{10.10}$$

となる. (10.10) において, $n \to \infty$ とすると, $\alpha \leq \alpha - \varepsilon$ が得られる. すなわち, $\varepsilon \leq 0$ となり, これは矛盾である. したがって, (b) がなりたつ.

$(2) \Rightarrow (c), (d)$ $\varepsilon > 0$ とすると, (a) より, 有限個の a_n を除いて,

$$a_n < \alpha + \varepsilon \tag{10.11}$$

である. よって, (c) がなりたつ (✍). また, $\{a_{n_k}\}_{k=1}^{\infty}$ を $\{a_n\}_{n=1}^{\infty}$ の収束する部分列とすると, (10.11) および問 1.2 より,

$$\lim_{k \to \infty} a_{n_k} \leq \alpha + \varepsilon \tag{10.12}$$

となる. $\varepsilon > 0$ は任意に選んでおくことができるので, $\lim_{k \to \infty} a_{n_k} \leq \alpha$ である. すなわち, (d) がなりたつ.

$(2) \Rightarrow (e)$ $\varepsilon > 0$ に対して,

$$\alpha - \varepsilon < a_n < \alpha + \varepsilon \tag{10.13}$$

をみたす a_n は有限個であると仮定する．このとき，(a) より，有限個の a_n を除いて，$a_n \leq \alpha - \varepsilon$ となる．これは (b) に矛盾する．よって，(10.13) をみたす a_n は無限に存在する．したがって，$\{a_n\}_{n=1}^{\infty}$ の部分列 $\{a_{n_k}\}_{k=1}^{\infty}$ を，各 $k \in \mathbf{N}$ に対して，

$$\alpha - \frac{1}{k} < a_{n_k} < \alpha + \frac{1}{k} \tag{10.14}$$

となるように選んでおくことができる．このとき，$\{a_{n_k}\}_{k=1}^{\infty}$ は α に収束する．すなわち，(e) がなりたつ．

(3) ⇒ (1) (e) より，$\{a_{n_k}\}_{k=1}^{\infty}$ を α に収束する $\{a_n\}_{n=1}^{\infty}$ の部分列とする．また，$\varepsilon > 0$ とする．(c) より，任意の $n \in \mathbf{N}$ に対して，$\sup A_n \in \mathbf{R}$ であることに注意する．このとき，ある $K \in \mathbf{N}$ が存在し，$k \geq K \ (k \in \mathbf{N})$ ならば，$|a_{n_k} - \alpha| < \varepsilon$ となる．よって，$k \geq K \ (k \in \mathbf{N})$ ならば，

$$\alpha - \varepsilon < a_{n_k} \leq \sup A_{n_k} \to \limsup_{n \to \infty} a_n \quad (n \to \infty) \tag{10.15}$$

となる．したがって，$\alpha - \varepsilon \leq \limsup_{n \to \infty} a_n$ である．さらに，$\varepsilon > 0$ は任意に選んでおくことができるので，$\alpha \leq \limsup_{n \to \infty} a_n$ である．

ここで，$\alpha < \limsup_{n \to \infty} a_n$ であると仮定する．(1) ⇒ (2) および (2) ⇒ (e) は上で示したので，$\limsup_{n \to \infty} a_n$ に収束する $\{a_n\}_{n=1}^{\infty}$ のある部分列が存在する．これは (d) に矛盾する．よって，(1) がなりたつ． ◇

定理 10.1 より，上極限が $+\infty$ や $-\infty$ ではなく，実数となる場合については，定理 10.1 の (2) または (3) を用いて，上極限を定めることができる．また，定理 10.1 と同様に，下極限が $+\infty$ や $-\infty$ ではなく，実数となる場合については，次の定理 10.2 がなりたつ．

定理 10.2（下極限の言い換え）（重要）

$\{a_n\}_{n=1}^{\infty}$ を数列とし，$\alpha \in \mathbf{R}$ とすると，次の (1)～(3) は互いに同値である．

(1) $\liminf_{n \to \infty} a_n = \alpha$.

(2) 次の (a), (b) がなりたつ.

    (a) 任意の $\varepsilon > 0$ に対して，ある $N \in \mathbf{N}$ が存在し，$n \geq N$ $(n \in \mathbf{N})$ ならば，$\alpha - \varepsilon < a_n$ となる.

    (b) 任意の $\varepsilon > 0$ および任意の $n \in \mathbf{N}$ に対して，ある $N \in \mathbf{N}$ が存在し，$N \geq n$ かつ $a_N < \alpha + \varepsilon$ となる.

(3) 次の (c)〜(e) がなりたつ.

    (c) $\{a_n\}_{n=1}^{\infty}$ は下に有界である.

    (d) $\{a_{n_k}\}_{k=1}^{\infty}$ を $\{a_n\}_{n=1}^{\infty}$ の収束する任意の部分列とすると，$\alpha \leq \lim_{k \to \infty} a_{n_k}$ である.

    (e) α に収束する $\{a_n\}_{n=1}^{\infty}$ のある部分列が存在する.

また，$+\infty$ や $-\infty$ に値をとる上極限や下極限の定義（定義 10.1 (2), (3)，定義 10.2 (2), (3)）より，次の定理 10.3〜定理 10.6 がなりたつ.

定理 10.3（重要）

$\{a_n\}_{n=1}^{\infty}$ を数列とすると，次の (1)〜(3) は互いに同値である.

(1) $\limsup\limits_{n \to \infty} a_n = +\infty$.

(2) 任意の $M \in \mathbf{R}$ および任意の $n \in \mathbf{N}$ に対して，ある $N \in \mathbf{N}$ が存在し，$N \geq n$ かつ $M < a_N$ となる.

(3) $+\infty$ に発散する $\{a_n\}_{n=1}^{\infty}$ のある部分列が存在する.

定理 10.4（重要）

$\{a_n\}_{n=1}^{\infty}$ を数列とすると，次の (1)〜(3) は互いに同値である.

(1) $\liminf\limits_{n \to \infty} a_n = -\infty$.

(2) 任意の $M \in \mathbf{R}$ および任意の $n \in \mathbf{N}$ に対して，ある $N \in \mathbf{N}$ が存在し，$N \geq n$ かつ $a_N < M$ となる.

(3) $-\infty$ に発散する $\{a_n\}_{n=1}^{\infty}$ のある部分列が存在する.

定理 10.5（重要）

$\{a_n\}_{n=1}^{\infty}$ を数列とすると，次の (1)〜(3) は互いに同値である.

(1) $\displaystyle\limsup_{n\to\infty} a_n = -\infty$.

(2) 任意の $M \in \mathbf{R}$ に対して，ある $N \in \mathbf{N}$ が存在し，$n \geq N$ $(n \in \mathbf{N})$ ならば，$a_n < M$ となる.

(3) $\{a_n\}_{n=1}^{\infty}$ は $-\infty$ に発散する.

定理 10.6（重要）

$\{a_n\}_{n=1}^{\infty}$ を数列とすると，次の (1)〜(3) は互いに同値である.

(1) $\displaystyle\liminf_{n\to\infty} a_n = +\infty$.

(2) 任意の $M \in \mathbf{R}$ に対して，ある $N \in \mathbf{N}$ が存在し，$n \geq N$ $(n \in \mathbf{N})$ ならば，$M < a_n$ となる.

(3) $\{a_n\}_{n=1}^{\infty}$ は $+\infty$ に発散する.

10・3 上極限と下極限の基本的性質

上極限および下極限について，次の定理 10.7 がなりたつ.

定理 10.7

$\{a_n\}_{n=1}^{\infty}$ を数列とすると，次の (1) と (2) は同値である.

(1) $\displaystyle\lim_{n\to\infty} a_n$ が存在する.

(2) $\displaystyle\limsup_{n\to\infty} a_n = \liminf_{n\to\infty} a_n$ である.

さらに，(1) または (2) の条件がなりたつとき，

$$\lim_{n\to\infty} a_n = \limsup_{n\to\infty} a_n = \liminf_{n\to\infty} a_n \tag{10.16}$$

である.

証明 (1) $\Rightarrow$ (2) $\displaystyle\lim_{n\to\infty} a_n \in \mathbf{R}$ のとき，$\{a_n\}_{n=1}^{\infty}$ は有界である ［⇨**定理**

2.1]．また，$\{a_n\}_{n=1}^{\infty}$ の任意の部分列 $\{a_{n_k}\}_{k=1}^{\infty}$ は $\lim\limits_{n\to\infty} a_n$ に収束する [$\Rightarrow$ 問 3.2]．すなわち，

$$\lim_{k\to\infty} a_{n_k} = \lim_{n\to\infty} a_n \tag{10.17}$$

である．よって，定理 10.1 の (3) $\Rightarrow$ (1) および定理 10.2 の (3) $\Rightarrow$ (1) より，(2) および (10.16) がなりたつ．

$\lim\limits_{n\to\infty} a_n = +\infty$ のとき，定理 10.3 の (3) $\Rightarrow$ (1) および定理 10.6 の (3) $\Rightarrow$ (1) より，(2) および (10.16) がなりたつ．同様に，$\lim\limits_{n\to\infty} a_n = -\infty$ のとき，(2) および (10.16) がなりたつ．

(2) $\Rightarrow$ (1)　$A_n \subset \mathbf{R}$ $(n \in \mathbf{N})$ を (10.1) により定める．

$\limsup\limits_{n\to\infty} a_n = \liminf\limits_{n\to\infty} a_n \in \mathbf{R}$ のとき，$\{a_n\}_{n=1}^{\infty}$ は有界であり，

$$\inf A_n \leq a_n \leq \sup A_n \tag{10.18}$$

である．(2), (10.18) およびはさみうちの原理 (定理 1.1) より，(1) および (10.16) がなりたつ．

$\limsup\limits_{n\to\infty} a_n = \liminf\limits_{n\to\infty} a_n = +\infty$ のとき，定理 10.6 の (1) $\Rightarrow$ (3) より，(1) および (10.16) がなりたつ．同様に，$\limsup\limits_{n\to\infty} a_n = \liminf\limits_{n\to\infty} a_n = -\infty$ のとき，(1) および (10.16) がなりたつ．　　　　　　　　$\diamondsuit$

また，上極限および下極限の定義より，次の定理 10.8 がなりたつ ($\triangle$)．

定理 10.8（重要）

$\{a_n\}_{n=1}^{\infty}$ を数列とすると，次の (1), (2) がなりたつ．

(1)　$c > 0$ とすると，

$$\limsup_{n\to\infty} ca_n = c\limsup_{n\to\infty} a_n, \quad \liminf_{n\to\infty} ca_n = c\liminf_{n\to\infty} a_n \tag{10.19}$$

である．ただし，$\alpha = +\infty, -\infty$ のとき，それぞれ $c\alpha = +\infty, -\infty$ と約束する．

(2)　$c < 0$ とすると，

$$\limsup_{n\to\infty} ca_n = c\liminf_{n\to\infty} a_n, \quad \liminf_{n\to\infty} ca_n = c\limsup_{n\to\infty} a_n \qquad (10.20)$$

である．ただし，$\alpha = +\infty,\ -\infty$ のとき，それぞれ $c\alpha = -\infty,\ +\infty$ と約束する．

10・4 　コーシーの判定法とダランベールの判定法

コーシーの判定法（定理 8.7）は上極限を用いて，次の定理 10.9 のように一般化することができる．

定理 10.9 （一般化されたコーシーの判定法）（重要）

$\displaystyle\sum_{n=1}^{\infty} a_n$ を正項級数とし，$r = \limsup\limits_{n\to\infty} \sqrt[n]{a_n}$ とおく．このとき，

- $0 \leq r < 1 \implies \displaystyle\sum_{n=1}^{\infty} a_n$ は収束する
- $r > 1$ または $r = +\infty \implies \displaystyle\sum_{n=1}^{\infty} a_n$ は発散する

証明　まず，$0 \leq r < 1$ とする．このとき，$r < \rho < 1$ となる $\rho \in \mathbf{R}$ を 1 つ選んでおく．$\rho - r > 0$ なので，定理 10.1 の (1) $\Rightarrow$ (2) (a) より，ある $N \in \mathbf{N}$ が存在し，$n \geq N$ $(n \in \mathbf{N})$ ならば，

$$\sqrt[n]{a_n} < r + (\rho - r) = \rho, \qquad (10.21)$$

すなわち，$a_n < \rho^n$ となる．ここで，$r < \rho < 1$ および例 8.1 より，等比級数 $\displaystyle\sum_{n=1}^{\infty} \rho^n$ は収束する．よって，比較定理（定理 8.6）の (1) および注意 8.3 より，$\displaystyle\sum_{n=1}^{\infty} a_n$ は収束する．

次に，$r > 1$ または $r = +\infty$ とする．このとき，定理 10.1 の (1) $\Rightarrow$ (2) (b) または定理 10.3 の (1) $\Rightarrow$ (2) より，$1 < \sqrt[n]{a_n}$ となる a_n が無限に存在する．よって，$\{a_n\}_{n=1}^{\infty}$ は 0 に収束しない．したがって，定理 8.3 の対偶より，$\displaystyle\sum_{n=1}^{\infty} a_n$ は発散する．　　　　　$\diamondsuit$

また，ダランベールの判定法（定理 8.8）は上極限および下極限を用いて，次の定理 10.10 のように一般化することができる．

定理 10.10（一般化されたダランベールの判定法）（重要）

$\displaystyle\sum_{n=1}^{\infty} a_n$ を正項級数とする．このとき，

- $\displaystyle\limsup_{n\to\infty} \frac{a_{n+1}}{a_n} < 1 \implies \sum_{n=1}^{\infty} a_n$ は収束する

- $\displaystyle\liminf_{n\to\infty} \frac{a_{n+1}}{a_n} > 1$ または $\displaystyle\liminf_{n\to\infty} \frac{a_{n+1}}{a_n} = +\infty \implies \sum_{n=1}^{\infty} a_n$ は発散する

証明 $\displaystyle\limsup_{n\to\infty} \frac{a_{n+1}}{a_n} < 1$ の場合 $\displaystyle\limsup_{n\to\infty} \frac{a_{n+1}}{a_n} < \rho < 1$ となる $\rho \in \mathbf{R}$ を 1 つ選んでおく．定理 10.1 の (1) $\Rightarrow$ (2) (a) より，ある $N \in \mathbf{N}$ が存在し，$n \geq N$ $(n \in \mathbf{N})$ ならば，

$$\frac{a_{n+1}}{a_n} < \limsup_{n\to\infty} \frac{a_{n+1}}{a_n} + \left(\rho - \limsup_{n\to\infty} \frac{a_{n+1}}{a_n}\right) = \rho, \qquad (10.22)$$

すなわち，$\frac{a_{n+1}}{a_n} < \rho$ となる．ここで，$\displaystyle\limsup_{n\to\infty} \frac{a_{n+1}}{a_n} < \rho < 1$ および例 8.1 より，等比級数 $\displaystyle\sum_{n=1}^{\infty} \rho^n$ は収束する．よって，比較定理（定理 8.6）の (3) および注意 8.3 より，$\displaystyle\sum_{n=1}^{\infty} a_n$ は収束する．

$\displaystyle\liminf_{n\to\infty} \frac{a_{n+1}}{a_n} > 1$ または $\displaystyle\liminf_{n\to\infty} \frac{a_{n+1}}{a_n} = +\infty$ の場合 問 10.3 とする． ◇

10・5 一般化されたコーシー–アダマールの公式

数列は発散することもあるので，べき級数によってはコーシー–アダマールの公式（定理 9.2 (1)）やダランベールの公式（定理 9.2 (2)）を用いても，収束半径を求められないことがある．また，ダランベールの公式については，数列の各項が 0 ではないことも仮定されている．実は，コーシー–アダマールの公式については，上極限を用いることにより，**任意のべき級数に対する収束半径を求め**

るものとして，次の定理 10.11 のように一般化することができる [⇨ 問 10.4]．

定理 10.11（一般化されたコーシー–アダマールの公式）（重要）

$a \in \mathbf{R}$ とし，$\{a_n\}_{n=0}^{\infty}$ を数列とする．さらに，a を中心とするべき級数

$$\sum_{n=0}^{\infty} a_n(x-a)^n = a_0 + a_1(x-a) + a_2(x-a)^2 + \cdots + a_n(x-a)^n + \cdots$$

(10.23)

の収束半径を r とする．このとき，$\frac{1}{r} = \limsup_{n\to\infty} \sqrt[n]{|a_n|}$ である．ただし，右辺が 0, $+\infty$ の場合は，それぞれ $r = +\infty$, 0 とする．

---

§ 10 の問題

確認問題

問 10.1 $\{a_n\}_{n=1}^{\infty}$ を数列とする．

(1) $\{a_n\}_{n=1}^{\infty}$ が上に有界なとき，$\{a_n\}_{n=1}^{\infty}$ の上極限 $\limsup_{n\to\infty} a_n$ の定義を書け．

(2) $\{a_n\}_{n=1}^{\infty}$ が上に有界でないとき，$\{a_n\}_{n=1}^{\infty}$ の上極限 $\limsup_{n\to\infty} a_n$ の定義を書け．

(3) $\{a_n\}_{n=1}^{\infty}$ が下に有界なとき，$\{a_n\}_{n=1}^{\infty}$ の下極限 $\liminf_{n\to\infty} a_n$ の定義を書け．

(4) $\{a_n\}_{n=1}^{\infty}$ が下に有界でないとき，$\{a_n\}_{n=1}^{\infty}$ の下極限 $\liminf_{n\to\infty} a_n$ の定義を書け．

[⇨ 10・1]

問 10.2 数列 $\left\{(-1)^n + \frac{1}{n}\right\}_{n=1}^{\infty}$ の上極限および下極限を求めよ．

[⇨ 10・1]

基本問題

問 10.3　$\displaystyle\sum_{n=1}^{\infty} a_n$ を正項級数とする．$\displaystyle\liminf_{n\to\infty} \frac{a_{n+1}}{a_n} > 1$ または $\displaystyle\liminf_{n\to\infty} \frac{a_{n+1}}{a_n} = +\infty$ ならば，$\displaystyle\sum_{n=1}^{\infty} a_n$ は発散することを示せ．　☐☐☐ [⇨ **10・4**]

問 10.4　一般化されたコーシー–アダマールの公式（定理 10.11）を示せ．　☐☐☐ [⇨ **10・5**]

§11 一様収束

——— §11のポイント ———

- **一様収束する**関数列は各点収束する.
- 一様収束する連続な関数列の極限は連続である.
- 関数列に対して,一様収束することと**一様コーシー列**であることは同値である.
- **ワイエルシュトラスの M-判定法**を用いると,関数列が一様収束することがわかる.
- べき級数は**広義一様収束する**.

11・1 一様収束の定義

関数列は各項が連続であり,各点収束したとしても,その極限が連続であるとは限らないのであった [⇨ **例 9.3**].関数列に対しては,各点収束とは異なる収束概念として,一様収束というものを考えることができる.そして,一様収束する連続な関数列の極限は連続となる [⇨**定理 11.2**].

--- **定義 11.1** ---

A を $\mathbf{R}$ の空でない部分集合,$\{f_n\}_{n=1}^{\infty}$ を A で定義された関数からなる関数列,$f : A \to \mathbf{R}$ を関数とする.任意の $\varepsilon > 0$ に対して,ある $N \in \mathbf{N}$ が存在し,$x \in A$, $n \geq N$ $(n \in \mathbf{N})$ ならば,$|f_n(x) - f(x)| < \varepsilon$ となるとき,$\{f_n\}_{n=1}^{\infty}$ は f に**一様収束する**という(**図 11.1**).

定義 9.1 および定義 11.1 と同じ記号を用いて,各点収束と一様収束の違いを見ておこう.まず,関数列 $\{f_n\}_{n=1}^{\infty}$ が f に各点収束することは,論理記号などを用いると,

$$^\forall \varepsilon > 0, \ ^\forall x \in A, \ ^\exists N \in \mathbf{N} \ \text{s.t.}$$
$$\lceil n \geq N \ (n \in \mathbf{N}) \implies \left| f_n(x) - f(x) \right| < \varepsilon \rfloor \tag{11.1}$$

と表すことができるのであった [⇨(9.1)]．ここで，**N は ε と x の両方に依存する**ことに注意しよう．すなわち，N は ε と x の関数 $N(\varepsilon, x)$ となっている．一方，定義 11.1 より，関数列 $\{f_n\}_{n=1}^{\infty}$ が f に一様収束することは，

$$^\forall \varepsilon > 0, \ ^\exists N \in \mathbf{N} \ \text{s.t.}$$
$$\lceil x \in A, \ n \geq N \ (n \in \mathbf{N}) \implies \left| f_n(x) - f(x) \right| < \varepsilon \rfloor \tag{11.2}$$

と表すことができる．ここで，**N は ε のみに依存する**ことに注意しよう．すなわち，(11.1) の N は x によって変わることがあっても構わないが，(11.2) の N はどのような x に対しても同じ，つまり，「**一様**」でなければならない．よって，次の定理 11.1 がなりたつ．

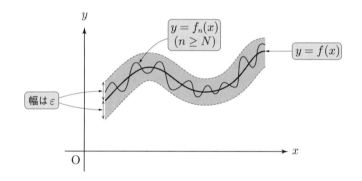

図 11.1　一様収束のイメージ

定理 11.1（重要）

A を $\mathbf{R}$ の空でない部分集合，$\{f_n\}_{n=1}^{\infty}$ を A で定義された関数からなる関数列，$f : A \to \mathbf{R}$ を関数とする．$\{f_n\}_{n=1}^{\infty}$ が f に一様収束するならば，$\{f_n\}_{n=1}^{\infty}$ は f に各点収束する．

次の例 11.1 が示すように，定理 11.1 の**逆はなりたつとは限らない**．

例11.1 $n \in \mathbf{N}$ に対して，関数 $f_n : [0, 1] \to \mathbf{R}$ を

$$f_n(x) = x^n \qquad (x \in [0, 1]) \tag{11.3}$$

により定める．また，関数 $f : [0, 1] \to \mathbf{R}$ を

$$f(x) = \begin{cases} 0 & (x \in [0, 1)), \\ 1 & (x = 1) \end{cases} \tag{11.4}$$

により定める．このとき，$[0, 1]$ で連続な関数からなる関数列 $\{f_n\}_{n=1}^{\infty}$ が得られ，$\{f_n\}_{n=1}^{\infty}$ は f に各点収束する [⇨ 例題9.1, 例9.3]．しかし，$\{f_n\}_{n=1}^{\infty}$ は f に一様収束しない．このことを背理法により示そう．

$\{f_n\}_{n=1}^{\infty}$ が f に一様収束すると仮定する．このとき，一様収束の定義（定義11.1）および (11.3), (11.4) より，ある $N \in \mathbf{N}$ が存在し，$x \in [0, 1)$ ならば，$x^N < \frac{1}{2}$ となる．一方，$\lim_{x \to 1-0} x^N = 1$ なので，関数の極限の定義（定義5.3）より，ある $\delta > 0$ が存在し，$|x - 1| < \delta \ (x \in [0, 1])$ ならば，

$$\left| x^N - 1 \right| < \frac{1}{2} \tag{11.5}$$

となる．よって，$|x - 1| < \delta \ (x \in [0, 1])$ ならば，

$$x^N = \left| 1 - (1 - x^N) \right| \overset{\odot\,問1.4\,(3)}{\geq} 1 - \left| x^N - 1 \right| \overset{\odot\,(11.5)}{>} 1 - \frac{1}{2} = \frac{1}{2} \tag{11.6}$$

となる．すなわち，$x^N > \frac{1}{2}$ となり，これは矛盾である．したがって，$\{f_n\}_{n=1}^{\infty}$ は f に一様収束しない．　　　　　　　　　　　　　　　　　　　◆

それでは，次の定理 11.2 を示そう．

┌─ 定理11.2（重要）────────────────────────

A を $\mathbf{R}$ の空でない部分集合，$\{f_n\}_{n=1}^{\infty}$ を A で連続な関数からなる関数列，$f : A \to \mathbf{R}$ を関数とする．$\{f_n\}_{n=1}^{\infty}$ が f に一様収束するならば，f は A で連続である．

────────────────────────────────────

証明 $a \in A$ とする．$f(x)$ が $x = a$ で連続であることを示せばよい．

$\varepsilon > 0$ とする．まず，$\{f_n\}_{n=1}^{\infty}$ は f に一様収束するので，一様収束の定義（定義 11.1）より，ある $N \in \mathbf{N}$ が存在し，$x \in A$ ならば，

$$\left| f_N(x) - f(x) \right| < \frac{\varepsilon}{3} \tag{11.7}$$

となる [1]．次に，$f_N(x)$ は $x = a$ で連続なので，関数の連続性の定義（定義 6.1 (1) の脚注 2)）より，ある $\delta > 0$ が存在し，$|x - a| < \delta \ (x \in A)$ ならば，

$$\left| f_N(x) - f_N(a) \right| < \frac{\varepsilon}{3} \tag{11.8}$$

となる．よって，$|x - a| < \delta \ (x \in A)$ ならば，

$$\left| f(x) - f(a) \right| = \left| \left(f(x) - f_N(x) \right) + \left(f_N(x) - f_N(a) \right) + \left(f_N(a) - f(a) \right) \right|$$

$$\overset{\text{☺ 問 1.4 (1)}}{\leq} \left| f(x) - f_N(x) \right| + \left| f_N(x) - f_N(a) \right| + \left| f_N(a) - f(a) \right|$$

$$\overset{\text{☺ (11.7), (11.8)}}{<} \frac{\varepsilon}{3} + \frac{\varepsilon}{3} + \frac{\varepsilon}{3} = \varepsilon \tag{11.9}$$

となる．すなわち，$\left| f(x) - f(a) \right| < \varepsilon$ である．したがって，$f(x)$ は $x = a$ で連続である． ◇

11・2 　一様コーシー列

数列に対しては収束することとコーシー列であることは同値であった ［⇨**定理 4.1，命題 4.1**］．とくに，各点収束する関数列に対しては，各点ごとに考えることにより，収束する数列が得られ，それはコーシー列となる．しかし，これから必要となる関数の収束は主として一様収束であり，一様収束と深く関わる関数列は次の定義 11.2 のように定められる一様コーシー列である．

定義 11.2

A を $\mathbf{R}$ の空でない部分集合，$\{f_n\}_{n=1}^{\infty}$ を A で定義された関数からなる関数列とする．任意の $\varepsilon > 0$ に対して，ある $N \in \mathbf{N}$ が存在し，$x \in A$, m, n

---

[1]　(11.2) において，ε の部分を $\frac{\varepsilon}{3}$ と置き換え，$n = N$ としている．

$\geq N \ (m, n \in \mathbf{N})$ ならば，$|f_m(x) - f_n(x)| < \varepsilon$ となるとき，$\{f_n\}_{n=1}^{\infty}$ を**一様コーシー列**という．

一様収束する関数列は一様コーシー列となる．このことは定理 4.1 と同様の方法で示すことができる．次の例題 11.1 で考えてみよう．

例題 11.1 一様収束する関数列は一様コーシー列であることを示せ．

解 A を $\mathbf{R}$ の空でない部分集合，$\{f_n\}_{n=1}^{\infty}$ を A で定義された関数からなる関数列，$f : A \to \mathbf{R}$ を関数とし，$\{f_n\}_{n=1}^{\infty}$ が f に一様収束するとする．このとき，一様収束の定義（定義 11.1）より，任意の $\varepsilon > 0$ に対して，ある $N \in \mathbf{N}$ が存在し，$x \in A, \ n \geq N \ (n \in \mathbf{N})$ ならば，

$$|f_n(x) - f(x)| < \frac{\varepsilon}{2} \tag{11.10}$$

となる．よって，$x \in A, \ m, n \geq N \ (m, n \in \mathbf{N})$ ならば，

$$|f_m(x) - f_n(x)| \overset{\odot \text{問 1.4 (2)}}{\leq} |f_m(x) - f(x)| + |f(x) - f_n(x)|$$

$$\overset{\odot \text{(11.10)}}{<} \frac{\varepsilon}{2} + \frac{\varepsilon}{2} = \varepsilon \tag{11.11}$$

である．すなわち，$|f_m(x) - f_n(x)| < \varepsilon$ となり，$\{f_n\}_{n=1}^{\infty}$ は一様コーシー列である．したがって，一様収束する関数列は一様コーシー列である． ◇

また，数列の場合と同様に，関数列に対しても，例題 11.1 の逆として，次のコーシーの収束条件がなりたつ $[\Rightarrow \boxed{\text{問 11.1}} \ (2)]$．

定理 11.3（コーシーの収束条件）（重要）

一様コーシー列は一様収束する．

11・3 ワイエルシュトラスの M-判定法

関数項級数 [⇨ 9・2] の部分和からなる関数列が一様収束するとき，その関数項級数は**一様収束する**という．あたえられた関数項級数が一様収束するかどうかを調べる方法として，次のワイエルシュトラスの M-判定法[2]がある．なお，証明にはコーシーの収束条件（定理 11.3）を用いる．

> ### 定理11.4（ワイエルシュトラスの M-判定法）（重要）
>
> A を $\mathbf{R}$ の空でない部分集合，$\{f_n\}_{n=1}^{\infty}$ を A で定義された関数からなる関数列とする．次の (1), (2) をみたす正の実数からなる数列 $\{M_n\}_{n=1}^{\infty}$ が存在するならば，関数項級数 $\sum_{n=1}^{\infty} f_n$ は一様収束する．
>
> (1) 任意の $x \in A$ および任意の $n \in \mathbf{N}$ に対して，$|f_n(x)| \leq M_n$.
>
> (2) 級数 $\sum_{n=1}^{\infty} M_n$ は収束する[3].

証明 s_n, t_n をそれぞれ関数項級数 $\sum_{n=1}^{\infty} f_n$ および級数 $\sum_{n=1}^{\infty} M_n$ の第 n 部分和とし，$\varepsilon > 0$ とする．(2) より，数列 $\{t_n\}_{n=1}^{\infty}$ は収束するので，定理 4.1 より，$\{t_n\}_{n=1}^{\infty}$ はコーシー列である．よって，ある $N \in \mathbf{N}$ が存在し，$m > n \geq N$ $(m, n \in \mathbf{N})$ ならば，

$$t_m - t_n < \varepsilon \tag{11.12}$$

となる．このとき，$x \in A,\ m > n \geq N\ (m, n \in \mathbf{N})$ とすると，

$$\left| s_m(x) - s_n(x) \right| = \left| \sum_{k=n+1}^{m} f_k(x) \right| \overset{\odot\ 問 1.4\,(1)}{\leq} \sum_{k=n+1}^{m} \left| f_k(x) \right| \overset{\odot\ (1)}{\leq} \sum_{k=n+1}^{m} M_k$$

$$= \sum_{k=1}^{m} M_k - \sum_{k=1}^{n} M_k = t_m - t_n \overset{\odot\ (11.12)}{<} \varepsilon \tag{11.13}$$

となる．すなわち，$|s_m(x) - s_n(x)| < \varepsilon$ である．したがって，関数列 $\{s_n\}_{n=1}^{\infty}$

---

[2] 伝統的に M という文字を用いて述べられるので，このようによばれている．

[3] この級数を**優級数**という．

は一様コーシー列である．さらに，コーシーの収束条件（定理 11.3）より，$\{s_n\}_{n=1}^{\infty}$ は一様収束する．すなわち，$\sum_{n=1}^{\infty} f_n$ は一様収束する． ◇

11・4 べき級数の収束性

べき級数

$$\sum_{n=0}^{\infty} a_n(x-a)^n = a_0 + a_1(x-a) + a_2(x-a)^2 + \cdots + a_n(x-a)^n + \cdots$$

(11.14)

を考えよう [⇨ 9・3]．ただし，$a \in \mathbf{R}$ であり，$\{a_n\}_{n=0}^{\infty}$ は a_0 を初項とする数列 $a_0, a_1, a_2, \cdots, a_n, \cdots$ である．(11.14) は $a_n(x-a)^n$ を第 n 項とする関数項級数である．また，r を (11.14) の収束半径とすると，(11.14) の定義域は，$r=0$ のときは $\{a\}$，$r>0$ のときは $(a-r, a+r)$，$r=+\infty$ のときは $\mathbf{R}$ とすることができるのであった [⇨ 注意 9.2]．さらに，(11.14) はこれらの定義域の各元 x に対して，絶対収束する [⇨ 定理 9.1]．しかし，次の例 11.2 が示すように，(11.14) の定義域を上のような範囲で考えると，(11.14) は**一様収束するとは限らない**．

例 11.2 べき級数 $\sum_{n=1}^{\infty} x^n$ の収束半径は 1 であり，各 $x \in (-1, 1)$ に対して，$\sum_{n=1}^{\infty} x^n$ は $\frac{x}{1-x}$ に絶対収束する [⇨ 例 9.2, 例 8.1]．

ここで，$(-1, 1)$ で定義された関数からなる関数列 $\{s_n\}_{n=1}^{\infty}$ を

$$s_n(x) = \sum_{k=1}^{n} x^k = \frac{x(1-x^n)}{1-x} \qquad (x \in (-1, 1))$$

(11.15)

により定める．$\{s_n\}_{n=1}^{\infty}$ は一様収束しないことを背理法により示そう．

$\{s_n\}_{n=1}^{\infty}$ が一様収束すると仮定する．このとき，定理 11.1 より，$\{s_n\}_{n=1}^{\infty}$ は各点収束する．よって，上で述べたことより，関数 $f : (-1, 1) \to \mathbf{R}$ を

$$f(x) = \frac{x}{1-x} \qquad (x \in (-1, 1))$$

(11.16)

により定めると，$\{s_n\}_{n=1}^{\infty}$ は f に一様収束する．したがって，ある $N \in \mathbf{N}$ が存在し，$x \in (-1, 1)$ ならば，

$$\left| s_N(x) - f(x) \right| < 1 \tag{11.17}$$

となる．すなわち，(11.15), (11.16) より，

$$\left| x^{N+1} \right| < |1 - x| \tag{11.18}$$

である．(11.18) において，$x \to 1 - 0$ とすると，$1 \leq 0$ となる[4]．これは矛盾である．以上より，$\{s_n\}_{n=1}^{\infty}$ は一様収束しない．すなわち，べき級数 $\sum_{n=1}^{\infty} x^n$ は定義域を $(-1, 1)$ として考えると一様収束しない．　　　　　　◆

(11.14) の収束半径が 0 のとき，(11.14) は $\{a\}$ を定義域とし，a_0 に値をもつ定数関数を定めるので，(11.14) は一様収束する．一方，収束半径が 0 ではないべき級数については，定義域を次の定理 11.5 のように，より狭い範囲で考えると一様収束する．証明にはワイエルシュトラスの M-判定法（定理 11.4）を用いる．なお，$A \subset \mathbf{R}$ が閉集合であるとは，$\overline{A} = A$ であったことを思い出しておこう ［⇨ **ワイエルシュトラスの定理（定理 6.4）の証明**］（**図 11.2**）．

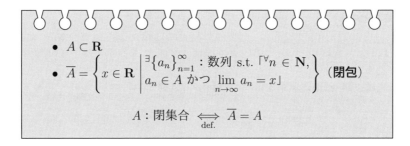

- $A \subset \mathbf{R}$
- $\overline{A} = \left\{ x \in \mathbf{R} \,\middle|\, \begin{array}{l} \exists \{a_n\}_{n=1}^{\infty} : \text{数列 s.t.「}^{\forall} n \in \mathbf{N}, \\ a_n \in A \text{ かつ } \lim_{n \to \infty} a_n = x \text{」} \end{array} \right\}$　**（閉包）**

$$A : \text{閉集合} \underset{\text{def.}}{\Longleftrightarrow} \overline{A} = A$$

図 11.2　閉包と閉集合

定理 11.5（重要）

r を (11.14) の収束半径とする．$r > 0$ のとき，$A \subset (a - r, a + r)$ となる

---

[4]　定理 6.3 を用いて数列の極限の問題に置き換え，問 1.2 を用いればよい（✍）．

空でない **R** の閉集合 A を任意に選んでおく. また, $r = +\infty$ のとき, 空でない有界な **R** の閉集合 $A \subset \mathbf{R}$ を任意に選んでおく. このとき, (11.14) は定義域を A として考えると一様収束する.

証明 $r > 0$ の場合のみ示す ($r = +\infty$ の場合も同様に示すことができる ($\mathrel{\text{✍}}$)).

$A \subset (a - r, a + r)$ より, A は有界な **R** の部分集合となるので, ワイエルシュトラスの公理 (命題 4.2) より, $\sup A$ および $\inf A$ が存在する. さらに, A は閉集合なので, $\sup A, \inf A \in A$ となる[5]. そこで,

$$a_0 = \begin{cases} \sup A & (|\sup A - a| \geq |\inf A - a|), \\ \inf A & (|\sup A - a| < |\inf A - a|) \end{cases} \tag{11.19}$$

とおく.

$a_0 = a$ のとき, (11.19) より, $A = \{a\}$ であり, (11.14) は定義域を $\{a\}$ として考えると一様収束する.

$a_0 \neq a$ のとき, $a_0 \in A \subset (a - r, a + r)$ なので,

$$|a_0 - a| < |x_0 - a| < r \tag{11.20}$$

となる $x_0 \in \mathbf{R}$ が存在する. このとき, $a_0 \neq a$ より, $x_0 \neq a$ である. また, r は (11.14) の収束半径なので, $x = x_0$ のとき, (11.14) は収束する. よって, 数列 $\{a_n(x_0 - a)^n\}_{n=1}^{\infty}$ は 0 に収束する [⇨**定理 8.3**]. さらに, ある $M > 0$ が存在し, 任意の $n \in \mathbf{N}$ に対して,

$$|a_n(x_0 - a)^n| \leq M \tag{11.21}$$

となる [⇨**定理 2.1**]. このとき, $x \in A$, $n \in \mathbf{N}$ ならば,

$$\left| a_n(x - a)^n \right| \overset{\odot\, x_0 \neq a}{=} \left| a_n(x_0 - a)^n \right| \left| \frac{x - a}{x_0 - a} \right|^n$$

---

[5]　上限および閉包の定義より, A の元からなる数列で $\sup A$ に収束するものが存在し, $\sup A \in \overline{A}$ である. さらに, A は閉集合, すなわち, $\overline{A} = A$ なので, $\sup A \in A$ となる. 同様に, $\inf A \in A$ となる.

$$\leq M \left| \frac{a_0 - a}{x_0 - a} \right|^n \qquad (\odot\ (11.19),\ (11.21)) \tag{11.22}$$

となる. ここで, 正の実数からなる数列 $\{M_n\}_{n=1}^{\infty}$ を

$$M_n = M \left| \frac{a_0 - a}{x_0 - a} \right|^n \tag{11.23}$$

により定めることができる. このとき, (11.22) より, $x \in A$, $n \in \mathbf{N}$ ならば,

$$\left| a_n (x - a)^n \right| \leq M_n \tag{11.24}$$

である. また, (11.20) より, $\left| \frac{a_0 - a}{x_0 - a} \right| < 1$ なので, 級数 $\sum_{n=1}^{\infty} M_n$ は収束する [⇨ 例8.1]. したがって, ワイエルシュトラスの M-判定法 (定理 11.4) より, (11.14) は定義域を A として考えると一様収束する.　　　　　◇

11・5　広義一様収束

定理 11.5 で述べたべき級数の収束は広義一様収束とよばれている. まず, 関数の定義域の制限について, 次の定義 11.3 のように定める.

定義 11.3

A を $\mathbf{R}$ の空でない部分集合, $f : A \to \mathbf{R}$ を関数, B を A の空でない部分集合とする. このとき, 関数 $f|_B : B \to \mathbf{R}$ を

$$f|_B(x) = f(x) \qquad (x \in B) \tag{11.25}$$

により定め, これを f の B への**制限**という.

次に, 関数列の広義一様収束について, 次の定義 11.4 のように定める.

定義 11.4

A を $\mathbf{R}$ の空でない部分集合, $\{f_n\}_{n=1}^{\infty}$ を A で定義された関数からなる関数列とする. $K \subset A$ となる任意の空でない $\mathbf{R}$ の有界閉集合 K に対して, 関数列 $\{f_n|_K\}_{n=1}^{\infty}$ が一様収束するとき, $\{f_n\}_{n=1}^{\infty}$ は**広義一様収束す**

る（または**コンパクト一様収束する**[6]）という．

例 11.3　　定理 11.5 を振り返っておこう．(11.14) の収束半径を r とする．$r > 0$ のとき，$(a - r, a + r)$ で定義されたべき級数 (11.14) は広義一様収束する．$r = +\infty$ のとき，**R** で定義されたべき級数 (11.14) は広義一様収束する．　　◆

§11 の問題

確認問題

問 11.1　　A を **R** の空でない部分集合，$\{f_n\}_{n=1}^{\infty}$ を A で定義された関数からなる関数列とする．次の問に答えよ．

(1) $\{f_n\}_{n=1}^{\infty}$ がある関数 $f : A \to \mathbf{R}$ に一様収束することを論理記号などを用いて書け [⇨ **1・3**]．

(2) 次の □ をうめることにより，$\{f_n\}_{n=1}^{\infty}$ が一様コーシー列ならば，$\{f_n\}_{n=1}^{\infty}$ はある関数 $f : A \to \mathbf{R}$ に一様収束することを示せ．

　　$\varepsilon > 0$ とすると，$\{f_n\}_{n=1}^{\infty}$ が一様コーシー列であることより，ある $N \in \mathbf{N}$ が存在し，$x \in A$, $m, n \geq N$ $(m, n \in \mathbf{N})$ ならば，

$$\left| f_m(x) - f_n(x) \right| < \frac{\varepsilon}{2} \tag{$*$}$$

となる．よって，各 $x \in A$ に対して，数列 $\{f_n(x)\}_{n=1}^{\infty}$ は ① 列である．さらに，① の収束条件より，$\{f_n(x)\}_{n=1}^{\infty}$ はある $f(x) \in \mathbf{R}$ に収束する．したがって，$x \in A$ に対して $f(x) \in \mathbf{R}$ を対応させることにより，関数 $f : A \to \mathbf{R}$ を定めることができる．ここで，$(*)$ において，n を固定し

---

[6]　位相空間論でまなぶ「コンパクト」という概念を用いると，有界閉区間はコンパクトである．この事実をハイネ–ボレルの被覆定理という [⇨ [藤岡 4] **定理 27.2**]．

ておき，$m \to \infty$ とすると，

$$\lim_{m \to \infty} \left| f_m(x) - f_n(x) \right| \boxed{②} \lim_{m \to \infty} \frac{\varepsilon}{2}$$

である [⇨ 問 1.2]．さらに，

$$\lim_{m \to \infty} \left| f_m(x) - f_n(x) \right| = \left| f_n(x) - \boxed{③} \right|, \qquad \lim_{m \to \infty} \frac{\varepsilon}{2} = \boxed{④} < \varepsilon$$

なので，$\left| f_n(x) - \boxed{③} \right| < \varepsilon$ である．すなわち，一様収束の定義（定義 11.1）より，$\{ f_n \}_{n=1}^{\infty}$ は f に一様収束する．

□□□ [⇨ **11·2**]

基本問題

問 11.2 $[0, 1]$ で定義された関数からなる関数列 $\{ f_n \}_{n=1}^{\infty}$ を

$$f_n(x) = \frac{x^n}{n} \qquad \bigl(x \in [0, 1] \bigr)$$

により定める．また，関数 $f : [0, 1] \to \mathbf{R}$ を

$$f(x) = 0 \qquad \bigl(x \in [0, 1] \bigr)$$

により定める．$\{ f_n \}_{n=1}^{\infty}$ は f に一様収束することを示せ．

□□□ [⇨ **11·1**]

§12 指数関数と三角関数

§12 のポイント

- べき級数を用いて**指数関数**を定義することができる.
- 指数関数は**指数法則**をみたす.
- 指数関数はネピアの数のべきを用いて表すことができる.
- 指数関数は単調増加である.
- べき級数を用いて**余弦関数**および**正弦関数**を定めることができる.
- 余弦関数および正弦関数は**加法定理**をみたす.

12・1 指数関数の定義

§12 では,べき級数を用いて指数関数および正弦関数や余弦関数といった三角関数を定め,それらの基本的な性質を述べていこう.

まず,べき級数

$$\sum_{n=0}^{\infty} \frac{1}{n!} x^n = 1 + x + \frac{1}{2!} x^2 + \cdots + \frac{1}{n!} x^n + \cdots \tag{12.1}$$

の収束半径は $+\infty$ である [⇨ 問 8.4] (✍).よって,定理 11.5 および定理 11.2 より,**R** で連続な関数 $\exp : \mathbf{R} \to \mathbf{R}$ を

$$\exp x = \sum_{n=0}^{\infty} \frac{1}{n!} x^n \qquad (x \in \mathbf{R}) \tag{12.2}$$

により定めることができる.関数 $\exp$ を**指数関数**という.

(12.2) より,

$$\exp 0 = 1 \tag{12.3}$$

である.さらに,次の定理 12.1 がなりたつ.

定理 12.1 （重要）

$x \in \mathbf{R}$ とすると,

$$\exp x = \lim_{n \to \infty} \left(1 + \frac{x}{n}\right)^n \tag{12.4}$$

である. とくに, e をネピアの数とすると,

$$\exp 1 = e \tag{12.5}$$

である [⇨ 問3.1 補足].

[証明]　$x \geq 0$ の場合のみ示す. $x < 0$ の場合は問 12.2 とする.

$x \geq 0$ とし, 数列 $\{a_n\}_{n=1}^{\infty}$ を

$$a_n = \left(1 + \frac{x}{n}\right)^n \tag{12.6}$$

により定める. このとき,

$$a_n \overset{\odot \text{二項定理}}{=} \sum_{k=0}^{n} {}_n\mathrm{C}_k 1^{n-k} \left(\frac{x}{n}\right)^k$$

$$= 1 + n\frac{x}{n} + \frac{n(n-1)}{2!}\frac{x^2}{n^2} + \cdots + \frac{n(n-1)\cdots 1}{n!}\frac{x^n}{n^n}$$

$$= 1 + x + \frac{x^2}{2!}\left(1 - \frac{1}{n}\right) + \cdots + \frac{x^n}{n!}\left(1 - \frac{1}{n}\right)\left(1 - \frac{2}{n}\right)\cdots\left(1 - \frac{n-1}{n}\right)$$

$$\leq 1 + x + \frac{x^2}{2!}\left(1 - \frac{1}{n+1}\right) + \cdots$$

$$+ \frac{x^n}{n!}\left(1 - \frac{1}{n+1}\right)\left(1 - \frac{2}{n+1}\right)\cdots\left(1 - \frac{n-1}{n+1}\right)$$

$$+ \frac{x^{n+1}}{(n+1)!}\left(1 - \frac{1}{n+1}\right)\left(1 - \frac{2}{n+1}\right)\cdots\left(1 - \frac{n}{n+1}\right)$$

$$= a_{n+1} \tag{12.7}$$

である. よって, $a_n \leq a_{n+1}$ となるので, $\{a_n\}_{n=1}^{\infty}$ は単調増加である.

また, (12.7) の計算より,

$$a_n \leq 1 + x + \frac{x^2}{2!} + \cdots + \frac{x^n}{n!} \leq \sum_{n=0}^{\infty} \frac{1}{n!}x^n = \exp x \tag{12.8}$$

である. すなわち, $\{a_n\}_{n=1}^{\infty}$ は上に有界である. よって, 連続の公理 (公理 3.1) より, $\{a_n\}_{n=1}^{\infty}$ は収束する. さらに, (12.8) より,

$$\lim_{n \to \infty} \left(1 + \frac{x}{n}\right)^n \leq \exp x \tag{12.9}$$

である.

ここで, $m \leq n$ $(m, n \in \mathbf{N})$ とすると, (12.7) の計算より,

$$a_n \geq 1 + x + \frac{x^2}{2!}\left(1 - \frac{1}{n}\right) + \cdots$$
$$+ \frac{x^m}{m!}\left(1 - \frac{1}{n}\right)\left(1 - \frac{2}{n}\right)\cdots\left(1 - \frac{m-1}{n}\right) \tag{12.10}$$

である. (12.10) において, $n \to \infty$ とすると,

$$\lim_{n \to \infty} \left(1 + \frac{x}{n}\right)^n = \lim_{n \to \infty} a_n \geq 1 + x + \frac{x^2}{2!} + \cdots + \frac{x^m}{m!} \tag{12.11}$$

となる. さらに, (12.11) において, $m \to \infty$ とすると,

$$\lim_{n \to \infty} \left(1 + \frac{x}{n}\right)^n \geq \sum_{m=0}^{\infty} \frac{1}{m!} x^m = \exp x \tag{12.12}$$

である. (12.9), (12.12) より, (12.4) がなりたつ.   ◇

12・2 指数法則

12・2 では, 関数 exp に対する基本的性質である指数法則について述べよう. まず, 準備として, 次の定理 12.2 を示す.

定理 12.2

$\{a_n\}_{n=1}^{\infty}$ を 0 に収束する数列とすると,

$$\lim_{n \to \infty} \left(1 + \frac{a_n}{n}\right)^n = 1 \tag{12.13}$$

である.

証明 数列 $\{b_n\}_{n=1}^{\infty}$ を

$$b_n = \left(1 + \frac{a_n}{n}\right)^n \tag{12.14}$$

により定める．(12.7) と同様の計算により，

$$b_n = 1 + a_n + \frac{a_n^2}{2!}\left(1 - \frac{1}{n}\right) + \cdots$$
$$+ \frac{a_n^n}{n!}\left(1 - \frac{1}{n}\right)\left(1 - \frac{2}{n}\right)\cdots\left(1 - \frac{n-1}{n}\right) \tag{12.15}$$

である．ここで，$\lim\limits_{n\to\infty} a_n = 0$ なので，ある $N \in \mathbf{N}$ が存在し，$n \geq N$ $(n \in \mathbf{N})$ ならば，$|a_n| < 1$ となる．よって，$n \geq N$ $(n \in \mathbf{N})$ ならば，

$$|b_n - 1| \overset{\overset{\smile 問1.4\,(1),\,(12.15)}{}}{\leq} |a_n|\left(1 + \frac{1}{2!} + \cdots + \frac{1}{n!}\right)$$
$$\overset{\overset{\smile 定理12.1}{}}{\leq} |a_n|(e-1) \tag{12.16}$$

となる．すなわち，

$$0 \leq |b_n - 1| \leq |a_n|(e-1) \tag{12.17}$$

である．(12.17) において，$n \to \infty$ とすると，$\lim\limits_{n\to\infty} a_n = 0$ およびはさみうちの原理（定理 1.1）より，

$$\lim_{n\to\infty} |b_n - 1| = 0 \tag{12.18}$$

が得られる．したがって，$\lim\limits_{n\to\infty} b_n = 1$ となり，(12.13) がなりたつ． $\diamondsuit$

それでは，指数法則を示そう．

定理 12.3（指数法則）（重要）

$x, y \in \mathbf{R}$ とすると，

$$\exp(x+y) = (\exp x)(\exp y) \tag{12.19}$$

がなりたつ．

証明 まず，

$$\lim_{n\to\infty} \frac{\left(1 + \frac{x+y}{n}\right)^n}{\left(1 + \frac{x}{n}\right)^n\left(1 + \frac{y}{n}\right)^n} \overset{\overset{\smile (12.4)}{}}{=} \frac{\exp(x+y)}{(\exp x)(\exp y)} \tag{12.20}$$

である．ここで，数列 $\{a_n\}_{n=1}^{\infty}$ を

$$\frac{1+\frac{x+y}{n}}{\left(1+\frac{x}{n}\right)\left(1+\frac{y}{n}\right)} = 1 + \frac{a_n}{n} \tag{12.21}$$

により定める．このとき，$\{a_n\}_{n=1}^{\infty}$ は 0 に収束する（✍）．よって，定理 12.2 より，

$$\lim_{n \to \infty} \frac{\left(1+\frac{x+y}{n}\right)^n}{\left(1+\frac{x}{n}\right)^n \left(1+\frac{y}{n}\right)^n} = 1 \tag{12.22}$$

である．(12.20), (12.22) より，(12.19) がなりたつ． ◇

さらに，次の定理 12.4 がなりたつ．

定理 12.4（重要）

$x \in \mathbf{R}$ とすると，

$$\exp x \neq 0, \qquad (\exp x)^{-1} = \exp(-x) \tag{12.23}$$

である．

証明 (12.19) において，$y = -x$ とすると，

$$(\exp x)\big(\exp(-x)\big) = \exp\big(x + (-x)\big) = \exp 0 \overset{\odot\ (12.3)}{=} 1 \tag{12.24}$$

である．よって，(12.23) がなりたつ． ◇

12・3 指数関数とネピアの数のべき

関数 exp はネピアの数 e のべきを用いて表すことができる．まず，正の実数の有理数べきについて簡単にふり返っておこう．$a > 0$ とする．このとき，$n \in \mathbf{N}$ に対して，a^n とは

$$a^n = \underbrace{a \times a \times \cdots \times a}_{n\,\text{個}} \tag{12.25}$$

により定められる実数である．次に，$r \in \mathbf{Q}$, $r > 0$ とし，$m, n \in \mathbf{N}$ を用いて，

$r = \frac{m}{n}$ と表しておく．このとき，$a^r \in \mathbf{R}$ を

$$a^r = \sqrt[n]{a^m} \tag{12.26}$$

により定める．a^r は r を $r = \frac{m}{n}$ と表すときの表し方に依存しない[1]（🖉）．さらに，$a^0 = 1$ と定め，$r \in \mathbf{Q}$, $r < 0$ に対して，$a^r \in \mathbf{R}$ を

$$a^r = \frac{1}{a^{-r}} \tag{12.27}$$

により定める．

(12.5) および指数法則（定理 12.3）より，$n \in \mathbf{N}$ に対して，等式

$$\exp n = e^n \tag{12.28}$$

がなりたつことを n に関する数学的帰納法を用いて示すことができる（🖉）．次に，$r \in \mathbf{Q}$, $r > 0$ に対して，

$$\exp r = e^r \tag{12.29}$$

がなりたつ．実際，$m, n \in \mathbf{N}$ を用いて，$r = \frac{m}{n}$ と表しておくと，(12.29) の両辺の n 乗はそれぞれ $\exp m$, e^m となり，(12.28) より，これらは等しいからである．さらに，

$$\exp 0 = e^0 = 1 \tag{12.30}$$

であり $[\Rightarrow (12.3)]$，(12.3) および指数法則（定理 12.3）より，(12.29) は $r \in \mathbf{Q}$, $r < 0$ のときもなりたつ（🖉）．

ここで，$x \in \mathbf{R}$ とし，$\{a_n\}_{n=1}^{\infty}$ を x に収束する有理数列とする．このとき，関数 $\exp$ が連続であることより，

$$\exp x = \lim_{n \to \infty} \exp a_n \quad (\smile 定理 6.3\,(1) \Rightarrow (2)))$$

$$\overset{\smile\,(12.29)}{=} \lim_{n \to \infty} e^{a_n} \tag{12.31}$$

となる．よって，$e^x \in \mathbf{R}$ を

$$e^x = \lim_{n \to \infty} e^{a_n} = \exp x \tag{12.32}$$

---

[1]　このようなとき，定義は **well-defined** であるという $[\Rightarrow [藤岡 4]$ $\boxed{8 \cdot 3}]$．

により定めることができる. とくに, 任意の $x \in \mathbf{R}$ に対して,

$$\exp x = e^x \tag{12.33}$$

である.

12・4 単調増加性と正または負の無限大における極限

指数関数のグラフは**図 12.1** のようになる[2]. 12・4 では, 指数関数の単調増加性について見ておこう.

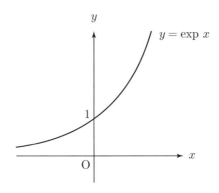

図 12.1 $y = \exp x$ のグラフ

まず, $x \in \mathbf{R}$ とする. このとき,

$$\exp x = \exp \left(\frac{1}{2}x + \frac{1}{2}x \right) \overset{\text{指数法則}}{=} \left(\exp \frac{1}{2}x \right)^2 \overset{(12.23)\,\text{第}\,1\,\text{式}}{>} 0 \tag{12.34}$$

である. すなわち,

$$\exp x > 0 \qquad (x \in \mathbf{R}) \tag{12.35}$$

である. さらに, (12.1), (12.2) より,

$$\exp x > 1 \qquad (x > 0) \tag{12.36}$$

---

[2] ±∞ における極限については問 12.1 で, 下に凸となることについては 14・4 で扱う.

である.

それでは，次の例題 12.1 について考えよう.

> **例題 12.1** 関数 exp は単調増加 [⇨**定義 7.1** (1)] であることを示せ.
>
> □ □ □ ✍

解 $x, y \in \mathbf{R}$, $x < y$ とする. このとき,

$$\exp y - \exp x = \exp\big(x + (y-x)\big) - \exp x \overset{\smile \text{指数法則}}{=} (\exp x)\big(\exp(y-x) - 1\big)$$
$$> 0 \quad (\smile\ y - x > 0,\ (12.35),\ (12.36)) \tag{12.37}$$

である. すなわち，$\exp x < \exp y$ となるので，関数 exp は単調増加である. ◇

12・5　三角関数

正弦関数や余弦関数といった三角関数もべき級数を用いて定めることができる. まず，y を変数とするべき級数

$$\sum_{n=0}^{\infty} \frac{(-1)^n}{(2n)!} y^n = 1 - \frac{1}{2}y + \cdots + \frac{(-1)^n}{(2n)!} y^n + \cdots \tag{12.38}$$

の収束半径は $+\infty$ である（✐）. よって，$y = x^2$ とおくと，定理 11.5 および定理 11.2 より，$\mathbf{R}$ で連続な関数 $\cos : \mathbf{R} \to \mathbf{R}$ を

$$\cos x = \sum_{n=0}^{\infty} \frac{(-1)^n}{(2n)!} x^{2n}$$
$$= 1 - \frac{1}{2}x^2 + \cdots + \frac{(-1)^n}{(2n)!} x^{2n} + \cdots \quad (x \in \mathbf{R}) \tag{12.39}$$

により定めることができる. 関数 cos を**余弦関数**という. また，y を変数とするべき級数

$$\sum_{n=0}^{\infty} \frac{(-1)^n}{(2n+1)!} y^n = 1 - \frac{1}{6}y + \cdots + \frac{(-1)^n}{(2n+1)!} y^n + \cdots \tag{12.40}$$

の収束半径は $+\infty$ である（✍）．よって，同様に，$y = x^2$ とおき，(12.40) の両辺に x をかけると，定理 11.5 および定理 11.2 より，$\mathbf{R}$ で連続な関数 $\sin : \mathbf{R} \to \mathbf{R}$ を

$$\sin x = \sum_{n=0}^{\infty} \frac{(-1)^n}{(2n+1)!} x^{2n+1}$$

$$= x - \frac{1}{6} x^3 + \cdots + \frac{(-1)^n}{(2n+1)!} x^{2n+1} + \cdots \quad (x \in \mathbf{R}) \quad (12.41)$$

により定めることができる．関数 $\sin$ を**正弦関数**という．

べき級数は変数を複素数とし，その値を複素数とすることにより，複素変数の複素数値関数として考えることができる．このとき，三角関数は指数関数やネピアの数と関係付けることができる[3]．まず，$z \in \mathbf{C}$ $[\Rightarrow \boxed{1 \cdot 1}]$ に対して，等式

$$e^{iz} = \cos z + i \sin z \quad (12.42)$$

がなりたつ．ただし，i は虚数単位である．(12.42) を**オイラーの公式**という．(12.42) において，z を $-z$ と置き換えることにより，等式

$$e^{-iz} = \cos z - i \sin z \quad (12.43)$$

が得られる．(12.42), (12.43) より，

$$\cos z = \frac{e^{iz} + e^{-iz}}{2}, \qquad \sin z = \frac{e^{iz} - e^{-iz}}{2i} \quad (12.44)$$

となる．さらに，指数法則（定理 12.3）は変数を複素数としてもなりたつ．よって，(12.44) より，次の加法定理がなりたつ（✍）．

定理 12.5（加法定理）（重要）

$z, w \in \mathbf{C}$ とすると，等式

$$\cos(z + w) = \cos z \cos w - \sin z \sin w, \quad (12.45)$$

$$\sin(z + w) = \sin z \cos w + \cos z \sin w \quad (12.46)$$

がなりたつ．

---

[3] 以下については，詳しくは，例えば，[杉浦] 第 III 章 §2, §3 を見よ．

§12 の問題

確認問題

問 **12.1** 次の (1), (2) の等式がなりたつことを示せ.

(1) $\displaystyle\lim_{x\to+\infty} \exp x = +\infty$ (2) $\displaystyle\lim_{x\to-\infty} \exp x = 0$ ☐☐☐ [⇨ **12·4**]

基本問題

問 **12.2** $n \in \mathbf{N}$ とし, x についての n 次多項式 $\left(1 + \frac{x}{n}\right)^n$ の偶数次の項を p_n, 奇数次の項を q_n とおく.

(1) p_n, q_n を x の多項式で書き表せ.

(2) $x < 0$ のとき,

$$\lim_{n\to\infty} p_n = \sum_{k=0}^{\infty} \frac{1}{(2k)!} x^{2k}, \qquad \lim_{n\to\infty} q_n = \sum_{k=0}^{\infty} \frac{1}{(2k+1)!} x^{2k+1}$$

がなりたつことを示せ. とくに, 定理 8.1 の (1) および (12.2) より, $x < 0$ のとき, (12.4) がなりたつ. ☐☐☐ [⇨ **12·1**]

問 **12.3** $z \in \mathbf{C}$ とする. (12.44) および変数を複素数としたときの指数法則 (定理 12.3) を用いて, 等式

$$\cos^2 z + \sin^2 z = 1$$

がなりたつことを示せ[4]. ☐☐☐ [⇨ **12·5**]

補足 問 12.3 の等式において, $z \in \mathbf{C}$ を $x \in \mathbf{R}$ とすることにより, とくに, 等式

$$\cos^2 x + \sin^2 x = 1$$

がなりたつ.

---

[4] $\cos^2 z = (\cos z)^2$, $\sin^2 z = (\sin z)^2$ である.

第 3 章のまとめ

級数

- $\{a_n\}_{n=1}^{\infty}$：数列

- 数列 $\left\{\displaystyle\sum_{k=1}^{n} a_k\right\}_{n=1}^{\infty}$ を $\displaystyle\sum_{n=1}^{\infty} a_n$ と表す（**級数**）.

上極限と下極限

- $\{a_n\}_{n=1}^{\infty}$：上に有界な数列

$$\limsup_{n\to\infty} a_n := \lim_{n\to\infty} \sup\{a_m \,|\, m \geq n \ (m \in \mathbf{N})\}^{5)} \qquad （上極限）$$

- $\{a_n\}_{n=1}^{\infty}$ が上に有界ではない場合も定めることができる.

- $\displaystyle\liminf_{n\to\infty} a_n$（**下極限**）についても同様.

- **一般化されたコーシーの判定法**

  $$\sum_{n=1}^{\infty} a_n：正項級数 \ (\forall n \in \mathbf{N}, \, a_n \geq 0), \ r := \limsup_{n\to\infty} \sqrt[n]{a_n}$$

  $$0 \leq r < 1 \Longrightarrow \sum_{n=1}^{\infty} a_n：収束$$

  $$r > 1 \ または \ r = +\infty \Longrightarrow \sum_{n=1}^{\infty} a_n：発散$$

- **一般化されたダランベールの判定法**

  $$\sum_{n=1}^{\infty} a_n：正項級数$$

  $$\limsup_{n\to\infty} \frac{a_{n+1}}{a_n} < 1 \Longrightarrow \sum_{n=1}^{\infty} a_n：収束$$

  $$\liminf_{n\to\infty} \frac{a_{n+1}}{a_n} > 1 \ または \ \liminf_{n\to\infty} \frac{a_{n+1}}{a_n} = +\infty \Longrightarrow \sum_{n=1}^{\infty} a_n：発散$$

---

5) 「$:=$」は左の式や記号を右で定義することを意味する.

関数項級数

○ **関数列**：関数からなる列.

○ **各点収束**：定義域の各点において数列として収束. すなわち,

- $A \subset \mathbf{R},\ A \neq \emptyset$
- $\{f_n\}_{n=1}^{\infty}$：A で定義された関数からなる関数列
- $f : A \to \mathbf{R}.$

$$\{f_n\}_{n=1}^{\infty} : f \text{ に各点収束}$$
$$\Updownarrow \text{ def.}$$
$$^{\forall}\varepsilon > 0,\ ^{\forall}x \in A,\ ^{\exists}N \in \mathbf{N} \text{ s.t.}$$
$$\ulcorner n \geq N\ (n \in \mathbf{N}) \Longrightarrow \left| f_n(x) - f(x) \right| < \varepsilon \urcorner$$

○ 数列と同様に関数列から**関数項級数**を定めることができる.

べき級数

○ $a \in \mathbf{R},\ \{a_n\}_{n=0}^{\infty}$：数列

○ 関数項級数 $\displaystyle\sum_{n=0}^{\infty} a_n(x-a)^n$ を**べき級数**という.

○ 次の (1)〜(3) のいずれか 1 つがなりたつ. r を**収束半径**という.

(1)　$x \neq a$ ならば発散 $(r := 0)$.

(2)　$^{\exists}r > 0$ s.t. $|x - a| < r$ ならば**絶対収束**, $|x - a| > r$ ならば発散.

(3)　$^{\forall}x \in \mathbf{R}$ に対して絶対収束 $(r := +\infty)$.

○ **コーシー‐アダマールの公式**

$$\frac{1}{r} = \limsup_{n \to \infty} \sqrt[n]{|a_n|}$$

○ べき級数は絶対収束する範囲で連続となる.

○ **指数関数, 余弦関数, 正弦関数**（収束半径は $+\infty$）

$$\exp x = \sum_{n=0}^{\infty} \frac{1}{n!} x^n, \quad \cos x = \sum_{n=0}^{\infty} \frac{(-1)^n}{(2n)!} x^{2n}, \quad \sin x = \sum_{n=0}^{\infty} \frac{(-1)^n}{(2n+1)!} x^{2n+1}$$

一様収束

- $A \subset \mathbf{R},\ A \neq \emptyset$
- $\{f_n\}_{n=1}^{\infty}$：A で定義された関数からなる関数列
- $f : A \to \mathbf{R}$

$$\{f_n\}_{n=1}^{\infty} : f \ \text{に一様収束}$$
$$\Updownarrow \text{def.}$$
$$\forall \varepsilon > 0,\ \exists N \in \mathbf{N} \ \text{s.t.}$$
$$\lceil x \in A,\ n \geq N \ (n \in \mathbf{N}) \Longrightarrow \big| f_n(x) - f(x) \big| < \varepsilon \rfloor$$

- 一様収束する関数列は各点収束する.
- 一様収束する連続な関数列の極限は連続.
- べき級数は**広義一様収束**する.

4 関数の微分

§13 微分に関する基本事項

― §13のポイント ―

- 関数を微分すると，その値の変化の様子を調べることができる．

13・1 微分の定義

関数の極限 [⇨ §5] の概念を用いて，関数の微分可能性を定めることができる． §13 では，関数の微分に関する基本的性質について述べておこう．なお，すでに ε-δ 論法を用いて，関数の極限に関する基本的性質は得られているので， §13 で扱う内容については，とくに ε-δ 論法を用いることなく示すことができる[1]．また，簡単のため，以下では開区間[2]で定義された実数値関数の微分可能性について考える．

― **定義13.1** ―

$I \subset \mathbf{R}$ を開区間，$f : I \to \mathbf{R}$ を関数とし，$a \in I$ とする．極限

---

[1] 詳しくは，例えば，［藤岡1］ §4 ～ §7 を見よ．

[2] 開区間とは有界開区間，無限開区間，$\mathbf{R}$ のいずれかのことである．

$$\lim_{x \to a} \frac{f(x) - f(a)}{x - a} = \lim_{h \to 0} \frac{f(a+h) - f(a)}{h} \in \mathbf{R} \qquad (13.1)$$

が存在するとき, $f(x)$ は $x = a$ で**微分可能**であるという. このとき, (13.1) を $f'(a)$ または $\dfrac{df}{dx}(a)$ などと表し, $f(x)$ の $x = a$ における**微分係数**という.

注意 13.1　(13.1) について補足しておこう. まず, I と $\{a\}$ の差集合

$$I \setminus \{a\} = \{x \in I \mid x \neq a\} \qquad (13.2)$$

で定義された関数 $g : I \setminus \{a\} \to \mathbf{R}$ を

$$g(x) = \frac{f(x) - f(a)}{x - a} \qquad (x \in I \setminus \{a\}) \qquad (13.3)$$

により定める. このとき, (13.1) は $g(x)$ の $x \to a$ のときの極限を表す.

さらに, 次の定義 13.2 のように定める.

定義 13.2

$I \subset \mathbf{R}$ を開区間, $f : I \to \mathbf{R}$ を関数とする. 任意の $a \in I$ に対して, $f(x)$ が $x = a$ で微分可能なとき, f は I で**微分可能**であるという. このとき, $x \in I$ に対して, $f'(x) \in \mathbf{R}$ を対応させることにより得られる関数 $f' : I \to \mathbf{R}$ を f の**導関数**という. 導関数を求めることを**微分する**という.

例 13.1　$I \subset \mathbf{R}$ を開区間とし, $c \in \mathbf{R}$ とする. このとき, 関数 $f : I \to \mathbf{R}$ を

$$f(x) = c \qquad (x \in I) \qquad (13.4)$$

により定める. $a \in I$ とすると,

$$f'(a) \overset{\odot\, 定義13.1,(13.4)}{=} \lim_{x \to a} \frac{c - c}{x - a} = \lim_{x \to a} 0 = 0 \qquad (13.5)$$

である. よって, f は I で微分可能であり, f の導関数 $f' : I \to \mathbf{R}$ は

$$f'(x) = 0 \qquad (x \in I) \qquad (13.6)$$

によりあたえられる. ◆

例題 13.1 $I \subset \mathbf{R}$ を開区間とし，$n \in \mathbf{N}$ とする．このとき，関数 $f : I \to \mathbf{R}$ を

$$f(x) = x^n \qquad (x \in I) \tag{13.7}$$

により定める．f は I で微分可能であり，f の導関数 $f' : I \to \mathbf{R}$ は

$$f'(x) = nx^{n-1} \tag{13.8}$$

によりあたえられることを示せ[3].　□□□ ✍

解 $a \in I$ とすると，

$$f'(a) \overset{\odot \text{定義 13.1,(13.7)}}{=} \lim_{h \to 0} \frac{(a+h)^n - a^n}{h}$$

$$\overset{\odot \text{二項定理}}{=} \lim_{h \to 0} \frac{1}{h} \left\{ \left({}_n\mathrm{C}_0 a^n + {}_n\mathrm{C}_1 a^{n-1} h + {}_n\mathrm{C}_2 a^{n-2} h^2 + \cdots + {}_n\mathrm{C}_n h^n \right) - a^n \right\}$$

$$= \lim_{h \to 0} \frac{1}{h} \left\{ \left(a^n + na^{n-1}h + \frac{n(n-1)}{2} a^{n-2} h^2 + \cdots + h^n \right) - a^n \right\}$$

$$= \lim_{h \to 0} \left\{ na^{n-1} + \frac{n(n-1)}{2} a^{n-2} h + \cdots + h^{n-1} \right\} = na^{n-1} \tag{13.9}$$

である．よって，f は I で微分可能であり，f の導関数 $f' : I \to \mathbf{R}$ は (13.8) によりあたえられる． ◇

13・2 微分の基本的性質

関数の微分に関して，次の定理 13.1 および定理 13.2 がなりたつ [⇨ [藤岡 1] **定理 4.1，定理 4.3**].

定理 13.1（重要） ──────────────

$I \subset \mathbf{R}$ を開区間，$f : I \to \mathbf{R}$ を関数とし，$a \in I$ とする．$f(x)$ が $x = a$ で

---

[3]　通常の慣習にしたがい，(13.8) を $(x^n)' = nx^{n-1}$ のように表すこともある．その他の導関数についても同様である．

微分可能ならば，$f(x)$ は $x = a$ で連続である．

定理 13.2（重要）

$I \subset \mathbf{R}$ を開区間，$f, g : I \to \mathbf{R}$ を関数とすると，次の $(1) \sim (4)$ がなりたつ．
ただし，(4) では，任意の $x \in I$ に対して，$g(x) \neq 0$ であるとする．

(1) $(f \pm g)' = f' \pm g'$. （複号同順）

(2) $(cf)' = cf'$. $(c \in \mathbf{R})$

(3) $(fg)' = f'g + fg'$. **（積の微分法）**

(4) $\left(\dfrac{f}{g}\right)' = \dfrac{f'g - fg'}{g^2}$. **（商の微分法）**

例 13.2 定理 13.2 の (4) において，

$$f(x) = 1 \qquad (x \in I) \tag{13.10}$$

とすると，例 13.1 より，

$$\left(\frac{1}{g}\right)' = -\frac{g'}{g^2} \tag{13.11}$$

となる．

例えば，例題 13.1 より，$n \in \mathbf{N}$ とすると，

$$\left(\frac{1}{x^n}\right)' = -\frac{n}{x^{n+1}} \tag{13.12}$$

が得られる（✐）[4]．　　　　　　　　　　　　　　　　　　　◆

さらに，次の合成関数の微分法を示しておこう．

定理 13.3（合成関数の微分法）（重要）

$I, J \subset \mathbf{R}$ を開区間，$f : I \to \mathbf{R}$ を

$$\{f(x) \mid x \in I\} \subset J \tag{13.13}$$

---

[4]　関数の定義域は 0 を含まない開区間として考える．

となる関数, $g : J \to \mathbf{R}$ を関数とし, $a \in I$ とする. $f(x)$, $g(y)$ がそれぞれ $x = a$, $y = f(a)$ で微分可能ならば, $(g \circ f)(x)$ は $x = a$ で微分可能であり, 等式

$$(g \circ f)'(a) = g'(f(a)) f'(a) \tag{13.14}$$

がなりたつ.

[証明]　関数 $h : J \to \mathbf{R}$ を

$$h(y) = \begin{cases} \dfrac{g(y) - g(f(a))}{y - f(a)} & (y \in J,\ y \neq f(a)), \\ g'(f(a)) & (y = f(a)) \end{cases} \tag{13.15}$$

により定める. このとき, 任意の $y \in J$ に対して, (13.15) の上側の式より,

$$g(y) - g(f(a)) = h(y)(y - f(a)) \tag{13.16}$$

がなりたつ. よって, $x \in I$, $x \neq a$ とすると,

$$\frac{g(f(x)) - g(f(a))}{x - a} = h(f(x)) \frac{f(x) - f(a)}{x - a} \tag{13.17}$$

となる. ここで, $g(y)$ は $y = f(a)$ で微分可能なので, (13.15) より, $h(y)$ は $y = f(a)$ で連続となる. さらに, $f(x)$ は $x = a$ で微分可能なので,

$$\lim_{x \to a} \frac{g(f(x)) - g(f(a))}{x - a} \overset{\odot\ (13.17)}{=} \lim_{x \to a} h(f(x)) \frac{f(x) - f(a)}{x - a} = h(f(a)) f'(a)$$

$$\overset{\odot\ (13.15)}{=} g'(f(a)) f'(a) \tag{13.18}$$

となる. すなわち, (13.14) がなりたつ.　　　　　　　　　　　◇

13・3　平均値の定理と関数の増減

　平均値の定理は微分可能な関数の値の変化の様子を調べる上で基本となるものである. まず, 関数の極値について, 次の定義 13.3 のように定める.

定義 13.3

A を $\mathbf{R}$ の空でない部分集合, $f : A \to \mathbf{R}$ を関数とし, $a \in A$ とする.

(1) ある $\delta > 0$ が存在し, $|x - a| < \delta \ (x \in A)$ ならば, $f(x) \leq f(a)$ となるとき, $f(a)$ を $f(x)$ の $x = a$ における**極大値**という.

(2) ある $\delta > 0$ が存在し, $|x - a| < \delta \ (x \in A)$ ならば, $f(a) \leq f(x)$ となるとき, $f(a)$ を $f(x)$ の $x = a$ における**極小値**という.

(3) 極大値と極小値をあわせて**極値**という.

ワイエルシュトラスの定理（定理 6.4）より, 有界閉区間で連続な関数は最大値および最小値をもつ. しかし, この定理は関数が具体的にどこで最大値や最小値をとるのかについてまでは教えてくれない. 一方, 微分可能なところで極値をとる関数については, 次の定理 13.4 がなりたつ ［⇨［藤岡 1］ **定理 5.1**］.

定理 13.4（重要）

$I \subset \mathbf{R}$ を開区間, $f : I \to \mathbf{R}$ を関数とし, $a \in I$ とする. $f(x)$ が $x = a$ で微分可能であり, $f(a)$ が $f(x)$ の $x = a$ における極値ならば, $f'(a) = 0$ である.

ワイエルシュトラスの定理（定理 6.4）と定理 13.4 を用いることにより, 次のロルの定理を示すことができる ［⇨［藤岡 1］ **定理 5.2**］.

定理 13.5（ロルの定理）（重要）

$f : [a, b] \to \mathbf{R}$ を有界閉区間 $[a, b]$ で連続な関数とする. f の (a, b) への制限 ［⇨**定義 11.3**］ $f|_{(a,b)} : (a, b) \to \mathbf{R}$ が微分可能であり, $f(a) = f(b)$ であるならば, ある $c \in (a, b)$ が存在し, $f'(c) = 0$ となる.

ロルの定理（定理 13.5）を用いることにより, 次の平均値の定理を示すことができる ［⇨［藤岡 1］ **定理 5.3**］.

定理 13.6（平均値の定理）（重要）

$f : [a, b] \to \mathbf{R}$ を有界閉区間 $[a, b]$ で連続な関数とする．$f|_{(a,b)} : (a, b) \to \mathbf{R}$ が微分可能ならば，ある $c \in (a, b)$ が存在し，

$$\frac{f(b) - f(a)}{b - a} = f'(c) \tag{13.19}$$

となる．

　さらに，平均値の定理（定埋 13.6）を用いると，次の定理 13.7 のように微分可能な関数の増減を調べることができる〔⇨〔藤岡 1〕**定理 5.4**〕．

定理 13.7（重要）

$I \subset \mathbf{R}$ を開区間，$f : I \to \mathbf{R}$ を微分可能な関数とすると，次の (1)〜(3) がなりたつ．

(1)　任意の $x \in I$ に対して，$f'(x) = 0$ ならば，f は定数関数である．

(2)　任意の $x \in I$ に対して，$f'(x) > 0$ ならば，f は単調増加である〔⇨**定義 7.1** (1)〕．

(3)　任意の $x \in I$ に対して，$f'(x) < 0$ ならば，f は単調減少である〔⇨**定義 7.1** (2)〕．

13・4　高次の導関数と関数の極値

　$I \subset \mathbf{R}$ を開区間，$f : I \to \mathbf{R}$ を微分可能な関数とする．ここで，f の導関数 $f' : I \to \mathbf{R}$ が再び微分可能であるとしよう．すると，f' の導関数 $(f')' : I \to \mathbf{R}$ を考えることができる．このとき，f は **2 回微分可能**であるという．また，$(f')'$ を f'' と表し，f の **2 次**（または **2 階**）**の導関数**という．同様に，関数が n **回微分可能**であるといった概念や n **次**（または n **階**）**の導関数**を定めることができる．f の n 次の導関数を $f^{(n)}$ と表す．とくに，$f^{(1)} = f'$ である．また，$f^{(0)} = f$ と約束する．さらに，次の定義 13.4 のように定める．

定義 13.4

$I \subset \mathbf{R}$ を開区間，$f : I \to \mathbf{R}$ を関数とする．f が n 回微分可能であり，n 次の導関数 $f^{(n)}$ が連続であるとき，f は $\boldsymbol{C^n}$ **級**（または $\boldsymbol{n}$ **回連続微分可能**）であるという．f が何回でも微分可能であるとき，f は $\boldsymbol{C^\infty}$ **級**（**無限回連続微分可能**または**無限回微分可能**）であるという．

定理 13.4 より，微分可能なところで極値をとる関数は，そこでの微分係数が 0 となる．以下では，2 次までの導関数を考えることにより，逆に微分係数が 0 となるところで，実際に極値をとるための十分条件をあたえよう．

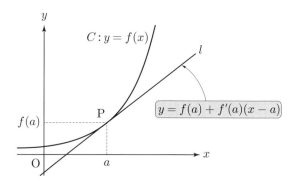

図 13.1　曲線 C の $x = a$ における接線 l

$I \subset \mathbf{R}$ を開区間，$f : I \to \mathbf{R}$ を関数とする．さらに，xy 平面上の曲線 $y = f(x)$ について考え，これを C とおく．ここで，$a \in I$ とし，$f(x)$ が $x = a$ で微分可能であるとする．このとき，点 $(a, f(a))$ を P とおくと，C の $x = a$（または P）における接線 l を考えることができる（**図 13.1**）．すなわち，l は方程式

$$y = f(a) + f'(a)(x - a) \tag{13.20}$$

で表される直線である．

ある $\delta > 0$ が存在し，$|x - a| < \delta \ (x \in I)$ ならば，

$$f(a) + f'(a)(x - a) \leq f(x) \tag{13.21}$$

となるとき，C は $x = a$（または P）で**下に凸**であるという．また，任意の $a \in I$

に対して，C が $x=a$ で下に凸であるとき，C は**下に凸**であるという．同様に，**上に凸**である曲線を定めることができる．さらに，P の前後で C が l の上から下，または，下から上へと変わるとき，P を C の**変曲点**という．

2 回微分可能な関数のグラフの凹凸について，次の定理 13.8 がなりたつ［⇨［藤岡 1］**定理 6.5**］．

定理 13.8（重要）

$I \subset \mathbf{R}$ を開区間，$f : I \to \mathbf{R}$ を 2 回微分可能な関数とし，$a \in I$ とする．$f''(x)$ が $x=a$ で連続ならば，次の (1)〜(3) がなりたつ．

(1)　$f''(a) > 0$ ならば，曲線 $y = f(x)$ は $x=a$ で下に凸である．

(2)　$f''(a) < 0$ ならば，曲線 $y = f(x)$ は $x=a$ で上に凸である．

(3)　$f''(a) = 0$ であり，$x=a$ の前後で $f''(x)$ の符号が変わるならば，点 $(a, f(a))$ は曲線 $y = f(x)$ の変曲点である．

定理 13.8 より，次の定理 13.9 がなりたつ．

定理 13.9（重要）

$I \subset \mathbf{R}$ を開区間，$f : I \to \mathbf{R}$ を 2 回微分可能な関数とし，$a \in I$ とする．$f'(a) = 0$ であり，$f''(x)$ が $x=a$ で連続ならば，次の (1)〜(3) がなりたつ．

(1)　$f''(a) > 0$ ならば，$f(a)$ は $f(x)$ の $x=a$ における極小値である．

(2)　$f''(a) < 0$ ならば，$f(a)$ は $f(x)$ の $x=a$ における極大値である．

(3)　$f''(a) = 0$ であり，$x=a$ の前後で $f''(x)$ の符号が変わるならば，$f(a)$ は $f(x)$ の $x=a$ における極値ではない．

---

§ 13 の問題

確認問題

問 13.1 $n \in \mathbf{N}$ に対して，関数 $f : (0, +\infty) \to \mathbf{R}$ を

$$f(x) = \sqrt[n]{x} \qquad \left(x \in (0, +\infty) \right)$$

により定める．f は微分可能であり，f の導関数 $f' : I \to \mathbf{R}$ は

$$f'(x) = \frac{1}{n \sqrt[n]{x^{n-1}}}$$

によりあたえられることを示せ． □□□ [⇨ 13・1]

基本問題

問 13.2 $I \subset \mathbf{R}$ を開区間とし，$n \in \mathbf{N}$ とする．さらに，$f, g : I \to \mathbf{R}$ を n 回微分可能な関数とする．このとき，$fg : I \to \mathbf{R}$ は n 回微分可能であり，等式

$$(fg)^{(n)} = \sum_{k=0}^{n} {}_n\mathrm{C}_k f^{(n-k)} g^{(k)} \qquad \text{(ライプニッツの公式)}$$

がなりたつことを示せ． □□□ [⇨ 13・4]

チャレンジ問題

問 13.3 関数 $f : (-1, 1) \to \mathbf{R}$ を

$$f(x) = \frac{1}{\sqrt{1 - x^2}} \qquad \left(x \in (-1, 1) \right)$$

により定める．$n \in \mathbf{N}$ とすると，等式

$$(1 - x^2) f^{(n+2)}(x) - (2n+3) x f^{(n+1)}(x) - (n+1)^2 f^{(n)}(x) = 0$$

がなりたつことを示せ． □□□ [⇨ 13・4]

§14 べき級数の項別微分

- 関数列に対して，微分をするという操作と極限をとるという操作は**必ずしも交換可能ではない**.
- べき級数に対して，**項別微分定理**がなりたつ.
- べき級数は無限回微分可能である.
- べき級数に対する項別微分定理を用いると，指数関数の値の変化の様子を調べることができる.

14・1 微分と極限の順序交換

関数列に対して，微分をするという操作と極限をとるという操作は必ずしも交換可能ではない．例えば，$I \subset \mathbf{R}$ を開区間とし，$\{f_n\}_{n=1}^{\infty}$ を I で定義された微分可能な関数からなる関数列とする．さらに，次の (1), (2) の条件がなりたつと仮定する．

(1) $\{f_n\}_{n=1}^{\infty}$ はある微分可能な関数 $f : I \to \mathbf{R}$ に各点収束する．
(2) $\{f_n'\}_{n=1}^{\infty}$ はある関数 $g : I \to \mathbf{R}$ に各点収束する．

このとき，

$$\left(\lim_{n \to \infty} f_n(x)\right)' = \lim_{n \to \infty} f_n'(x) \qquad (x \in I), \tag{14.1}$$

すなわち，$f' = g$ がなりたつとは限らない[1]．実際，次の例 14.1 のような関数列を考えることができるからである．

例 14.1 $n \in \mathbf{N}$ に対して，関数 $f_n : \mathbf{R} \to \mathbf{R}$ を

---

[1] 各点収束の定義（定義 9.2）より，任意の $x \in I$ に対して，$f(x) = \lim_{n \to \infty} f_n(x)$, $g(x) = \lim_{n \to \infty} f_n'(x)$ である．

$$f_n(x) = \frac{x}{1 + n^2 x^2} \qquad (x \in \mathbf{R}) \tag{14.2}$$

により定める（**図 14.1**）．このとき，関数列 $\{f_n\}_{n=1}^{\infty}$ が得られる．ここで，関数 $f : \mathbf{R} \to \mathbf{R}$ を

$$f(x) = 0 \qquad (x \in \mathbf{R}) \tag{14.3}$$

により定めると，$\{f_n\}_{n=1}^{\infty}$ は f に各点収束する[2)]．また，

$$f_n'(x) = \frac{1 - n^2 x^2}{(1 + n^2 x^2)^2} \tag{14.4}$$

である（✐）．さらに，関数 $g : \mathbf{R} \to \mathbf{R}$ を

$$g(x) = \begin{cases} 1 & (x = 0), \\ 0 & (x \in \mathbf{R}, \ x \neq 0) \end{cases} \tag{14.5}$$

により定めると，$\{f_n'\}_{n=1}^{\infty}$ は g に各点収束する．よって，$f'(0) = 0,\ g(0) = 1$ より，$f' \neq g$ である．　　　　　　　　　　　　　　　◆

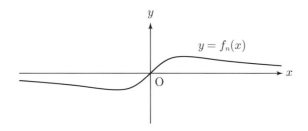

図 14.1　$y = f_n(x)$ のグラフ

14・2　上極限に関する準備

べき級数 $[\Rightarrow \boxed{9 \cdot 3}]$ に対しては，微分をするという操作と極限をとるという操作は交換可能となる．まず，準備として，上極限 $[\Rightarrow \boxed{\S 10}]$ に関する次の定

[2)]　実は，$\{f_n\}_{n=1}^{\infty}$ は f に一様収束する（✐）．

理 14.1 を示そう.

定理 14.1

$\{a_n\}_{n=1}^{\infty}$, $\{b_n\}_{n=1}^{\infty}$ を任意の $n \in \mathbf{N}$ に対して, $a_n, b_n \geq 0$ となる数列とする. $\{a_n\}_{n=1}^{\infty}$ が収束し, $\limsup\limits_{n \to \infty} b_n \in \mathbf{R}$ となるならば,

$$\limsup_{n \to \infty}(a_n b_n) = \left(\lim_{n \to \infty} a_n\right)\left(\limsup_{n \to \infty} b_n\right) \tag{14.6}$$

である.

（証明） 定理 10.1 の (2) の条件 (a), (b) を確認する. $\alpha = \lim\limits_{n \to \infty} a_n$, $\beta = \limsup\limits_{n \to \infty} b_n$ とおく. 任意の $n \in \mathbf{N}$ に対して, $a_n, b_n \geq 0$ なので, $\alpha, \beta \geq 0$ である.

定理 10.1 の (2) (a) の確認 任意の $\varepsilon > 0$ に対して, ある $N \in \mathbf{N}$ が存在し, $n \geq N$ $(n \in \mathbf{N})$ ならば,

$$a_n b_n < \alpha\beta + \varepsilon \tag{14.7}$$

となることを示す.

$\delta_1 > 0$ を

$$\delta_1 = \frac{\varepsilon}{2(\alpha + 1)} \tag{14.8}$$

により定めると,

$$\alpha\delta_1 < \frac{\varepsilon}{2} \tag{14.9}$$

となる （✍）. このとき, $\limsup\limits_{n \to \infty} b_n = \beta$ および定理 10.1 の (1) $\Rightarrow$ (2) (a) より, ある $N_1 \in \mathbf{N}$ が存在し, $n \geq N_1$ $(n \in \mathbf{N})$ ならば,

$$b_n < \beta + \delta_1 \tag{14.10}$$

となる[3]. さらに, $\delta_2 > 0$ を

---

[3] 定理 10.1 の (2) (a) において, ε の部分を δ_1 と置き換えている.

$$\delta_2 = \frac{\varepsilon}{2(\beta + \delta_1 + 1)} \tag{14.11}$$

により定めると,

$$\delta_2(\beta + \delta_1) < \frac{\varepsilon}{2} \tag{14.12}$$

となる (✍). このとき, $\lim_{n\to\infty} a_n = \alpha$ より, ある $N_2 \in \mathbf{N}$ が存在し, $n \geq N_2$ ($n \in \mathbf{N}$) ならば,

$$|a_n - \alpha| < \delta_2 \tag{14.13}$$

となる. すなわち,

$$a_n < \alpha + \delta_2 \tag{14.14}$$

である. ここで, $N \in \mathbf{N}$ を $N = \max\{N_1, N_2\}$ により定める. このとき, $n \geq N$ ($n \in \mathbf{N}$) ならば,

$$a_n b_n < (\alpha + \delta_2)(\beta + \delta_1) \quad (\odot\ a_n, b_n \geq 0,\ (14.10),\ (14.14))$$
$$= \alpha\beta + \alpha\delta_1 + \delta_2(\beta + \delta_1) \overset{\odot\ (14.9),(14.12)}{<} \alpha\beta + \frac{\varepsilon}{2} + \frac{\varepsilon}{2}$$
$$= \alpha\beta + \varepsilon \tag{14.15}$$

となる. すなわち, (14.7) がなりたつ.

定理 10.1 の (2) (b) の確認 　　任意の $\varepsilon > 0$ および任意の $n \in \mathbf{N}$ に対して, ある $N \in \mathbf{N}$ が存在し, $N \geq n$ かつ

$$\alpha\beta - \varepsilon < a_N b_N \tag{14.16}$$

となることを示す.

$\alpha, \beta > 0$ のとき, $\rho_1 > 0$ を

$$\rho_1 = \min\left\{\frac{\varepsilon}{2(\alpha + 1)}, \frac{\beta}{2}\right\} \tag{14.17}$$

により定めると,

$$\alpha\rho_1 < \frac{\varepsilon}{2}, \qquad \rho_1 < \beta \tag{14.18}$$

となる. さらに, (14.18) の第 2 式に注意し, $\rho_2 > 0$ を

$$\rho_2 = \min\left\{\frac{\varepsilon}{2(\beta - \rho_1 + 1)}, \frac{\alpha}{2}\right\} \tag{14.19}$$

により定めると,

$$\rho_2(\beta - \rho_1) < \frac{\varepsilon}{2}, \qquad \rho_2 < \alpha \tag{14.20}$$

となる. このとき, $\lim_{n \to \infty} a_n = \alpha$ より, ある $N' \in \mathbf{N}$ が存在し, $n \geq N'$ $(n \in \mathbf{N})$ ならば,

$$|a_n - \alpha| < \rho_2 \tag{14.21}$$

となる. すなわち,

$$\alpha - \rho_2 < a_n \tag{14.22}$$

である. さらに, $\limsup_{n \to \infty} b_n = \beta$ および定理 10.1 の (1) $\Rightarrow$ (2) (b) より, 任意の $n \in \mathbf{N}$ に対して, ある $N \in \mathbf{N}$ が存在し, $N \geq N'$ かつ

$$\beta - \rho_1 < b_N \tag{14.23}$$

となる. このとき,

$$a_N b_N > (\alpha - \rho_2)(\beta - \rho_1)$$
$$(\because (14.18) \text{ 第 2 式}, (14.20) \text{ 第 2 式}, (14.22), (14.23))$$
$$= \alpha\beta - \alpha\rho_1 - \rho_2(\beta - \rho_1) > \alpha\beta - \frac{\varepsilon}{2} - \frac{\varepsilon}{2}$$
$$(\because (14.18) \text{ 第 1 式}, (14.20) \text{ 第 1 式})$$
$$= \alpha\beta - \varepsilon \tag{14.24}$$

となる. すなわち, (14.16) がなりたつ.

$\alpha = 0$ または $\beta = 0$ のとき, 任意の $n \in \mathbf{N}$ に対して, $a_n, b_n \geq 0$ なので, (14.16) がなりたつ.

以上および定理 10.1 の (2) (a), (b) $\Rightarrow$ (1) より, (14.6) がなりたつ. $\diamondsuit$

注意 14.1 定理 14.1 において,「任意の $n \in \mathbf{N}$ に対して, $a_n, b_n \geq 0$」という仮定がみたされない場合は, (14.6) はなりたつとは限らない. 例えば,

$$a_n = -1, \quad b_n = (-1)^n \quad (n \in \mathbf{N}) \tag{14.25}$$

とすると，

$$\limsup_{n \to \infty}(a_n b_n) = \limsup_{n \to \infty}(-1)^{n+1} = 1, \tag{14.26}$$

$$\lim_{n \to \infty} a_n = -1, \qquad \limsup_{n \to \infty} b_n = 1 \tag{14.27}$$

となり，(14.6) はなりたたない．

14・3　べき級数に対する項別微分定理

定理 14.1 を用いると，べき級数に関する次の定理 14.2 を示すことができる．

定理 14.2（重要）

2 つのべき級数 $\displaystyle\sum_{n=0}^{\infty} a_n(x-a)^n$ および $\displaystyle\sum_{n=1}^{\infty} na_n(x-a)^{n-1}$ は同じ収束半径をもつ．

証明　まず，$\displaystyle\sum_{n=0}^{\infty} a_n(x-a)^n$ の収束半径を r とすると，一般化されたコーシー–アダマールの公式（定理 10.11）より，

$$\frac{1}{r} = \limsup_{n \to \infty} \sqrt[n]{|a_n|} \tag{14.28}$$

である．一方，

$$(x-a)\sum_{n=1}^{\infty} na_n(x-a)^{n-1} = \sum_{n=0}^{\infty} na_n(x-a)^n \tag{14.29}$$

となるので，$\displaystyle\sum_{n=1}^{\infty} na_n(x-a)^{n-1}$ および $\displaystyle\sum_{n=0}^{\infty} na_n(x-a)^n$ は同じ収束半径をもつ．また，

$$\lim_{n \to \infty} \sqrt[n]{n} = 1 \tag{14.30}$$

である $[\Rightarrow \boxed{問 8.3}\,(2)]$．よって，$\displaystyle\sum_{n=1}^{\infty} na_n(x-a)^{n-1}$ の収束半径を r' とすると，一般化されたコーシー–アダマールの公式（定理 10.11）より，

$$\frac{1}{r'} = \limsup_{n \to \infty} \sqrt[n]{|na_n|} \overset{\odot \,定理\,14.1,(14.30)}{=} 1 \cdot \limsup_{n \to \infty} \sqrt[n]{|a_n|}$$

$$\overset{\odot \,(14.28)}{=} \frac{1}{r} \tag{14.31}$$

となる．すなわち，$\sum_{n=0}^{\infty} a_n(x-a)^n$ および $\sum_{n=1}^{\infty} na_n(x-a)^{n-1}$ は同じ収束半径をもつ． ◇

それでは，次の定理 14.3 を示そう．

定理 14.3（べき級数に対する項別微分定理）（重要）

べき級数 $\sum_{n=0}^{\infty} a_n(x-a)^n$ の収束半径を r とし，$r > 0$ または $r = +\infty$ であるとする．また，

$$I = \begin{cases} (a-r, a+r) & (r > 0), \\ \mathbf{R} & (r = +\infty) \end{cases} \tag{14.32}$$

とおき，関数 $f : I \to \mathbf{R}$ を

$$f(x) = \sum_{n=0}^{\infty} a_n(x-a)^n \qquad (x \in I) \tag{14.33}$$

により定める．このとき，f は微分可能であり，

$$f'(x) = \sum_{n=1}^{\infty} na_n(x-a)^{n-1} \tag{14.34}$$

がなりたつ．さらに，f は無限回微分可能であり，

$$a_n = \frac{f^{(n)}(a)}{n!} \qquad (n \in \mathbf{N}) \tag{14.35}$$

がなりたつ．

証明 $r > 0$ の場合のみ示す（$r = +\infty$ の場合も同様に示すことができる（✍））．$|x_0 - a| < r$ となる $x_0 \in \mathbf{R}$ を選んでおく．さらに，

$$|x_0 - a| < \rho < r \tag{14.36}$$

となる $\rho \in \mathbf{R}$ を選んでおく. このとき, $|h| < r - \rho$ $(h \in \mathbf{R})$ ならば,

$$\big|(x_0 + h) - a\big| = \big|(x_0 - a) + h\big| \overset{\odot \text{三角不等式}}{\le} |x_0 - a| + |h| \overset{\odot\ (14.36)}{<} \rho + (r - \rho)$$
$$= r \tag{14.37}$$

となる. すなわち, $x_0 + h \in I$ である. よって, 関数 $g : (-(r - \rho), r - \rho) \to \mathbf{R}$ を

$$g(h) = \begin{cases} \dfrac{f(x_0 + h) - f(x_0)}{h} & (h \in (-(r - \rho), r - \rho),\ h \neq 0), \\[3mm] \displaystyle\sum_{n=1}^{\infty} n a_n (x_0 - a)^{n-1} & (h = 0) \end{cases} \tag{14.38}$$

により定めることができる. $n \in \mathbf{N}$ に対して, 関数 $b_n : (-(r - \rho), r - \rho) \to \mathbf{R}$ を

$$b_n(h) = a_n \big\{ (x_0 - a + h)^{n-1} + (x_0 - a + h)^{n-2}(x_0 - a) + \cdots$$
$$+ (x_0 - a)^{n-1} \big\} \quad (h \in (-(r - \rho), r - \rho)) \tag{14.39}$$

により定めると, (14.33), (14.38) より,

$$g(h) = \sum_{n=1}^{\infty} b_n(h) \qquad \big(h \in (-(r - \rho), r - \rho)\big) \tag{14.40}$$

がなりたつ (✍). ここで, $|h| < \rho - |x_0 - a|$ ならば,

$$|x_0 - a + h| \overset{\odot \text{三角不等式}}{\le} |x_0 - a| + |h| < \rho \tag{14.41}$$

となる. すなわち, $|x_0 - a + h| < \rho$ なので, 問 1.4 (1) および (14.39) より,

$$\big|b_n(h)\big| \le n |a_n| \rho^{n-1} \tag{14.42}$$

となる (✍). $\rho < r$ なので, 定理 14.2 より, 正項級数 $\displaystyle\sum_{n=1}^{\infty} n |a_n| \rho^{n-1}$ は収束する. したがって, ワイエルシュトラスの M-判定法 (定理 11.4) より, 関数項級数 $\displaystyle\sum_{n=1}^{\infty} b_n$ は一様収束する. さらに, 定理 11.2 より, g は連続なので, とくに,

$$\lim_{h \to 0} g(h) = g(0) \tag{14.43}$$

である. すなわち, (14.38) より, f は微分可能であり, (14.34) がなりたつ.

f が無限回微分可能であり，(14.35) がなりたつことについては，例えば，［藤岡 1］定理 8.5 の証明を見よ． ◇

14・4 指数関数

べき級数に対する項別微分定理（定理 14.3）を用いると，指数関数 $\exp : \mathbf{R} \to \mathbf{R}$ ［⇨ §12］の値の変化の様子をさらに調べることができる．

例題 14.1 関数 $\exp$ の定義 (12.2) とべき級数に対する項別微分定理（定理 14.3）を用いて，等式

$$(\exp x)' = \exp x \qquad (x \in \mathbf{R}) \tag{14.44}$$

がなりたつことを示せ．

解 $x \in \mathbf{R}$ とすると，

$$(\exp x)' \overset{\odot\,(12.2)}{=} \left(\sum_{n=0}^{\infty} \frac{1}{n!} x^n \right)' \overset{\odot\,項別微分定理}{=} \sum_{n=1}^{\infty} n \cdot \frac{1}{n!} x^{n-1} = \sum_{n=1}^{\infty} \frac{1}{(n-1)!} x^{n-1}$$

$$= \sum_{n=0}^{\infty} \frac{1}{n!} x^n \overset{\odot\,(12.2)}{=} \exp x \tag{14.45}$$

である．よって，(14.44) がなりたつ． ◇

(12.35), (14.44) より，

$$(\exp x)' > 0 \qquad (x \in \mathbf{R}) \tag{14.46}$$

である．よって，定理 13.7 の (2) より，例題 12.1 で示した関数 $\exp$ の単調増加性を再び確かめることができる．

さらに，

$$(\exp x)'' > 0 \qquad (x \in \mathbf{R}) \tag{14.47}$$

である．したがって，定理 13.8 の (1) より，関数 $y = \exp x$ のグラフは下に凸

である. 以上および問 12.1 より, 関数 $y = \exp x$ のグラフは**図 12.1** のように
なる.

§14 の問題

確認問題

問 14.1　次の問に答えよ.

(1)　余弦関数 $\cos : \mathbf{R} \to \mathbf{R}$ および正弦関数 $\sin : \mathbf{R} \to \mathbf{R}$ をべき級数を用いて
書け.

(2)　(1) およびべき級数に対する項別微分定理（定理 14.3）を用いて, 等式

$$(\cos x)' = -\sin x, \quad (\sin x)' = \cos x \quad (x \in \mathbf{R})$$

がなりたつことを示せ.　　　　　　　　　　□□□ [⇨ **14・4**]

基本問題

問 14.2　$n \in \mathbf{N}$ とすると, 次の (1), (2) の等式がなりたつことを示せ.

(1)　$\displaystyle \lim_{x \to +\infty} \frac{e^x}{x^n} = +\infty$　　(2)　$\displaystyle \lim_{x \to -\infty} |x|^n e^x = 0$　　□□□ [⇨ **14・4**]

問 14.3　$I \subset \mathbf{R}$ を開区間, $f : I \to \mathbf{R}$ を n 回微分可能な関数とし, $a \in I$ とす
る. このとき, $x \in I$ に対して, $0 < \theta < 1$ となる $\theta \in \mathbf{R}$ が存在し, 等式

$$f(x) = \sum_{k=0}^{n-1} \frac{f^{(k)}(a)}{k!} (x-a)^k + \frac{f^{(n)}\big(a + \theta(x-a)\big)}{n!} (x-a)^n$$

がなりたつ. これを $f(x)$ の $x = a$ における**有限テイラー展開**という [⇨ [藤岡
1] **7・1**]. また, $a = 0$ としたときの有限テイラー展開を**有限マクローリン展
開**という. 次の問に答えよ.

(1)　$f(x) = \exp x \ (x \in \mathbf{R})$ とおく. $n \in \mathbf{N}$ に対して, $f^{(n)}(0)$ の値を求めよ.

(2) 次の □ をうめることにより, **ネピアの数 e は無理数である**ことを示せ.

まず, 問 3.1 補足より, $2 < e < 3$ であることに注意する. e が無理数であることを背理法により示す. e が ① 数であると仮定する. このとき, $e = \frac{m}{n}\ (m, n \in \mathbf{N})$ と表すことができる. 関数 exp に対する有限マクローリン展開および (1) より, $0 < \theta < 1$ となる $\theta \in \mathbf{R}$ が存在し,

$$e = \sum_{k=0}^{n} \frac{\boxed{②}}{k!} + \frac{\boxed{③}}{(n+1)!}$$

となる[4]. この式の両辺に $n!$ をかけて整理すると,

$$n!e - \sum_{k=0}^{n} \frac{\boxed{④}}{k!} = \frac{\boxed{③}}{n+1}$$

となる. この式の左辺は整数であり, $0 < \theta < 1$, $e < 3$ なので,

$$1 \leq \frac{\boxed{③}}{n+1} < \frac{3}{n+1}$$

となる. よって, $n = \boxed{⑤}$ となるので, e は $\boxed{⑥}$ 数となる. これは最初の注意に矛盾する. したがって, e は無理数である.

□□□ [⇨ **14・4**]

---

[4] exp を $(n+1)$ 回微分可能な関数とみなして, 有限マクローリン展開を用いている.

§15 三角関数と双曲線関数

—— §15のポイント ——

- 余弦関数や正弦関数を微分することにより，それらの値の変化の様子を調べることができる．
- 余弦関数および正弦関数は**周期 2π の周期関数**である．
- 正弦関数の余弦関数による商として，**正接関数**を定めることができる．
- 正接関数は**周期 π の周期関数**である．
- 余弦関数，正弦関数，正接関数と同様の性質をもつ関数として，**双曲線余弦関数，双曲線正弦関数，双曲線正接関数**とよばれる**双曲線関数**を考えることができる．

15·1 余弦関数と正弦関数

15·1 では，12·5 で定めた余弦関数 $\cos : \mathbf{R} \to \mathbf{R}$ と正弦関数 $\sin : \mathbf{R} \to \mathbf{R}$ について，さらに調べていこう．まず，次の定理 15.1 がなりたつ．

定理 15.1

次の (1)〜(3) がなりたつ．

(1) $0 < x < 2$ ならば，$\sin x > 0$ である．

(2) 関数 $\cos$ は $(0, 2)$ で単調減少である．すなわち，$0 < x < y < 2$ ならば，$\cos x > \cos y$ である．

(3) $\cos x_0 = 0$, $0 < x_0 < 2$ となる $x_0 \in \mathbf{R}$ が一意的に存在する．

証明 (1) $\sin x$ の定義 (12.41) を直接用いて示す．まず，

$$\sin x \overset{\odot\ (12.41)}{=} \sum_{n=0}^{\infty} \frac{(-1)^n}{(2n+1)!} x^{2n+1}$$

$$= \sum_{n=0}^{\infty} \left[\frac{(-1)^{2n}}{(2 \cdot 2n + 1)!} x^{2 \cdot 2n + 1} + \frac{(-1)^{2n+1}}{\{2 \cdot (2n+1) + 1\}!} x^{2 \cdot (2n+1) + 1} \right]$$

$$= \sum_{n=0}^{\infty} \frac{1}{(4n+1)!} \left\{ 1 - \frac{1}{(4n+2)(4n+3)} x^2 \right\} x^{4n+1} \tag{15.1}$$

となる (✐)[1]. ここで, $n = 0, 1, 2, \cdots,\ 0 < x < 2$ のとき,

$$0 < \frac{1}{(4n+2)(4n+3)} x^2 < \frac{2^2}{(4 \cdot 0 + 2)(4 \cdot 0 + 3)}$$

$$(\because 4 \cdot 0 + 2 \leq 4n + 2,\ 4 \cdot 0 + 3 \leq 4n + 3)$$

$$= \frac{2}{3} < 1 \tag{15.2}$$

である. (15.1), (15.2) より, (1) がなりたつ.

(2) $0 < x < 2$ とすると,

$$(\cos x)' \overset{\text{問 14.1 (2)}}{=} - \sin x \overset{\odot (1)}{<} 0 \tag{15.3}$$

となる. よって, 定理 13.7 の (3) より, (2) がなりたつ.

(3) $\cos x$ の定義 (12.39) を直接用いて示す. まず,

$$\cos x \overset{\odot (12.39)}{=} \sum_{n=0}^{\infty} \frac{(-1)^n}{(2n)!} x^{2n}$$

$$= 1 + \sum_{n=0}^{\infty} \left[\frac{(-1)^{2n+1}}{\{2 \cdot (2n+1)\}!} x^{2 \cdot (2n+1)} + \frac{(-1)^{2n+2}}{\{2 \cdot (2n+2)\}!} x^{2 \cdot (2n+2)} \right]$$

$$= 1 - \sum_{n=0}^{\infty} \frac{1}{(4n+2)!} \left\{ 1 - \frac{1}{(4n+3)(4n+4)} x^2 \right\} x^{4n+2} \tag{15.4}$$

となる (✐). ここで, $n = 0, 1, 2, \cdots,\ 0 < x < 3$ のとき[2],

$$0 < \frac{1}{(4n+3)(4n+4)} x^2 < \frac{3^2}{(4 \cdot 0 + 3)(4 \cdot 0 + 4)}$$

$$(\because 4 \cdot 0 + 3 \leq 4n + 3,\ 4 \cdot 0 + 4 \leq 4n + 4)$$

---

[1] 級数が収束するとは, 部分和が収束することなので, このような変形をすることができる.

[2] (15.6) に $x = 2$ を代入するために, x の範囲をこのようにして考える.

$$= \frac{3}{4} < 1 \tag{15.5}$$

である. (15.4), (15.5) より, $0 < x < 3$ のとき,

$$\cos x < 1 - \frac{1}{2!}\left(1 - \frac{1}{3 \cdot 4}x^2\right)x^2 \tag{15.6}$$

である. (15.6) に $x = 2$ を代入すると,

$$\cos 2 < 1 - \frac{1}{2}\left(1 - \frac{1}{12} \cdot 2^2\right) \cdot 2^2 = 1 - \frac{4}{3} = -\frac{1}{3} < 0 \tag{15.7}$$

となる. 一方, (12.39) より,

$$\cos 0 = 1 > 0 \tag{15.8}$$

である. (15.7), (15.8) および中間値の定理 (定理 7.1) より, $\cos x_0 = 0$, $0 < x_0 < 2$ となる $x_0 \in \mathbf{R}$ が存在する. さらに, (2) より, このような x_0 は一意的である. $\diamondsuit$

定理 15.1 の (3) における x_0 に対して, $\pi = 2x_0$ とおき, これを**円周率**という[3]. π の定義より,

$$\cos\frac{\pi}{2} = 0 \tag{15.9}$$

である. 問 12.3 および (15.9) より,

$$\sin^2\frac{\pi}{2} = 1 \tag{15.10}$$

である. ここで, $\pi = 2x_0$ および $0 < x_0 < 2$ より,

$$0 < x_0 = \frac{\pi}{2} < 2 \tag{15.11}$$

なので, 定理 15.1 の (1) より,

$$\sin\frac{\pi}{2} = 1 \tag{15.12}$$

である.

また, 次の定理 15.2 がなりたつ.

---

[3] π は無理数である [⇨ [杉浦] p.191 問題 1)].

定理 15.2（重要）

$x \in \mathbf{R}$ とすると，次の (1)〜(3) がなりたつ.

(1) $\cos\left(x + \dfrac{\pi}{2}\right) = -\sin x,\ \ \sin\left(x + \dfrac{\pi}{2}\right) = \cos x.$

(2) $\cos(x + \pi) = -\cos x,\quad \sin(x + \pi) = -\sin x.$

(3) $\cos(x + 2\pi) = \cos x,\quad \sin(x + 2\pi) = \sin x.$

証明 (1) 第1式は例題 15.1，第2式は問 15.1 とする.

(2) まず，

$$\cos(x + \pi) = \cos\left\{\left(x + \frac{\pi}{2}\right) + \frac{\pi}{2}\right\} \overset{\odot\,(1)\,\text{第1式}}{=} -\sin\left(x + \frac{\pi}{2}\right)$$

$$\overset{\odot\,(1)\,\text{第2式}}{=} -\cos x \tag{15.13}$$

である. よって，(2) の第1式がなりたつ. (2) の第2式についても，同様に示すことができる（✍）.

(3) まず，

$$\cos(x + 2\pi) = \cos\left\{(x + \pi) + \pi\right\} \overset{\odot\,(2)\,\text{第1式}}{=} -\cos(x + \pi)$$

$$\overset{\odot\,(2)\,\text{第1式}}{=} \cos x \tag{15.14}$$

である. よって，(3) の第1式がなりたつ. (3) の第2式についても，同様に示すことができる（✍）. ◇

例題 15.1 $x \in \mathbf{R}$ とすると，等式

$$\cos\left(x + \frac{\pi}{2}\right) = -\sin x \tag{15.15}$$

がなりたつことを示せ. ▢▢▢ ✍

解 $\cos\left(x + \dfrac{\pi}{2}\right) \overset{\odot\,(12.45)}{=} \cos x \cos\dfrac{\pi}{2} - \sin x \sin\dfrac{\pi}{2}$

$$\overset{\odot\,(15.9),(15.12)}{=} (\cos x) \cdot 0 - (\sin x) \cdot 1 = -\sin x \tag{15.16}$$

となる. すなわち, (15.15) がなりたつ.　　　　　　　　　　◇

定理 15.1 の (2) および (15.8), (15.9) より, x が 0 から $\frac{\pi}{2}$ まで増加するとき, $\cos x$ は 1 から 0 まで減少する. また, (12.41) より,

$$\sin 0 = 0 \tag{15.17}$$

である. よって, 問 12.3 および (15.12) とあわせると, x が 0 から $\frac{\pi}{2}$ まで増加するとき, $\sin x$ は 0 から 1 まで増加する. さらに, 定理 15.2 の (1), (2) より, x がそれぞれ $\frac{\pi}{2}$ から π まで, π から 2π まで増加するときの $\cos x, \sin x$ の増減の様子が順に得られ, 定理 15.2 の (3) より, すべての $x \in \mathbf{R}$ に対して, $\cos x$, $\sin x$ の増減の様子が得られる. また, 問 14.1 (2) より,

$$(\cos x)'' = -\cos x, \qquad (\sin x)'' = -\sin x \tag{15.18}$$

となるので, 定理 13.8 より, 曲線 $y = \cos x$, $y = \sin x$ の凹凸の様子も得られる. 以上より, 関数 $y = \cos x$, $y = \sin x$ のグラフは**図 15.1** のようになる.

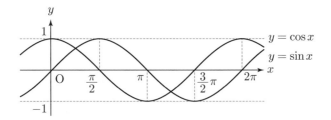

図 15.1　$y = \cos x$, $y = \sin x$ のグラフ

注意 15.1　関数 $f : \mathbf{R} \to \mathbf{R}$ に対して, 0 ではない $x_0 \in \mathbf{R}$ が存在し, 任意の $x \in \mathbf{R}$ に対して,

$$f(x + x_0) = f(x) \tag{15.19}$$

となるとき, f を**周期** x_0 の**周期関数**という.

定理 15.2 の (3) より, 関数 $\cos, \sin$ はともに周期 2π の周期関数である. さらに, これらの関数の増減の様子より, 2π は最も小さい正の周期である.

15・2　正接関数

15・2 では，余弦関数と正弦関数を用いて定められる正接関数について述べよう．まず，15・1 で述べたことより，$x \in \mathbf{R}$ に対して，$\cos x = 0$ となるのは，ある整数 n に対して，$x = \frac{\pi}{2} + n\pi$ と表されるときに限る．そこで，$A \subset \mathbf{R}$ を

$$A = \left\{ x \in \mathbf{R} \,\middle|\, x = \frac{\pi}{2} + n\pi \text{ となる整数 } n \text{ は存在しない} \right\} \qquad (15.20)$$

により定める．このとき，関数 $\tan : A \to \mathbf{R}$ を

$$\tan x = \frac{\sin x}{\cos x} \qquad (x \in A) \qquad (15.21)$$

により定めることができる．関数 $\tan$ を**正接関数**という．

定理 15.2 の (2) より，$x \in A$ とすると，

$$\tan(x + \pi) = \tan x \qquad (15.22)$$

がなりたつ．すなわち，関数 $\tan$ は周期 π の周期関数である[4]．そこで，関数 $\tan$ の $\left(-\frac{\pi}{2}, \frac{\pi}{2}\right)$ への制限

$$\tan |_{\left(-\frac{\pi}{2}, \frac{\pi}{2}\right)} : \left(-\frac{\pi}{2}, \frac{\pi}{2}\right) \to \mathbf{R} \qquad (15.23)$$

を調べよう．なお，$\tan |_{\left(-\frac{\pi}{2}, \frac{\pi}{2}\right)}$ を簡単に $\tan$ と表すことにする．

まず，関数 $\tan : \left(-\frac{\pi}{2}, \frac{\pi}{2}\right) \to \mathbf{R}$ は微分可能であり，$x \in \left(-\frac{\pi}{2}, \frac{\pi}{2}\right)$ とすると，

$$(\tan x)' \overset{(15.21)}{=} \left(\frac{\sin x}{\cos x}\right)' \overset{商の微分法}{=} \frac{(\sin x)' \cos x - (\sin x)(\cos x)'}{\cos^2 x}$$

$$\overset{問 14.1(2)}{=} \frac{(\cos x) \cos x - (\sin x)(-\sin x)}{\cos^2 x} \overset{問 12.3}{=} \frac{1}{\cos^2 x} \qquad (15.24)$$

となる．すなわち，

$$(\tan x)' = \frac{1}{\cos^2 x} > 0 \qquad (15.25)$$

である．よって，定理 13.7 の (2) より，関数 $\tan : \left(-\frac{\pi}{2}, \frac{\pi}{2}\right) \to \mathbf{R}$ は単調増加である．

また，次の定理 15.3 がなりたつ．

---

[4]　関数 $\tan$ の定義域は $\mathbf{R}$ ではないが，注意 15.1 と同様に考えることができる．

定理 15.3（重要）

等式

$$\lim_{x \to -\frac{\pi}{2}+0} \tan x = -\infty, \qquad \lim_{x \to \frac{\pi}{2}-0} \tan x = +\infty \tag{15.26}$$

がなりたつ.

証明 15・1 で述べたことより,

$$\cos x > 0 \qquad \left(-\frac{\pi}{2} < x < 0\right), \tag{15.27}$$

$$\lim_{x \to -\frac{\pi}{2}+0} \cos x = 0, \qquad \lim_{x \to -\frac{\pi}{2}+0} \sin x = -1 \tag{15.28}$$

であることに注意する.

$M \in \mathbf{R}$ とすると, $\varepsilon > 0$ を

$$|M| < \frac{1}{2\varepsilon} \tag{15.29}$$

となるように選ぶことができる. このとき, (15.27), (15.28) の第 1 式より, $0 < \delta_1 < \frac{\pi}{2}$ となる $\delta_1 \in \mathbf{R}$ が存在し, $-\frac{\pi}{2} < x < -\frac{\pi}{2} + \delta_1$ ならば,

$$0 < \cos x < \varepsilon \tag{15.30}$$

となる. また, (15.28) の第 2 式より, $0 < \delta_2 < \frac{\pi}{2}$ となる $\delta_2 \in \mathbf{R}$ が存在し, $-\frac{\pi}{2} < x < -\frac{\pi}{2} + \delta_2$ ならば,

$$-1 < \sin x < -\frac{1}{2} \tag{15.31}$$

となる. ここで, $\delta > 0$ を $\delta = \min\{\delta_1, \delta_2\}$ により定める. このとき, $-\frac{\pi}{2} < x < -\frac{\pi}{2} + \delta$ ならば,

$$\tan x \overset{\odot\,(15.21)}{=} \frac{\sin x}{\cos x} \overset{\odot\,(15.30),(15.31)}{<} -\frac{1}{2\varepsilon} \overset{\odot\,(15.29)}{<} M \tag{15.32}$$

となる. すなわち, $\tan x < M$ である. よって, (15.26) の第 1 式がなりたつ.

同様に, (15.26) の第 2 式を示すことができる (✍). ◇

さらに,

$$(\tan x)'' = \frac{2\sin x}{\cos^3 x} \tag{15.33}$$

となる (✍). よって, 定理 13.8 より, 曲線 $y = \tan x$ の凹凸の様子も得られる. 以上より, 関数 $y = \tan x$ $(x \in A)$ のグラフは**図 15.2** のようになる.

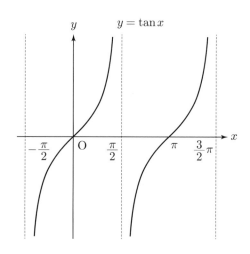

図 15.2　$y = \tan x$ のグラフ

15・3　双曲線関数

双曲線関数は三角関数と同様の性質をもつ関数である. まず, 関数 $\cosh : \mathbf{R} \to \mathbf{R}$ および $\sinh : \mathbf{R} \to \mathbf{R}$ を

$$\cosh x = \frac{e^x + e^{-x}}{2}, \quad \sinh x = \frac{e^x - e^{-x}}{2} \quad (x \in \mathbf{R}) \tag{15.34}$$

により定める. 関数 $\cosh, \sinh$ をそれぞれ**双曲線余弦関数**, **双曲線正弦関数**という. (12.2) より, 関数 $\cosh, \sinh$ はべき級数を用いて,

$$\cosh x = \sum_{n=0}^{\infty} \frac{1}{(2n)!} x^{2n}, \qquad \sinh x = \sum_{n=0}^{\infty} \frac{1}{(2n+1)!} x^{2n+1} \tag{15.35}$$

と表される.

また，(15.34) より，等式

$$\cosh^2 x - \sinh^2 x = 1 \tag{15.36}$$

がなりたつ（✐）．(15.34) の第 1 式および (15.36) より，xy 平面の部分集合

$$\left\{ (\cosh t, \sinh t) \,\middle|\, t \in \mathbf{R} \right\} \tag{15.37}$$

は双曲線 $x^2 - y^2 = 1$ の $x > 0$ の部分を表す．これが「双曲線関数」という言葉の由来である．さらに，(15.34) より，次の加法定理がなりたつ（✐）．

定理 15.4（重要）

$x, y \in \mathbf{R}$ とすると，

$$\cosh(x + y) = \cosh x \cosh y + \sinh x \sinh y, \tag{15.38}$$

$$\sinh(x + y) = \sinh x \cosh y + \cosh x \sinh y \tag{15.39}$$

がなりたつ[5]．

(15.34) より，関数 $\cosh, \sinh$ は微分可能であり，

$$(\cosh x)' = \sinh x, \qquad (\sinh x)' = \cosh x \tag{15.40}$$

である（✐）．さらに，関数 $y = \cosh x,\ y = \sinh x$ のグラフは**図 15.3** のようになる（✐）．

また，関数 $\tanh : \mathbf{R} \to \mathbf{R}$ を

$$\tanh x = \frac{\sinh x}{\cosh x} \qquad (x \in \mathbf{R}) \tag{15.41}$$

により定めることができる．関数 $\tanh$ を**双曲線正接関数**という．関数 $\tanh$ は微分可能であり，

$$(\tanh x)' = \frac{1}{\cosh^2 x} \tag{15.42}$$

である（✐）．さらに，関数 $y = \tanh x$ のグラフは**図 15.4** のようになる（✐）．

---

[5]　定理 12.5 のように変数を複素数としてもよい．

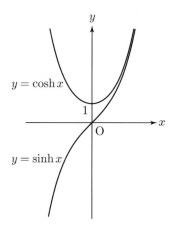

図 15.3　$y = \cosh x,\ y = \sinh x$ のグラフ

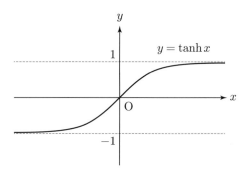

図 15.4　$y = \tanh x$ のグラフ

§15 の問題

確認問題

[問 15.1]　$x \in \mathbf{R}$ とすると，等式

$$\sin\left(x + \frac{\pi}{2}\right) = \cos x$$

がなりたつことを示せ.　　　　　　　　□□□ [⇨ 15・1]

基本問題

[問 15.2]　次の (1), (2) の等式がなりたつことを示せ.

(1)　$\displaystyle\lim_{x \to 0} \frac{\sin x}{x} = 1$

(2)　$e^{\pi i} + 1 = 0$　（**オイラーの等式**）　　　□□□ [⇨ 15・1]

[問 15.3]　$x, y \in \mathbf{R}$ とすると，等式

$$\tanh(x + y) = \frac{\tanh x + \tanh y}{1 + \tanh x \tanh y}$$

がなりたつことを示せ.　　　　　　　　□□□ [⇨ 15・3]

§16　対数関数とべきの一般化

§16 のポイント

- 微分係数が 0 とはならない微分可能な関数に対して，**逆関数の微分法**がなりたつ．
- 指数関数の逆関数として，**対数関数**を定めることができる．
- 指数関数および対数関数を用いて，一般の指数関数や**べき関数**を定めることができる．

16・1　逆関数の微分法

対数関数は指数関数の逆関数 [⇨ 7・2] として定められる．まず，16・1 では，逆関数の微分法について述べておこう．

I を開区間，$f : I \to \mathbf{R}$ を微分可能な関数とする．このとき，定理 13.1 より，f は連続である．さらに，「任意の $x \in I$ に対して，$f'(x) > 0$ である」かまたは「任意の $x \in I$ に対して，$f'(x) < 0$ である」とする．このとき，定理 13.7 の (2), (3) より，f は単調である．よって，

$$J = f(I) = \{ f(x) \mid x \in I \} \tag{16.1}$$

とおくと，注意 7.1 より，$f : I \to J$ の逆関数 $f^{-1} : J \to I$ で，連続かつ単調なものが存在する．さらに，次の逆関数の微分法がなりたつ．

定理 16.1（逆関数の微分法）（重要）

$f^{-1} : J \to I$ は微分可能であり，$x \in I$ とすると，

$$\left(f^{-1} \right)'\!\left(f(x) \right) = \frac{1}{f'(x)} \tag{16.2}$$

である．

証明 $a \in I$ とする. f の単調性より, $y \in J$, $y \neq f(a)$ ならば, $f^{-1}(y) \neq$
$f^{-1}(f(a))$ であることに注意する. また, $x = f^{-1}(y)$ とおく. このとき,

$$\lim_{y \to f(a)} \frac{f^{-1}(y) - f^{-1}(f(a))}{y - f(a)} = \lim_{y \to f(a)} \frac{1}{\frac{y - f(a)}{f^{-1}(y) - f^{-1}(f(a))}}$$

$$= \frac{1}{\displaystyle\lim_{y \to f(a)} \frac{y - f(a)}{f^{-1}(y) - f^{-1}(f(a))}} \overset{\odot\, f,\, f^{-1}\,\text{は連続}}{=} \frac{1}{\displaystyle\lim_{x \to a} \frac{f(x) - f(a)}{x - a}}$$

$$= \frac{1}{f'(a)} \tag{16.3}$$

となる. よって, f^{-1} は微分可能であり, (16.2) がなりたつ. ◇

注意 16.1 定理 16.1 において, f が単調かつ微分可能な関数ならば, 連続な
逆関数 f^{-1} は存在するが,「任意の $x \in I$ に対して, $f'(x) > 0$ である」かまた
は「任意の $x \in I$ に対して, $f'(x) < 0$ である」という仮定がみたされない場合
は, f^{-1} は微分可能とはならない. 例えば, 関数 f:
$\mathbf{R} \to \mathbf{R}$ を

$$f(x) = x^3 \qquad (x \in \mathbf{R}) \tag{16.4}$$

により定めると, f は単調増加である (✍). また, f は微分可能であり,

$$f'(x) = 3x^2 \qquad (x \in \mathbf{R}) \tag{16.5}$$

である [⇨ 例題 13.1]. とくに, $f'(0) = 0$ である. さらに, f の逆関数 f^{-1}:
$\mathbf{R} \to \mathbf{R}$ は

$$f^{-1}(x) = \sqrt[3]{x} \qquad (x \in \mathbf{R}) \tag{16.6}$$

によりあたえられ, 連続である [⇨ 定理 13.1, 注意 7.1]. ここで, $x \in \mathbf{R}$, $x \neq 0$
とすると,

$$\left(f^{-1}(x)\right)' = \frac{1}{3\sqrt[3]{x^2}} \tag{16.7}$$

となる [1]. しかし, $f^{-1}(x)$ は $x = 0$ で微分可能ではない.

---

[1] 問 13.1 と同様である.

16・2　対数関数

16・2 では，指数関数の逆関数として，対数関数を定めよう．指数関数 $\exp$: $\mathbf{R} \to \mathbf{R}$ は連続かつ単調増加であり [⇨ 12・1, 例題 12.1], 等式

$$\lim_{x \to +\infty} \exp x = +\infty, \qquad \lim_{x \to -\infty} \exp x = 0 \tag{16.8}$$

がなりたつ [⇨ 問 12.1]. よって，注意 7.1 より，$(0, +\infty)$ を定義域とし，$\mathbf{R}$ に値をとる関数 $\exp$ の連続かつ単調増加な逆関数が存在する．この逆関数を $\log$ と表し，**対数関数**という．図 12.1 より，関数 $y = \log x$ のグラフは**図 16.1** のようになる．とくに，

$$\log 1 = 0, \qquad \log e = 1 \tag{16.9}$$

であり，等式

$$\lim_{x \to +\infty} \log x = +\infty, \qquad \lim_{x \to +0} \log x = -\infty \tag{16.10}$$

がなりたつ．また，曲線 $y = \log x$ は上に凸である．

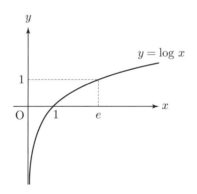

図 16.1　$y = \log x$ のグラフ

ここで，

$$f(x) = \exp x \qquad (x \in \mathbf{R}) \tag{16.11}$$

とおくと，

$$f^{-1}(y) = \log y \qquad (y \in (0, +\infty)) \tag{16.12}$$

である．このとき，

$$\left(f^{-1}\right)'\left(f(x)\right) \overset{\odot \text{ 逆関数の微分法}}{=} \frac{1}{f'(x)} \overset{\odot (14.44)}{=} \frac{1}{f(x)} \tag{16.13}$$

となる．よって，(16.13) において，$f(x)$ を改めて x とおくと，

$$(\log x)' = \frac{1}{x} \qquad \left(x \in (0, +\infty)\right) \tag{16.14}$$

となる．

関数 log について，次の定理 16.2 がなりたつ．

定理 16.2（重要）

$x \in (-1, 1)$ とすると，等式

$$\log(1 + x) = \sum_{n=1}^{\infty} \frac{(-1)^{n-1}}{n} x^n \tag{16.15}$$

がなりたつ．

証明　まず，ダランベールの公式（定理 9.2 (2)）より，(16.15) の右辺のべき級数の収束半径は 1 である（✍）．よって，

$$f(x) = \sum_{n=1}^{\infty} \frac{(-1)^{n-1}}{n} x^n \tag{16.16}$$

とおくと，べき級数に対する項別微分定理（定理 14.3）より，$x \in (-1, 1)$ とすると，

$$f'(x) = \sum_{n=1}^{\infty} (-1)^{n-1} x^{n-1} = 1 + \sum_{n=1}^{\infty} (-x)^n \overset{\odot (8.8)}{=} 1 + \frac{-x}{1 - (-x)}$$
$$= \frac{1}{1 + x} \tag{16.17}$$

となる．一方，$x \in (-1, 1)$ とすると，(16.15) の左辺の導関数は

$$\left(\log(1 + x)\right)' = \frac{(1 + x)'}{1 + x} \quad (\odot \text{ 合成関数の微分法, (16.14)})$$
$$= \frac{1}{1 + x} \tag{16.18}$$

となる. したがって, (16.17), (16.18) および定理 13.7 の (1) より, ある $c \in \mathbf{R}$ が存在し, 任意の $x \in (-1, 1)$ に対して,

$$\log(1 + x) - f(x) = c \tag{16.19}$$

となる. (16.19) に $x = 0$ を代入すると, (16.9) の第 1 式および (16.16) より, $c = 0$ となる. すなわち, (16.15) が得られる. ◇

16・3 一般の指数関数

関数 exp および log を用いると, 一般の指数関数やべき関数を定めることができる. まず, $a > 0$, $b \in \mathbf{R}$ とする. このとき, a の b 乗 $a^b > 0$ を

$$a^b = \exp(b \log a) \tag{16.20}$$

により定めることができる. とくに, (12.3) より, $a^0 = 1$ である. また, (16.9) の第 2 式より, $a = e$ とすると, (16.20) は (12.33) と同値な式を表す. さらに, 関数 log が関数 exp の逆関数であることと (16.20) より, 等式

$$\log a^b = b \log a \tag{16.21}$$

がなりたつ.

(16.20) において, a を固定しておき, b を変数とすれば, 一般の指数関数が得られる. また, b を固定しておき, a を変数とすれば, べき関数が得られる. 16・3 では, 一般の指数関数について述べよう.

$a > 0$, $a \neq 1$ とする. このとき, 関数 $f : \mathbf{R} \to \mathbf{R}$ を

$$f(x) = a^x = \exp(x \log a) \qquad (x \in \mathbf{R}) \tag{16.22}$$

により定める[2]. f を a を底とする**指数関数**という. とくに, $a = e$ のときは $f = \exp$ である.

a を底とする指数関数について, 次の定理 16.3 がなりたつ.

---

[2] (16.22) は $a = 1$ のときも考えることができるが, $a = 1$ のときは (12.30), (16.9) の第 1 式より, f は常に 1 の値をとる定数関数となる.

定理 16.3（指数法則）（重要）

$a > 0$, $a \neq 1$, $x, y \in \mathbf{R}$ とすると，次の (1), (2) がなりたつ[3]．

(1)　$a^{x+y} = a^x a^y$.

(2)　$(a^x)^y = a^{xy}$.

証明　(1) は例題 16.1，(2) は問 16.2 とする．　　　　　　◇

例題 16.1　定理 16.3 の (1) を示せ．　

解　$a^{x+y} \overset{\odot\,(16.22)}{=} \exp\{(x+y)\log a\} = \exp(x \log a + y \log a)$

$\overset{\odot\,\text{指数法則}}{=} \{\exp(x \log a)\}\{\exp(y \log a)\} \overset{\odot\,(16.22)}{=} a^x a^y \qquad (16.23)$

である．すなわち，定理 16.3 の (1) がなりたつ．　　　　　　◇

注意 16.2　$x \in \mathbf{Q}$ のとき，a^x という表し方は **12·3** で用いたものと同じとなる．まず，指数法則（定理 16.3）の (1) より，(12.25) が得られる．また，指数法則（定理 16.3）の (2) より，(12.26) が得られる．さらに，指数法則（定理 16.3）の (1) と $a^0 = 1$ より，(12.27) が得られる．

また，

$f'(x) = \{\exp(x \log a)\}(x \log a)' \quad (\odot\,(16.22)，\text{合成関数の微分法}，(14.44))$

$\overset{\odot\,(16.22)}{=} (\log a) a^x \qquad\qquad\qquad\qquad (16.24)$

となる．すなわち，

$$(a^x)' = (\log a) a^x \begin{cases} > 0 & (a > 1), \\ < 0 & (0 < a < 1) \end{cases} \qquad (16.25)$$

---

[3]　(1) において，$a = e$ のときは，指数法則（定理 12.3）である．

である．よって，関数 exp の場合と同様に考えると，関数 $y = a^x$ のグラフは図 **16.2** のようになる．

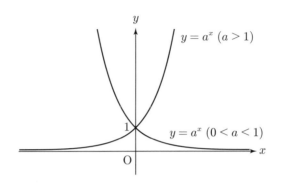

図 16.2 $y = a^x$ のグラフ

16・4 べき関数

16・4 では，べき関数について述べよう．$a \in \mathbf{R}$ とし，関数 $f : (0, +\infty) \to \mathbf{R}$ を

$$f(x) = x^a = \exp(a \log x) \qquad \bigl(x \in (0, +\infty)\bigr) \tag{16.26}$$

により定める．f を a を**指数**とする**べき関数**という．このとき，

$$f'(x) = \bigl\{\exp(a \log x)\bigr\}(a \log x)' \quad (\odot \ (16.26), \ \text{合成関数の微分法}, \ (14.44))$$

$$\overset{\odot \ (16.14), \ (16.26)}{=} x^a \cdot \frac{a}{x} \overset{\odot \ \text{指数法則}}{=} a x^{a-1} \tag{16.27}$$

となる．すなわち，

$$(x^a)' = a x^{a-1} \tag{16.28}$$

である．

$\alpha \in \mathbf{R}$ に対して，べき関数を用いて，関数 $g : (-1, 1) \to \mathbf{R}$ を

$$g(x) = (1+x)^\alpha = \exp\{\alpha \log(1+x)\} \qquad \bigl(x \in (-1, 1)\bigr) \tag{16.29}$$

により定めることができる．なお，$\alpha = 0, 1, 2, \cdots$ のときは，(16.29) は多項式

で表される関数である.

g をべき級数で表すために, 一般二項係数とよばれるものを定めよう. $\alpha \in \mathbf{R}$, $n = 0, 1, 2, \cdots$ に対して,

$$\binom{\alpha}{n} = \begin{cases} \dfrac{\alpha(\alpha-1)\cdots(\alpha-n+1)}{n!} & (n \neq 0), \\ 1 & (n = 0) \end{cases} \tag{16.30}$$

とおき, これを**一般二項係数**という. とくに, $\alpha = 0, 1, 2, \cdots$ のとき, $\binom{\alpha}{n}$ は

二項係数 $_\alpha \mathrm{C}_n$ に一致する [$\Rightarrow$ 問3.1]. また, 二項係数の場合と同様に, 等式

$$n\binom{\alpha}{n} + (n+1)\binom{\alpha}{n+1} = \alpha\binom{\alpha}{n} \tag{16.31}$$

がなりたつ (✍).

それでは, 次の一般二項定理を示そう.

定理16.4 (一般二項定理) (重要)

$x \in (-1, 1)$ とすると, 等式

$$(1+x)^\alpha = \sum_{n=0}^{\infty} \binom{\alpha}{n} x^n \tag{16.32}$$

がなりたつ.

証明 まず, ダランベールの公式 (定理9.2 (2)) より, (16.32) の右辺のべき級数の収束半径は1である (✍). よって,

$$h(x) = \sum_{n=0}^{\infty} \binom{\alpha}{n} x^n \tag{16.33}$$

とおくと, べき級数に対する項別微分定理 (定理14.3) より, $x \in (-1, 1)$ とすると,

$$(1+x)h'(x) = h'(x) + xh'(x) = \sum_{n=1}^{\infty} \binom{\alpha}{n} n x^{n-1} + \sum_{n=1}^{\infty} \binom{\alpha}{n} n x^n$$

$$= \sum_{n=0}^{\infty} \left\{ (n+1) \begin{pmatrix} \alpha \\ n+1 \end{pmatrix} + n \begin{pmatrix} \alpha \\ n \end{pmatrix} \right\} x^n \overset{\odot\ (16.31)}{=} \sum_{n=0}^{\infty} \alpha \begin{pmatrix} \alpha \\ n \end{pmatrix} x^n$$

$$= \alpha h(x) \tag{16.34}$$

となる．一方，

$$g'(x) = \big[\exp\{\alpha \log(1+x)\}\big] \{\alpha \log(1+x)\}'$$

$$(\odot\ (16.29),\ \text{合成関数の微分法},\ (14.44))$$

$$= y(x) \frac{\alpha}{1+x} \tag{16.35}$$

$$(\odot\ (16.14),\ (16.29),\ \text{合成関数の微分法})$$

となる．このとき，

$$\left(\frac{g(x)}{h(x)} \right)' \overset{\odot\ \text{商の微分法}}{=} \frac{g'(x)h(x) - g(x)h'(x)}{\big(h(x)\big)^2}$$

$$\overset{\odot\ (16.34),\ (16.35)}{=} \frac{\frac{\alpha g(x)}{1+x} h(x) - g(x) \frac{\alpha h(x)}{1+x}}{\big(h(x)\big)^2} = 0 \tag{16.36}$$

となる．したがって，定理 13.7 の (1) より，ある $c \in \mathbf{R}$ が存在し，任意の $x \in (-1, 1)$ に対して，

$$\frac{g(x)}{h(x)} = c \tag{16.37}$$

となる．(16.37) に $x = 0$ を代入すると，(16.29) および (16.33) より，$c = 1$ となる．すなわち，(16.32) が得られる． $\diamondsuit$

§16 の問題

確認問題

問 16.1 $x, y \in \mathbf{R}$ とすると，等式

$$\log(xy) = \log x + \log y$$

がなりたつことを示せ． □□□ [⇨ 16・2]

問 16.2 定理 16.3 の (2) を示せ． □□□ [⇨ 16・3]

基本問題

問 16.3 $n = 0, 1, 2, \cdots$ に対して，

$$n!! = \begin{cases} n(n-2)(n-4)\cdots 2 & (n \text{ は偶数}), \\ n(n-2)(n-4)\cdots 1 & (n \text{ は奇数}), \end{cases} \qquad 0!! = (-1)!! = 1$$

とおき，$n!!$ を n の **2 重階乗**という．

$x \in (-1, 1)$ とすると，等式

$$\frac{1}{\sqrt{1-x}} = \sum_{n=0}^{\infty} \frac{(2n-1)!!}{(2n)!!} x^n$$

がなりたつことを示せ． □□□ [⇨ 16・4]

チャレンジ問題

問 16.4 $s \in \mathbf{R}$ に対して，正項級数 $\displaystyle\sum_{n=1}^{\infty} \frac{1}{n^s}$ を $\zeta(s)$ とおく．

(1) $s \leq 1$ のとき，$\zeta(s)$ は発散することを示せ．

(2) $s > 1$ のとき，定理 8.5 を用いて，$\zeta(s)$ は収束することを示せ[4]．

□□□ [⇨ 16・3]

---

[4] $s > 1$ のときの $\zeta(s)$ を**リーマンのゼータ関数**という．

§17   逆三角関数

§17 のポイント

• 余弦関数，正弦関数，正接関数の逆関数として，それぞれ**逆余弦関数，逆正弦関数，逆正接関数**といった**逆三角関数**を定めることができる．

17・1   逆余弦関数と逆正弦関数

　三角関数の逆関数として定められる関数を**逆三角関数**という． 17・1 では，余弦関数および正弦関数の逆関数として定められる逆余弦関数，逆正弦関数について述べよう．ただし，逆関数を定めるために，余弦関数，正弦関数の定義域は以下に述べるような範囲に制限して考える．

　まず，定義域を $[0, \pi]$ へ制限した余弦関数 $\cos : [0, \pi] \to \mathbf{R}$ は連続かつ単調減少であり，

$$\cos 0 = 1, \qquad \cos \pi = -1 \tag{17.1}$$

である $[\Rightarrow$ 12・5 ， 15・1]．よって，定理 7.2 より，関数 cos の連続かつ単調減少な逆関数 $\cos^{-1} : [-1, 1] \to [0, \pi]$ が存在する．関数 $\cos^{-1}$ を**逆余弦関数**という．図 15.1 より，関数 $y = \cos^{-1} x$ のグラフは**図 17.1** のようになる．

　また，定義域を $\left[-\frac{\pi}{2}, \frac{\pi}{2} \right]$ へ制限した正弦関数 $\sin : \left[-\frac{\pi}{2}, \frac{\pi}{2} \right] \to \mathbf{R}$ は連続かつ単調増加であり，

$$\sin \left(-\frac{\pi}{2} \right) = -1, \qquad \sin \frac{\pi}{2} = 1 \tag{17.2}$$

である $[\Rightarrow$ 12・5 ， 15・1]．よって，定理 7.2 より，関数 sin の連続かつ単調増加な逆関数 $\sin^{-1} : [-1, 1] \to \left[-\frac{\pi}{2}, \frac{\pi}{2} \right]$ が存在する．関数 $\sin^{-1}$ を**逆正弦関数**という．図 15.1 より，関数 $y = \sin^{-1} x$ のグラフは**図 17.1** のようになる．

例 17.1　まず，余弦関数，正弦関数の定義より $[\Rightarrow (12.39), (12.41)]$，これらはそれぞれ偶関数，奇関数であることに注意しておこう．すなわち，

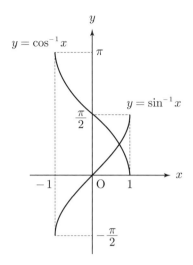

図 17.1　$y = \cos^{-1} x$, $y = \sin^{-1} x$ のグラフ

$$\cos(-x) = \cos x, \quad \sin(-x) = -\sin x \quad (x \in \mathbf{R}) \tag{17.3}$$

である. ここで,

$$\cos \frac{\pi}{3} = \cos \left\{ \pi + \left(-\frac{2}{3}\pi \right) \right\} \overset{\odot \text{加法定理}}{=} \cos \pi \cos \left(-\frac{2}{3}\pi \right) - \sin \pi \sin \left(-\frac{2}{3}\pi \right)$$

$$\overset{\odot\,(17.3)\,\text{第1式}}{=} (-1) \cdot \cos \frac{2}{3}\pi - 0 \cdot \sin \left(-\frac{2}{3}\pi \right) = -\cos \left(\frac{\pi}{3} + \frac{\pi}{3} \right)$$

$$\overset{\odot \text{加法定理}}{=} -\left(\cos^2 \frac{\pi}{3} - \sin^2 \frac{\pi}{3} \right) \overset{\odot \text{問12.3}}{=} -\cos^2 \frac{\pi}{3} + 1 - \cos^2 \frac{\pi}{3} \tag{17.4}$$

となる. すなわち,

$$0 = 2\cos^2 \frac{\pi}{3} + \cos \frac{\pi}{3} - 1 = \left(\cos \frac{\pi}{3} + 1 \right) \left(2\cos \frac{\pi}{3} - 1 \right) \tag{17.5}$$

である. さらに, $\cos \frac{\pi}{3} \neq -1$ であることに注意すると,

$$\cos \frac{\pi}{3} = \frac{1}{2} \tag{17.6}$$

である. よって,

$$\cos^{-1} \frac{1}{2} = \frac{\pi}{3} \tag{17.7}$$

である．さらに，$\sin\frac{\pi}{3} > 0$ であることに注意すると，問 12.3 および (17.6) より，

$$\sin\frac{\pi}{3} = \frac{\sqrt{3}}{2} \tag{17.8}$$

となる．したがって，

$$\sin^{-1}\frac{\sqrt{3}}{2} = \frac{\pi}{3} \tag{17.9}$$

である． ◆

逆余弦関数および逆正弦関数について，次の定理 17.1 がなりたつ．

定理 17.1（重要）

$x \in (-1, 1)$ とすると，次の (1), (2) がなりたつ．

(1) $(\cos^{-1} x)' = -\dfrac{1}{\sqrt{1 - x^2}}$ 　　(2) $(\sin^{-1} x)' = \dfrac{1}{\sqrt{1 - x^2}}$

証明 (1) は例題 17.1，(2) は問 17.1 とする． ◇

例題 17.1 定理 17.1 の (1) を示せ． □ □ □ ✍

解 まず，

$$f(x) = \cos x \qquad (x \in (0, \pi)) \tag{17.10}$$

とおくと，

$$f^{-1}(y) = \cos^{-1} y \qquad (y \in (-1, 1)) \tag{17.11}$$

である．また，$x \in (0, \pi)$ より，$\sin x > 0$ であることに注意する．このとき，

$$(f^{-1})'\big(f(x)\big) \overset{\ddot\smile\,\text{逆関数の微分法}}{=\!=\!=} \frac{1}{f'(x)} \overset{\ddot\smile\,\text{問 14.1 (2)}}{=\!=\!=} \frac{1}{-\sin x}$$

$$\overset{\ddot\smile\,\text{問 12.3, } \sin x > 0}{=\!=\!=} -\frac{1}{\sqrt{1 - \cos^2 x}} = -\frac{1}{\sqrt{1 - \big(f(x)\big)^2}} \tag{17.12}$$

となる. よって, (17.12) において, $f(x)$ を改めて x とおくと, 定理 17.1 の (1) がなりたつ.   ◇

定理 17.1 より, 次の定理 17.2 を示すことができる.

定理 17.2 (重要) ─────────────────────────

任意の $x \in [-1, 1]$ に対して,
$$\cos^{-1} x + \sin^{-1} x = \frac{\pi}{2} \tag{17.13}$$
である.

証明 $x \in (-1, 1)$ とすると,
$$(\cos^{-1} x + \sin^{-1} x)' \overset{\odot \text{定理}17.1}{=} -\frac{1}{\sqrt{1-x^2}} + \frac{1}{\sqrt{1-x^2}} = 0 \tag{17.14}$$
である. よって, 定理 13.7 の (1) より, ある $c \in \mathbf{R}$ が存在し, 任意の $x \in (-1, 1)$ に対して,
$$\cos^{-1} x + \sin^{-1} x = c \tag{17.15}$$
となる. ここで, $\cos^{-1}$ および $\sin^{-1}$ は $[-1, 1]$ で連続なので, (17.15) は $x = \pm 1$ のときもなりたつ. さらに,
$$c = \cos^{-1} 1 + \sin^{-1} 1 = 0 + \frac{\pi}{2} = \frac{\pi}{2} \tag{17.16}$$
となる[1]. すなわち, (17.13) がなりたつ.   ◇

例 17.2   定理 17.2 および (17.7) より,
$$\sin^{-1} \frac{1}{2} = \frac{\pi}{6} \tag{17.17}$$
となる. よって,
$$\sin \frac{\pi}{6} = \frac{1}{2} \tag{17.18}$$

---
[1] $x = -1$ における値を計算してもよい (✍).

である．また，定理 17.2 および (17.9) より，

$$\cos^{-1}\frac{\sqrt{3}}{2}=\frac{\pi}{6} \tag{17.19}$$

となる．よって，

$$\cos\frac{\pi}{6}=\frac{\sqrt{3}}{2} \tag{17.20}$$

である． ◆

17・2 べき級数による表示

逆余弦関数および逆正弦関数は次の定理 17.3 のように，べき級数を用いて表すことができる．

定理 17.3（重要）

$x \in [-1, 1]$ とすると，次の (1), (2) がなりたつ.

(1) $\cos^{-1} x = \dfrac{\pi}{2} - \displaystyle\sum_{n=0}^{\infty} \dfrac{(2n-1)!!}{(2n)!!} \dfrac{1}{2n+1} x^{2n+1}$

(2) $\sin^{-1} x = \displaystyle\sum_{n=0}^{\infty} \dfrac{(2n-1)!!}{(2n)!!} \dfrac{1}{2n+1} x^{2n+1}$

[証明] 定理 17.2 より，(2) のみを示せばよい．(2) を次の (a)〜(c) の手順で示す．

(a) $x \in (-1, 1)$ とすると，(2) がなりたつ．

(b) 正項級数 $\displaystyle\sum_{n=0}^{\infty} \dfrac{(2n-1)!!}{(2n)!!} \dfrac{1}{2n+1}$ は収束する．

(c) (2) の右辺は $[-1, 1]$ で連続な関数を定める [2]．

(a) ダランベールの公式（定理 9.2 (2)）より，(2) の右辺のべき級数の収束半径は 1 である（✍）．よって，

---

[2] $\sin^{-1} x$ は $[-1, 1]$ で連続なので，(a) より，$x = \pm 1$ のときも (2) がなりたつ．

$$f(x) = \sum_{n=0}^{\infty} \frac{(2n-1)!!}{(2n)!!} \frac{1}{2n+1} x^{2n+1} \tag{17.21}$$

とおくと，べき級数に対する項別微分定理（定理 14.3）より，$x \in (-1, 1)$ とすると，

$$f'(x) = \sum_{n=0}^{\infty} \frac{(2n-1)!!}{(2n)!!} x^{2n} \overset{\text{問 16.3}}{=} \frac{1}{\sqrt{1-x^2}}$$

$$\overset{\text{定理 17.1 (2)}}{=} (\sin^{-1} x)' \tag{17.22}$$

となる．したがって，定理 13.7 の (1) より，ある $c \in \mathbf{R}$ が存在し，任意の $x \in (-1, 1)$ に対して，

$$\sin^{-1} x - f(x) = c \tag{17.23}$$

となる．(17.23) に $x = 0$ を代入すると，$\sin^{-1} 0 = 0$ および (17.21) より，$c = 0$ となる．すなわち，$x \in (-1, 1)$ とすると，(2) がなりたつ．

(b) $k \in \mathbf{N}$ とすると，不等式

$$(2k-1)(2k+1) < (2k)^2 \tag{17.24}$$

がなりたつ．(17.24) に $k = 1, 2, \cdots, n$ を代入したものの辺々をかけると，

$$1 \cdot 3^2 \cdot 5^2 \cdots (2n-1)^2 (2n+1) < 2^2 \cdot 4^2 \cdots (2n)^2 \tag{17.25}$$

となる．よって，

$$\frac{(2n-1)!!}{(2n)!!} \frac{1}{2n+1} \overset{(17.25)}{<} \frac{1}{\sqrt{2n+1}} \frac{1}{2n+1} < \frac{1}{n^{\frac{3}{2}}} \tag{17.26}$$

となる．したがって，比較定理（定理 8.6）の (1) および問 16.4 (2) より，(b) がなりたつ．

(c) $n = 0, 1, 2, \cdots$ に対して，関数 $f_n : [-1, 1] \to \mathbf{R}$ を

$$f_n(x) = \frac{(2n-1)!!}{(2n)!!} \frac{1}{2n+1} x^{2n+1} \quad (x \in [-1, 1]) \tag{17.27}$$

により定める．このとき，$[-1, 1]$ で連続な関数からなる関数列 $\{f_n\}_{n=0}^{\infty}$ が得られる．$x \in [-1, 1]$, $n = 0, 1, 2, \cdots$ とすると，

$$|f_n(x)| \leq \frac{(2n-1)!!}{(2n)!!} \frac{1}{2n+1} \tag{17.28}$$

である．よって，(b) とあわせると，ワイエルシュトラスの M-判定法（定理 11.4）より，関数項級数 $\sum\limits_{n=0}^{\infty} f_n$ は (17.21) により定められる関数 $f : [-1, 1] \to \mathbf{R}$ に一様収束する．さらに，定理 11.2 より，f は連続である．すなわち，(c) がなりたつ．　　　　　　　　　　　　　　　　　　　　　　　　　　◇

例 17.3　定理 17.3 の (2) において，$x = 1$ とする．このとき，$\sin^{-1} 1 = \frac{\pi}{2}$ より，

$$\sum_{n=0}^{\infty} \frac{(2n-1)!!}{(2n)!!} \frac{1}{2n+1} = \frac{\pi}{2} \tag{17.29}$$

である．また，定理 17.3 の (2) において，$x = \frac{1}{2}$ とすると，(17.17) より，

$$\sum_{n=0}^{\infty} \frac{(2n-1)!!}{(2n)!!} \frac{1}{2n+1} \left(\frac{1}{2}\right)^{2n+1} = \frac{\pi}{6} \tag{17.30}$$

である．　　　　　　　　　　　　　　　　　　　　　　　　　　　◆

17・3　逆正接関数

17・3 では，正接関数の逆関数として定められる逆正接関数について述べよう．ただし，逆関数を定めるために，正接関数の定義域は以下に述べるような範囲に制限して考える．

定義域を $\left(-\frac{\pi}{2}, \frac{\pi}{2}\right)$ へ制限した正接関数 $\tan : \left(-\frac{\pi}{2}, \frac{\pi}{2}\right) \to \mathbf{R}$ は連続かつ単調増加であり，等式

$$\lim_{x \to -\frac{\pi}{2}+0} \tan x = -\infty, \qquad \lim_{x \to \frac{\pi}{2}-0} \tan x = +\infty \tag{17.31}$$

がなりたつ [⇨(15.26)]．よって，注意 7.1 より，関数 $\tan$ の連続かつ単調増加な逆関数 $\tan^{-1} : \mathbf{R} \to \left(-\frac{\pi}{2}, \frac{\pi}{2}\right)$ が存在する．関数 $\tan^{-1}$ を**逆正接関数**という．図 15.2 より，関数 $y = \tan^{-1} x$ のグラフは**図 17.2** のようになる．

また，逆正接関数は微分可能であり，

$$(\tan^{-1} x)' = \frac{1}{1+x^2} \tag{17.32}$$

である（✍）．

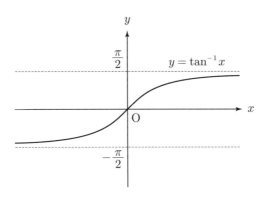

図 17.2 $y = \tan^{-1} x$ のグラフ

さらに，次の定理 17.4 がなりたつ．

定理 17.4（重要）

$x \in (-1, 1)$ とすると，等式

$$\tan^{-1} x = \sum_{n=0}^{\infty} \frac{(-1)^n}{2n+1} x^{2n+1} \tag{17.33}$$

がなりたつ．

証明 ダランベールの公式（定理 9.2 (2)）より，(17.33) の右辺のべき級数の収束半径は 1 である（✍）．よって，

$$f(x) = \sum_{n=0}^{\infty} \frac{(-1)^n}{2n+1} x^{2n+1} \tag{17.34}$$

とおくと，べき級数に対する項別微分定理（定理 14.3）より，$x \in (-1, 1)$ とすると，

$$f'(x) = \sum_{n=0}^{\infty} (-1)^n x^{2n} = \sum_{n=0}^{\infty} (-x^2)^n \overset{(8.8)}{\underset{\odot}{=}} 1 + \frac{-x^2}{1-(-x^2)} = \frac{1}{1+x^2}$$

$$\overset{(17.32)}{\underset{\odot}{=}} (\tan^{-1} x)' \tag{17.35}$$

となる．したがって，定理 13.7 の (1) より，ある $c \in \mathbf{R}$ が存在し，任意の $x \in (-1,1)$ に対して，

$$\tan^{-1} x - f(x) = c \tag{17.36}$$

となる．(17.36) に $x = 0$ を代入すると，$\tan^{-1} 0 = 0$ および (17.34) より，$c = 0$ となる．すなわち，$x \in (-1,1)$ とすると，(17.33) がなりたつ．　　　　　◇

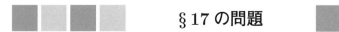

§17 の問題

確認問題

問 17.1　定理 17.1 の (2) を示せ．　　　　□□□ [⇨ **17・1**]

問 17.2　$\tan^{-1} 1 = \frac{\pi}{4}$ であることを示せ．　　□□□ [⇨ **17・3**]

基本問題

問 17.3　次の問に答えよ．

(1)　$x \in [-1,1]$ とすると，等式

$$\cos \sin^{-1} x = \sqrt{1-x^2}$$

がなりたつことを示せ．

(2)　$x, y \in [-1,1]$ に対して，

$$z = \sin^{-1} x + \sin^{-1} y$$

とおく．$z \in \left[-\frac{\pi}{2}, \frac{\pi}{2}\right]$ ならば，等式

$$z = \sin^{-1}\left(x\sqrt{1-y^2} + y\sqrt{1-x^2}\right)$$

がなりたつことを示せ.　　　□□□ [⇨ **17 · 1**]

問 17.4　任意の $x > 0$ に対して,

$$\tan^{-1} x + \tan^{-1}\frac{1}{x} = \frac{\pi}{2}$$

であることを示せ.　　　□□□ [⇨ **17 · 3**]

問 17.5　$\theta = \tan^{-1}\frac{1}{5}$ とおく.

(1)　$\tan 4\theta$ の値を求めよ.

(2)　$\tan\left(4\theta - \frac{\pi}{4}\right)$ の値を求めよ.

(3)　不等式

$$-\frac{\pi}{4} < 4\theta - \frac{\pi}{4} < \frac{5}{12}\pi$$

がなりたつことを示せ.

(4)　等式

$$\pi = 16\sum_{n=0}^{\infty}\frac{(-1)^n}{2n+1}\left(\frac{1}{5}\right)^{2n+1} - 4\sum_{n=0}^{\infty}\frac{(-1)^n}{2n+1}\left(\frac{1}{239}\right)^{2n+1}$$

がなりたつことを示せ. これを**マチンの級数**という[3].　　　□□□ [⇨ **17 · 3**]

---

[3]　この級数は天文学者マチンが 1706 年に発見した. この級数は例えばライプニッツの
　　級数 [⇨ **問 21.5**] に比べて収束がとても速く, マチン自身はこの級数を用いて, 無
　　理数である π の近似値を 100 桁まで求めることに成功した.

第 4 章のまとめ

関数の微分可能性

$I \subset \mathbf{R}$：開区間

$f : I \to \mathbf{R}$：関数

○ $f(x)：x = a \in I$ で**微分可能** $\underset{\text{def.}}{\Longleftrightarrow} {}^{\exists} \lim\limits_{x \to a} \dfrac{f(x) - f(a)}{x - a} \in \mathbf{R}$ （**微分係数**）

○ $f(x)$ が I の各点で微分可能なとき，f は I で**微分可能**であるという．

○ 微分可能な関数から四則演算を用いて定められる関数は微分可能．

○ **合成関数の微分法**：$(g \circ f)'(x) = g'\big(f(x)\big) f'(x)$

○ **逆関数の微分法**：$\big(f^{-1}\big)\big(f(x)\big) = \dfrac{1}{f'(x)} \quad (f'(x) \neq 0)$

べき級数に対する項別微分定理

$a \in \mathbf{R}, \ \{a_n\}_{n=0}^{\infty}$：数列

○ 絶対収束する範囲で

$$\left(\sum_{n=0}^{\infty} a_n (x - a)^n \right)' = \sum_{n=1}^{\infty} n a_n (x - a)^{n-1}$$

○ 例：$(\exp x)' = \exp x, \quad (\cos x)' = -\sin x, \quad (\sin x)' = \cos x$

対数関数

○ $\log : (0, +\infty) \to \mathbf{R}$：指数関数 $\exp$ の逆関数として定められる．

$$\log(1 + x) = \sum_{n=1}^{\infty} \frac{(-1)^{n-1}}{n} x^n \qquad (x \in (-1, 1))$$

一般の指数関数

○ $a > 0, \ a \neq 1$

$$a^x := \exp(x \log a) \qquad (x \in \mathbf{R})$$

○ **指数法則**がなりたつ.

べき関数

○ $a \in \mathbf{R}$

$$x^a := \exp(a \log x) \qquad \big(x \in (0, +\infty)\big)$$

○ **一般二項定理**:

$$(1 + x)^\alpha = \sum_{n=0}^{\infty} \binom{\alpha}{n} x^n \qquad (x \in (-1, 1))$$

ただし,

$$\binom{\alpha}{n} = \begin{cases} \dfrac{\alpha(\alpha - 1) \cdots (\alpha - n + 1)}{n!} & (n \neq 0), \\ 1 & (n = 0) \end{cases}$$ **(一般二項係数)**

逆三角関数

○ 三角関数の逆関数として定める.

○ $\cos^{-1} : [-1, 1] \to [0, \pi]$: **逆余弦関数**

○ $\sin^{-1} : [-1, 1] \to \left[-\frac{\pi}{2}, \frac{\pi}{2}\right]$: **逆正弦関数**

○ $\tan^{-1} : \mathbf{R} \to \left(-\frac{\pi}{2}, \frac{\pi}{2}\right)$: **逆正接関数**

$$(\cos^{-1} x)' = -\frac{1}{\sqrt{1 - x^2}}, \quad (\sin^{-1} x)' = \frac{1}{\sqrt{1 - x^2}} \quad (x \in (-1, 1))$$

$$(\tan^{-1} x)' = \frac{1}{1 + x^2} \qquad (x \in \mathbf{R})$$

○ べき級数による表示:

$$\cos^{-1} x = \frac{\pi}{2} - \sum_{n=0}^{\infty} \frac{(2n - 1)!!}{(2n)!!} \frac{1}{2n + 1} x^{2n+1} \qquad (x \in [-1, 1])$$

$$\sin^{-1} x = \sum_{n=0}^{\infty} \frac{(2n - 1)!!}{(2n)!!} \frac{1}{2n + 1} x^{2n+1} \qquad (x \in [-1, 1])$$

$$\tan^{-1} x = \sum_{n=0}^{\infty} \frac{(-1)^n}{2n+1} x^{2n+1} \qquad \left(x \in (-1, 1) \right)$$

5 リーマン積分

§18 定義と基本的性質

---

§18のポイント

- 有界閉区間で定義された関数に対して，**リーマン和**の極限として，**リーマン積分**を定めることができる．
- 定数関数は**リーマン積分可能**である．
- リーマン積分は**線形性**および**単調性**をみたす．
- リーマン積分に関して，**平均値の定理**がなりたつ．

18・1　リーマン積分の定義

　第5章では，有界閉区間で定義された関数のリーマン積分について述べる．まず，$f : [a, b] \to \mathbf{R}$ を有界閉区間 $[a, b]$ で定義された関数とする．直観的には，曲線 $y = f(x)$ と直線 $x = a$, $x = b$ および x 軸で囲まれた図形の面積を f の $[a, b]$ 上のリーマン積分として定めたいのであるが（**図 18.1**），以下のように考えていく．

　$x_0, x_1, x_2, \cdots, x_{n-1}, x_n \in [a, b]$ を

$$a = x_0 < x_1 < x_2 < \cdots < x_{n-1} < x_n = b \tag{18.1}$$

となるように選んでおく．(18.1) を Δ と表し，$[a, b]$ の**分割**という．また，x_0, x_1, x_2, $\cdots$, x_n を Δ の**分点**という．さらに，

$$|\Delta| = \max\{x_i - x_{i-1} \mid i = 1, 2, \cdots, n\} \tag{18.2}$$

とおき，これを Δ の**幅**という．

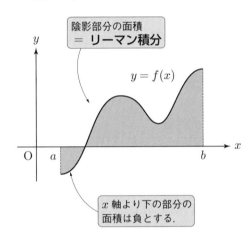

図 18.1　f の $[a, b]$ 上のリーマン積分のイメージ

ここで，各 $i = 1, 2, \cdots, n$ に対して，$\xi_i \in [x_{i-1}, x_i]$ を選んでおき，

$$R(f, \Delta, \boldsymbol{\xi}) = \sum_{i=1}^{n} f(\xi_i)(x_i - x_{i-1}) \tag{18.3}$$

とおく[1]．ξ_i を $[x_{i-1}, x_i]$ の**代表点**，$R(f, \Delta, \boldsymbol{\xi})$ を f の Δ に関する**リーマン和**という（**図 18.2**）．そこで，次の定義 18.1 のように定める．

┌─ **定義 18.1** ───────────────────

　ある $I \in \mathbf{R}$ が存在し，任意の $\varepsilon > 0$ に対して，ある $\delta > 0$ が存在し，$|\Delta| <$
δ となる f の任意のリーマン和 $R(f, \Delta, \boldsymbol{\xi})$ に対して，

───────────────────────────

[1]　ξ_1, ξ_2, $\cdots$, ξ_n を選んでいることを簡単に $\boldsymbol{\xi}$ と表す．

$$\left| R(f, \Delta, \boldsymbol{\xi}) - I \right| < \varepsilon \qquad (18.4)$$

となるとき，f は $[a,b]$ で**リーマン積分可能**（または**リーマン可積分**）で
あるという．このとき，

$$I = \int_a^b f(x)\,dx \qquad (18.5)$$

と表し，I を f の $[a,b]$ 上の**リーマン積分**という．

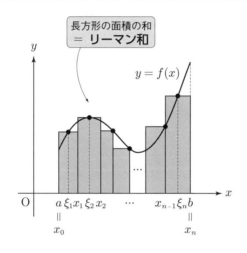

図 18.2 リーマン和

注意 18.1 リーマン積分可能な関数に対するリーマン積分の値は一意的であ
る．証明は例題 1.1 と同様の考え方で行えばよい（✍）．

リーマン積分の定義（定義 18.1）より，次の区分求積法がなりたつ．

定理 18.1（区分求積法）（重要）

$f : [a,b] \to \mathbf{R}$ を有界閉区間 $[a,b]$ で定義されたリーマン積分可能な関数，

$\{\Delta_n\}_{n=1}^{\infty}$ を $\lim\limits_{n\to\infty} |\Delta_n| = 0$ となる $[a,b]$ の分割の列とする[2]. このとき, 各 $n \in \mathbf{N}$ に対して, Δ_n に関する代表点を任意に選んでおき, $R(f, \Delta_n, \boldsymbol{\xi}_n)$ をそのリーマン和とすると[3],

$$\lim_{n\to\infty} R(f, \Delta_n, \boldsymbol{\xi}_n) = \int_a^b f(x)\, dx \tag{18.6}$$

である.

次の例題 18.1 より, **定数関数はリーマン積分可能である.**

例題 18.1 $c \in \mathbf{R}$ とし, 有界閉区間 $[a,b]$ で定義された関数 $f : [a,b] \to \mathbf{R}$ を

$$f(x) = c \qquad (x \in [a,b]) \tag{18.7}$$

により定める. f は $[a,b]$ でリーマン積分可能であり,

$$\int_a^b c\, dx = c(b - a) \tag{18.8}$$

であることを示せ.

解 $R(f, \Delta, \boldsymbol{\xi})$ を f の任意のリーマン和とすると,

$$R(f, \Delta, \boldsymbol{\xi}) \overset{\odot\,(18.3),\,(18.7)}{=} \sum_{i=1}^n c(x_i - x_{i-1}) = c\sum_{i=1}^n (x_i - x_{i-1}) = c(x_n - x_0)$$

$$\overset{\odot\,(18.1)}{=} c(b - a) \tag{18.9}$$

である. すなわち, リーマン和 $R(f, \Delta, \boldsymbol{\xi})$ は Δ および $\boldsymbol{\xi}$ によらず, 一定の値 $c(b - a)$ である. よって, リーマン積分の定義 (定義 18.1) より, f は $[a,b]$ でリーマン積分可能であり, (18.8) がなりたつ. ◇

---

[2]　すなわち, 各 $n \in \mathbf{N}$ に対して, $[a,b]$ の分割 Δ_n があたえられている.

[3]　Δ_n の代表点を簡単にまとめて $\boldsymbol{\xi}_n$ と表す.

例 18.1　関数 $f : [0,1] \to \mathbf{R}$ を

$$f(x) = \begin{cases} 1 & (x \in [0,1], \ x \in \mathbf{Q}), \\ 0 & (x \in [0,1], \ x \notin \mathbf{Q}) \end{cases} \tag{18.10}$$

により定める．このとき，f は**リーマン積分可能ではない** [⇨ 問 18.2]．　◆

18・2　線形性

リーマン積分の基本的性質として，次の線形性が挙げられる．

--- 定理 18.2（リーマン積分の線形性）（重要）---------

$f, g : [a,b] \to \mathbf{R}$ を有界閉区間 $[a,b]$ で定義されたリーマン積分可能な関数とし，$c \in \mathbf{R}$ とすると，次の (1), (2) がなりたつ．

(1)　$f + g : [a,b] \to \mathbf{R}$ はリーマン積分可能であり，

$$\int_a^b (f+g)(x)\,dx = \int_a^b f(x)\,dx + \int_a^b g(x)\,dx \tag{18.11}$$

である．

(2)　$cf : [a,b] \to \mathbf{R}$ はリーマン積分可能であり，

$$\int_a^b (cf)(x)\,dx = c \int_a^b f(x)\,dx \tag{18.12}$$

である．

証明　定理 1.3 の証明と同様の考え方で示そう．

(1)　$\varepsilon > 0$ とする．まず，f は $[a,b]$ でリーマン積分可能なので，リーマン積分の定義（定義 18.1）より，ある $\delta_1 > 0$ が存在し，$|\Delta| < \delta_1$ となる f の任意のリーマン和 $R(f, \Delta, \boldsymbol{\xi})$ に対して，

$$\left| R(f, \Delta, \boldsymbol{\xi}) - \int_a^b f(x)\,dx \right| < \frac{\varepsilon}{2} \tag{18.13}$$

となる．また，g は $[a,b]$ でリーマン積分可能なので，リーマン積分の定義（定

義 18.1）より，ある $\delta_2 > 0$ が存在し，$|\Delta| < \delta_2$ となる g の任意のリーマン和 $R(g, \Delta, \boldsymbol{\xi})$ に対して，

$$\left| R(g, \Delta, \boldsymbol{\xi}) - \int_a^b g(x)\,dx \right| < \frac{\varepsilon}{2} \tag{18.14}$$

となる．ここで，$\delta > 0$ を $\delta = \min\{\delta_1, \delta_2\}$ により定める．このとき，$[a, b]$ の分割 Δ が $|\Delta| < \delta$ をみたすならば，

$$\left| R(f + g, \Delta, \boldsymbol{\xi}) - \left(\int_a^b f(x)\,dx + \int_a^b g(x)\,dx \right) \right|$$

$$\overset{\odot (18.3)}{=} \left| \left(R(f, \Delta, \boldsymbol{\xi}) - \int_a^b f(x)\,dx \right) + \left(R(g, \Delta, \boldsymbol{\xi}) - \int_a^b g(x)\,dx \right) \right|$$

$$\overset{\odot 三角不等式}{\leq} \left| R(f, \Delta, \boldsymbol{\xi}) - \int_a^b f(x)\,dx \right| + \left| R(g, \Delta, \boldsymbol{\xi}) - \int_a^b g(x)\,dx \right|$$

$$\overset{\odot (18.13),\,(18.14)}{<} \frac{\varepsilon}{2} + \frac{\varepsilon}{2} = \varepsilon \tag{18.15}$$

である．すなわち，

$$\left| R(f + g, \Delta, \boldsymbol{\xi}) - \left(\int_a^b f(x)\,dx + \int_a^b g(x)\,dx \right) \right| < \varepsilon \tag{18.16}$$

である．よって，リーマン積分の定義（定義 18.1）より，$f + g$ は $[a, b]$ でリーマン積分可能であり，(18.11) がなりたつ．

(2)　$\varepsilon > 0$ とする．f は $[a, b]$ でリーマン積分可能なので，リーマン積分の定義（定義 18.1）より，ある $\delta > 0$ が存在し，$|\Delta| < \delta$ となる f の任意のリーマン和 $R(f, \Delta, \boldsymbol{\xi})$ に対して，

$$\left| R(f, \Delta, \boldsymbol{\xi}) - \int_a^b f(x)\,dx \right| < \frac{\varepsilon}{|c| + 1} \tag{18.17}$$

となる．このとき，$[a, b]$ の分割 Δ が $|\Delta| < \delta$ をみたすならば，

$$\left| R(cf, \Delta, \boldsymbol{\xi}) - c \int_a^b f(x)\,dx \right| \overset{\odot (18.3)}{=} \left| c \left(R(f, \Delta, \boldsymbol{\xi}) - \int_a^b f(x)\,dx \right) \right|$$

$$= |c| \left| R(f, \Delta, \boldsymbol{\xi}) - \int_a^b f(x)\,dx \right| \overset{\odot (18.17)}{\leq} |c| \frac{\varepsilon}{|c| + 1} < \varepsilon \tag{18.18}$$

である．すなわち，

$$\left| R(cf, \Delta, \boldsymbol{\xi}) - c \int_a^b f(x)\, dx \right| < \varepsilon \tag{18.19}$$

である. よって, リーマン積分の定義 (定義 18.1) より, cf は $[a,b]$ でリーマン積分可能であり, (18.12) がなりたつ. ◇

18・3 単調性と平均値の定理

また, リーマン積分は次の単調性をみたす.

定理 18.3 (リーマン積分の単調性)(重要)

$f, g : [a,b] \to \mathbf{R}$ を有界閉区間 $[a,b]$ で定義されたリーマン積分可能な関数とする. 任意の $x \in [a,b]$ に対して, $f(x) \geq g(x)$ がなりたつならば,

$$\int_a^b f(x)\, dx \geq \int_a^b g(x)\, dx \tag{18.20}$$

である. とくに, 任意の $x \in [a,b]$ に対して, $f(x) \geq 0$ がなりたつならば,

$$\int_a^b f(x)\, dx \geq 0 \tag{18.21}$$

である.

[証明] 問 1.2 と同様に, 背理法を用いて示そう.

(18.20) がなりたたないと仮定する. このとき, $\varepsilon > 0$ を

$$\varepsilon = \frac{1}{2} \left(\int_a^b g(x)\, dx - \int_a^b f(x)\, dx \right) \tag{18.22}$$

により定めることができる[4]. 次に, f は $[a,b]$ でリーマン積分可能なので, リーマン積分の定義 (定義 18.1) より, ある $\delta_1 > 0$ が存在し, $|\Delta| < \delta_1$ となる f の任意のリーマン和 $R(f, \Delta, \boldsymbol{\xi})$ に対して,

---

[4] 問 1.2 の背理法において $\alpha > \beta$ と仮定した部分が, 不等式 $\int_a^b g(x)dx > \int_a^b f(x)dx$ に置き換わっている.

$$\left| R(f, \Delta, \boldsymbol{\xi}) - \int_a^b f(x)\, dx \right| < \varepsilon \tag{18.23}$$

となる．また，g は $[a, b]$ でリーマン積分可能なので，リーマン積分の定義（定義 18.1）より，ある $\delta_2 > 0$ が存在し，$|\Delta| < \delta_2$ となる g の任意のリーマン和 $R(g, \Delta, \boldsymbol{\xi})$ に対して，

$$\left| R(g, \Delta, \boldsymbol{\xi}) - \int_a^b g(x)\, dx \right| < \varepsilon \tag{18.24}$$

となる．ここで，$\delta > 0$ を $\delta = \min\{\delta_1, \delta_2\}$ により定める．このとき，$[a, b]$ の分割 Δ が $|\Delta| < \delta$ をみたすならば，

$$R(f, \Delta, \boldsymbol{\xi}) \overset{\odot\,(18.23)}{<} \int_a^b f(x)\, dx + \varepsilon \overset{\odot\,(18.22)}{=} \int_a^b g(x)\, dx - \varepsilon$$
$$\overset{\odot\,(18.24)}{<} R(g, \Delta, \boldsymbol{\xi}) \tag{18.25}$$

である．すなわち，

$$R(f, \Delta, \boldsymbol{\xi}) - R(g, \Delta, \boldsymbol{\xi}) < 0 \tag{18.26}$$

である．一方，

$$R(f, \Delta, \boldsymbol{\xi}) - R(g, \Delta, \boldsymbol{\xi}) \overset{\odot\,(18.3)}{=} \sum_{i=1}^n f(\xi_i)(x_i - x_{i-1}) - \sum_{i=1}^n g(\xi_i)(x_i - x_{i-1})$$
$$= \sum_{i=1}^n \bigl(f(\xi_i) - g(\xi_i)\bigr)(x_i - x_{i-1}) \overset{\odot\,f(\xi_i) \geq g(\xi_i)}{\geq} 0 \tag{18.27}$$

となり，これは矛盾である．よって，(18.20) がなりたつ．

とくに，任意の $x \in [a, b]$ に対して，$f(x) \geq 0$ がなりたつならば，(18.8) より，(18.21) がなりたつ． $\diamondsuit$

リーマン積分の単調性（定理 18.3）を用いると，次のリーマン積分に関する平均値の定理を示すことができる．

定理 18.4（リーマン積分に関する平均値の定理）

$f : [a, b] \to \mathbf{R}$ を有界閉区間 $[a, b]$ で定義されたリーマン積分可能な関数とする．さらに，ある $m, M \in \mathbf{R}$ が存在し，任意の $x \in [a, b]$ に対して，

$m \leq f(x) \leq M$ がなりたつとする. このとき, $m \leq \mu \leq M$ をみたす $\mu \in \mathbf{R}$ が存在し,

$$\int_a^b f(x)\,dx = \mu(b-a) \tag{18.28}$$

となる.

証明　任意の $x \in [a,b]$ に対して, $m \leq f(x) \leq M$ がなりたつこととリーマン積分の単調性 (定理 18.3) より,

$$m(b-a) \overset{\odot\ (18.8)}{=} \int_a^b m\,dx \leq \int_a^b f(x)\,dx \leq \int_a^b M\,dx \overset{\odot\ (18.8)}{=} M(b-a) \tag{18.29}$$

である. すなわち,

$$m(b-a) \leq \int_a^b f(x)\,dx \leq M(b-a) \tag{18.30}$$

である. よって,

$$\mu = \frac{1}{b-a}\int_a^b f(x)\,dx \tag{18.31}$$

とおくと, $m \leq \mu \leq M$ であり, (18.28) がなりたつ.　　　　◇

注意 18.2　リーマン積分に関する平均値の定理 (定理 18.4) において, 任意の $x \in [a,b]$ に対して, $m \leq f(x) \leq M$ がなりたつことより, f は有界である [⇨ **定義 5.4**]. 実は, **有界閉区間でリーマン積分可能な関数は有界である** [⇨ 問 18.4].

§18 の問題

確認問題

問 18.1　$f : [a,b] \to \mathbf{R}$ を有界閉区間 $[a,b]$ で定義された関数,

$$\Delta : a = x_0 < x_1 < x_2 < \cdots < x_{n-1} < x_n = b$$

を $[a, b]$ の分割とし, $i = 1, 2, \cdots, n$ に対して, $\xi_i \in [x_{i-1}, x_i]$ を $[x_{i-1}, x_i]$ の代表点とする. このとき, f の Δ に関するリーマン和 $R(f, \Delta, \boldsymbol{\xi})$ の定義を書け.

□□□ [⇨ **18 · 1**]

問 18.2 次の □ をうめることにより, (18.10) により定めた関数 $f : [0, 1]$ → **R** はリーマン積分可能ではないことを示せ.

$n \in \mathbf{N}$ に対して,

$$x_i = \frac{i}{n} \qquad (i = 0, 1, 2, \cdots, n)$$

とおき, $[0, 1]$ の分割 Δ_n を

$$\Delta_n : 0 = x_0 < x_1 < x_2 < \cdots < x_{n-1} < x_n = 1$$

により定める [5]. $i = 1, 2, \cdots, n$ のとき,

$$x_i - x_{i-1} = \boxed{①}$$

なので, (18.2) より,

$$|\Delta_n| = \boxed{②} \rightarrow \boxed{③} \qquad (n \to \infty)$$

である. ここで, $i = 1, 2, \cdots, n$ に対して, 代表点 $\xi_i \in [x_{i-1}, x_i]$ を

$$\xi_i = \frac{i-1}{n} + \frac{1}{n+1}$$

により定める. このとき, ξ_i は $\boxed{④}$ 数なので, f の定義より, f の Δ_n に関するリーマン和の値は $\boxed{⑤}$ となる. 一方, $i = 1, 2, \cdots, n$ に対して, $\xi_i' \in [x_{i-1}, x_i]$ を

$$\xi_i' = \frac{i-1}{n} + \frac{1}{n+\sqrt{2}}$$

により定める. このとき, ξ_i は $\boxed{⑥}$ 数なので, f の定義より, f の Δ_n に関

---

[5] この後, n に依存する式がたびたび現れるので, 多少煩雑ではあるが, 分割を Δ_n と表すことにする.

するリーマン和の値は $\boxed{⑦}$ となる．よって，上の 2 つのリーマン和の値は異なる．したがって，注意 18.1 より，f は $[0,1]$ でリーマン積分可能ではない．

$\Box\Box\Box$ [⇨ **18・1**]

基本問題

$\boxed{問 18.3}$　$a > 0$ とし，関数 $f : [0, a] \to \mathbf{R}$ を

$$f(x) = x \qquad \left(x \in [0, a]\right)$$

により定める．

(1)　$[0, a]$ の分割

$$\Delta : 0 = x_0 < x_1 < x_2 < \cdots < x_{n-1} < x_n = a$$

に対して，$[x_{i-1}, x_i]\ (i = 1, 2, \cdots, n)$ の代表点 ξ_i^0 を

$$\xi_i^0 = \frac{1}{2}(x_{i-1} + x_i)$$

により定める．f の Δ に関するリーマン和は $\dfrac{1}{2}a^2$ であることを示せ．

(2)　f は $[0, a]$ でリーマン積分可能であり，リーマン積分の値

$$\int_0^a f(x)\,dx = \int_0^a x\,dx$$

は $\dfrac{1}{2}a^2$ であることを示せ．　$\Box\Box\Box$ [⇨ **18・1**]

チャレンジ問題

$\boxed{問 18.4}$　有界閉区間でリーマン積分可能な関数は有界であることを示せ．

$\Box\Box\Box$ [⇨ **18・3**]

§19 可積分条件（その1）

§19のポイント

- 有界閉区間で定義された有界な関数に対して，**上限近似和**と**下限近似和**を定めることができる．
- 上限近似和，下限近似和全体の集合の上限，下限として，それぞれ**上<ruby>積分<rt>じょう</rt></ruby>，下積分**を定めることができる．
- 上積分，下積分はそれぞれ分割の幅を小さくしたときの上限近似和，下限近似和の極限として表される（**ダルブーの定理**）．
- 関数がリーマン積分可能となるのは，上積分と下積分の値が等しいときであり，そのとき，リーマン積分の値は上積分，下積分の値に等しい．

19・1 上限近似和と下限近似和

有界閉区間でリーマン積分可能な関数は少なくとも有界でなければならない [⇨ 注意18.2]．§19 では，有界閉区間で定義された有界な関数がリーマン積分可能であるための必要十分条件について述べよう．

$f : [a, b] \to \mathbf{R}$ を有界閉区間 $[a, b]$ で定義された有界な関数，

$$\Delta : a = x_0 < x_1 < x_2 < \cdots < x_{n-1} < x_n = b \tag{19.1}$$

を $[a, b]$ の分割とする．このとき，f が有界であることとワイエルシュトラスの公理（命題4.2）より，$i = 1, 2, \cdots, n$ に対して，$M_i \in \mathbf{R}$ を

$$M_i = \sup\{f(x) \mid x \in [x_{i-1}, x_i]\} \tag{19.2}$$

により定めることができる．さらに，$S(f, \Delta) \in \mathbf{R}$ を

$$S(f, \Delta) = \sum_{i=1}^{n} M_i(x_i - x_{i-1}) \tag{19.3}$$

により定める．$S(f, \Delta)$ を f の Δ に関する**上限近似和**（または**過剰和**）という（**図 19.1 左**）．

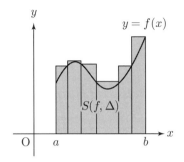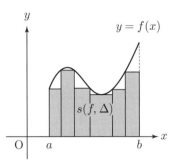

図 19.1　上限近似和と下限近似和

同様に，$i = 1, 2, \cdots, n$ に対して，$m_i \in \mathbf{R}$ を

$$m_i = \inf\{f(x) \mid x \in [x_{i-1}, x_i]\} \tag{19.4}$$

により定め，$s(f, \Delta) \in \mathbf{R}$ を

$$s(f, \Delta) = \sum_{i=1}^{n} m_i(x_i - x_{i-1}) \tag{19.5}$$

により定める．$s(f, \Delta)$ を f の Δ に関する**下限近似和**（または**不足和**）という（**図 19.1 右**）．

ここで，$M, m \in \mathbf{R}$ を

$$M = \sup\{f(x) \mid x \in [a, b]\}, \qquad m = \inf\{f(x) \mid x \in [a, b]\} \tag{19.6}$$

により定める．このとき，任意の $x \in [a, b]$ に対して，

$$m \leq f(x) \leq M \tag{19.7}$$

である．また，$i = 1, 2, \cdots, n$ に対して，$[x_{i-1}, x_i]$ の代表点 ξ_i を選んでおくと，(19.2), (19.4) より，

$$m_i \leq f(\xi_i) \leq M_i \tag{19.8}$$

である．(19.7), (19.8) より，リーマン和 (18.3) と上限近似和および下限近似和に関して，不等式

$$m(b - a) \leq s(f, \Delta) \leq R(f, \Delta, \boldsymbol{\xi}) \leq S(f, \Delta) \leq M(b - a) \tag{19.9}$$

がなりたつ．

例題 19.1　$a > 0$ とし，関数 $f : [0, a] \to \mathbf{R}$ を

$$f(x) = x \qquad (x \in [0, a]) \tag{19.10}$$

により定める．また，$n \in \mathbf{N}$ に対して，

$$x_i = \frac{a}{n} i \qquad (i = 0, 1, 2, \cdots, n) \tag{19.11}$$

とおき，$[0, a]$ の分割 Δ_n を

$$\Delta_n : 0 = x_0 < x_1 < x_2 < \cdots < x_{n-1} < x_n = a \tag{19.12}$$

により定める．上限近似和 $S(f, \Delta_n)$ を求めよ．

解　まず，f は単調増加である．よって，$i = 1, 2, \cdots, n$ に対して，$M_i \in \mathbf{R}$ を (19.2) により定めると，

$$M_i = f(x_i) = x_i = \frac{a}{n} i \tag{19.13}$$

である．したがって，

$$S(f, \Delta_n) = \sum_{i=1}^{n} \frac{a}{n} i \cdot \frac{a}{n} \quad (\odot \ (19.3), (19.13), (19.11)) \ = \frac{a^2}{n^2} \sum_{i=1}^{n} i$$

$$= \frac{a^2}{n^2} \cdot \frac{n(n+1)}{2} = \frac{n+1}{2n} a^2 \tag{19.14}$$

である．　　　　　　　　　　　　　　　　　　　　　　　　　　　　　　$\diamondsuit$

19・2　分割の細分

さらに，次の定義 19.1 のように分割を細分することを考えよう．

定義 19.1

Δ, Δ' を同じ有界閉区間の分割とする．Δ の分点がすべて Δ' の分点であるとき [1]，$\Delta \leq \Delta'$ と表し，Δ' を Δ の**細分**という（**図 19.2**）．

---

[1]　Δ の分点全体の集合が Δ' の分点全体の集合に含まれているということである．

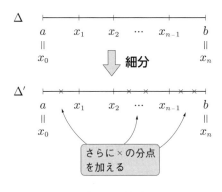

図 19.2 細分

上限近似和と下限近似和および細分に関して，次の定理 19.1 がなりたつ.

定理 19.1

$f : [a, b] \to \mathbf{R}$ を有界閉区間 $[a, b]$ で定義された有界な関数，Δ, Δ' を $[a, b]$ の分割とすると，次の (1), (2) がなりたつ.

(1)　Δ' が Δ の細分ならば，

$$S(f, \Delta') \leq S(f, \Delta), \qquad s(f, \Delta) \leq s(f, \Delta') \tag{19.15}$$

である.

(2)　$s(f, \Delta) \leq S(f, \Delta')$ である.

証明　(1)　分点の個数は有限なので，Δ の分点を 1 つ追加して Δ' が得られる場合に (19.15) を示せばよい. このとき，Δ を (19.1) のように表しておき，x' を新たに追加した分点とすると，ある $i_0 \in \{0, 1, 2, \cdots, n-1\}$ が存在し，Δ' は

$$\Delta' : a = x_0 < \cdots < x_{i_0} < x' < x_{i_0+1} < \cdots < x_n = b \tag{19.16}$$

と表される.

$i = 1, 2, \cdots, n$ に対して，$M_i \in \mathbf{R}$ を (19.2) により定める. また，M'_{i_0}, $M'_{i_0+1} \in \mathbf{R}$ を

$$M'_{i_0} = \sup\{f(x) \mid x \in [x_{i_0}, x']\}, \tag{19.17}$$

$$M'_{i_0+1} = \sup\{f(x) \mid x \in [x', x_{i_0+1}]\} \tag{19.18}$$

により定める. このとき,

$$M'_{i_0}, M'_{i_0+1} \le \sup\{f(x) \mid x \in [x_{i_0}, x_{i_0+1}]\} = M_{i_0+1} \tag{19.19}$$

である. よって,

$$S(f, \Delta') \overset{\odot\ (19.3)}{=} \sum_{i=1}^{i_0} M_i(x_i - x_{i-1}) + M'_{i_0}(x' - x_{i_0})$$

$$+ M'_{i_0+1}(x_{i_0+1} - x') + \sum_{i=i_0+2}^{n} M_i(x_i - x_{i-1})$$

$$\overset{\odot\ (19.19)}{\le} \sum_{i=1}^{i_0} M_i(x_i - x_{i-1}) + M_{i_0+1}(x' - x_{i_0})$$

$$+ M_{i_0+1}(x_{i_0+1} - x') + \sum_{i=i_0+2}^{n} M_i(x_i - x_{i-1})$$

$$\overset{\odot\ (19.3)}{=} S(f, \Delta) \tag{19.20}$$

となる. すなわち, (19.15) の第1式がなりたつ.

同様に, (19.15) の第2式も示すことができる (✍).

(2) Δ'' を Δ, Δ' の分点を分点とする $[a, b]$ の分割とする. このとき, 細分の定義 (定義 19.1) より, Δ'' は Δ, Δ' の細分である. よって, (1) より,

$$S(f, \Delta'') \le S(f, \Delta'), \qquad s(f, \Delta) \le s(f, \Delta'') \tag{19.21}$$

である [2]. また, (19.9) より,

$$s(f, \Delta'') \le S(f, \Delta'') \tag{19.22}$$

である. (19.21), (19.22) より, (2) がなりたつ. ◇

---

[2] (1) の Δ, Δ' をそれぞれ Δ', Δ'' あるいは Δ, Δ'' と置き換えている.

19・3 上積分と下積分

$f : [a, b] \to \mathbf{R}$ を有界閉区間 $[a, b]$ で定義された有界な関数とする．このとき，(19.15) の第1式より，上限近似和 (19.3) は細分を考えると，単調に減少する．さらに，(19.9) より，上限近似和全体の集合は下に有界である．そこで，$\overline{\int_a^b} f(x)\, dx \in \mathbf{R}$ を

$$\overline{\int_a^b} f(x)\, dx = \inf\{S(f, \Delta) \mid \Delta \text{ は } [a, b] \text{ の分割}\} \tag{19.23}$$

により定め，これを f の $[a, b]$ 上の**上積分**という．同様に，$\underline{\int_a^b} f(x)\, dx \in \mathbf{R}$ を

$$\underline{\int_a^b} f(x)\, dx = \sup\{s(f, \Delta) \mid \Delta \text{ は } [a, b] \text{ の分割}\} \tag{19.24}$$

により定め，これを f の $[a, b]$ 上の**下積分**という．

上積分，下積分の性質について，次の定理 19.2 がなりたつ．

定理 19.2（上積分，下積分の性質）（重要）

$f, g : [a, b] \to \mathbf{R}$ を有界閉区間 $[a, b]$ で定義された有界な関数とすると，次の (1), (2) がなりたつ．

(1) $\underline{\int_a^b} f(x)\, dx \leq \overline{\int_a^b} f(x)\, dx$.

(2) 任意の $x \in [a, b]$ に対して，$f(x) \leq g(x)$ ならば，

$$\overline{\int_a^b} f(x)\, dx \leq \overline{\int_a^b} g(x)\, dx, \qquad \underline{\int_a^b} f(x)\, dx \leq \underline{\int_a^b} g(x)\, dx. \tag{19.25}$$

証明 (1) Δ を $[a, b]$ の分割とすると，下限の定義（定義 4.2 (2)），定理 19.1 の (2) および上積分の定義 (19.23) より，

$$s(f, \Delta) \leq \overline{\int_a^b} f(x)\, dx \tag{19.26}$$

である．さらに，上限の定義（定義 4.2 (1)）および下積分の定義 (19.24) より，(1) がなりたつ．

(2)　Δ を $[a,b]$ の分割とすると，任意の $x \in [a,b]$ に対して，$f(x) \leq g(x)$ がなりたつことと上限近似和の定義 (19.3) より，

$$S(f, \Delta) \leq S(g, \Delta) \tag{19.27}$$

である．よって，上積分の定義 (19.23) より，(2) の第 1 式がなりたつ．

同様に，(2) の第 2 式も示すことができる（✍）．　　　　　　　　　　　◇

上積分，下積分はそれぞれ (19.23), (19.24) のように，下限，上限といった概念を用いて定義された．しかし，これらは「分割の幅を細かくしていったときの上限近似和，下限近似和の極限」として得られる ［⇨ 注意 19.1］．すなわち，次のダルブーの定理がなりたつ．

定理 19.3（ダルブーの定理）（重要）

$f : [a,b] \to \mathbf{R}$ を有界閉区間 $[a,b]$ で定義された有界な関数とすると，次の (1), (2) がなりたつ．

(1)　任意の $\varepsilon > 0$ に対して，ある $\delta > 0$ が存在し，$[a,b]$ の分割 Δ が $|\Delta| < \delta$ をみたすならば，

$$S(f, \Delta) - \overline{\int_a^b} f(x)\,dx < \varepsilon \tag{19.28}$$

となる．

(2)　任意の $\varepsilon > 0$ に対して，ある $\delta > 0$ が存在し，$[a,b]$ の分割 Δ が $|\Delta| < \delta$ をみたすならば，

$$\underline{\int_a^b} f(x)\,dx - s(f, \Delta) < \varepsilon \tag{19.29}$$

となる．

証明　(1) のみ示す（(2) も同様に示すことができる（✍））．

$\varepsilon > 0$ とすると，下限の定義（定義 4.2 (2)）および上積分の定義 (19.23) より，

$[a, b]$ のある分割 Δ_0 が存在し，

$$S(f, \Delta_0) < \overline{\int_a^b} f(x)\, dx + \frac{\varepsilon}{2} \tag{19.30}$$

となる[3]．

まず，Δ を $|\Delta| < |\Delta_0|$ となる $[a, b]$ の分割とし，(19.1) のように表しておく．このとき，$i = 1, 2, \cdots, n$ に対して，(x_{i-1}, x_i) は Δ_0 の分点を含まないか，または，Δ_0 の分点を 1 つ含む．

次に，Δ' を Δ_0, Δ の分点を分点とする $[a, b]$ の分割とする（**図 19.3**）．$i_0 \in \{0, 1, 2, \cdots, n-1\}$ に対して，(x_{i_0}, x_{i_0+1}) が Δ_0 の分点 x' を含むとし，$M'_{i_0}, M'_{i_0+1} \in \mathbf{R}$ を (19.17), (19.18) により定める．また，$M, m \in \mathbf{R}$ を (19.6) により定める．このとき，

$$
\begin{aligned}
&M_{i_0+1}(x_{i_0+1} - x_{i_0}) - \{M'_{i_0}(x' - x_{i_0}) + M'_{i_0+1}(x_{i_0+1} - x')\} \\
&= M_{i_0+1}\{(x_{i_0+1} - x') + (x' - x_{i_0})\} - \{M'_{i_0}(x' - x_{i_0}) + M'_{i_0+1}(x_{i_0+1} - x')\} \\
&= (M_{i_0+1} - M'_{i_0})(x' - x_{i_0}) + (M_{i_0+1} - M'_{i_0+1})(x_{i_0+1} - x') \\
&\leq (M - m)(x' - x_{i_0}) + (M - m)(x_{i_0+1} - x') \\
&= (M - m)(x_{i_0+1} - x_{i_0}) \tag{19.31}
\end{aligned}
$$

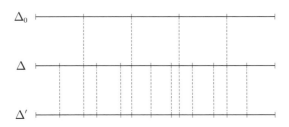

図 19.3 Δ_0, Δ の分点を分点とする分割 Δ'

---

[3]　上積分が下限を用いて定義されているので，それに $\frac{\varepsilon}{2}$ を加えたものよりも小さい上限近似和 $S(f, \Delta_0)$ が存在する．

となる．よって，Δ_0 の分点の個数を k とすると，不等式

$$S(f, \Delta) - S(f, \Delta') \leq k(M - m)|\Delta| \tag{19.32}$$

がなりたつ．

さらに，Δ が

$$k(M - m)|\Delta| < \frac{\varepsilon}{2} \tag{19.33}$$

をみたすならば，(19.32) より，

$$S(f, \Delta) - S(f, \Delta') < \frac{\varepsilon}{2} \tag{19.34}$$

となる．このとき，

$$S(f, \Delta) - \overline{\int_a^b} f(x)\,dx = \left(S(f, \Delta) - S(f, \Delta')\right) + \left(S(f, \Delta') - S(f, \Delta_0)\right)$$

$$+ \left(S(f, \Delta_0) - \overline{\int_a^b} f(x)\,dx\right) < \frac{\varepsilon}{2} + 0 + \frac{\varepsilon}{2}$$

$$(\because (19.34),\ (19.15)\ 第1式,\ (19.30))\ = \varepsilon \tag{19.35}$$

となる．すなわち，(19.28) がなりたつ．　　　　　　　　　　　　　　　　◇

注意 19.1　　ダルブーの定理（定理 19.3）において，(1), (2) がなりたつこと
をそれぞれ

$$\lim_{|\Delta| \to 0} S(f, \Delta) = \overline{\int_a^b} f(x)\,dx, \qquad \lim_{|\Delta| \to 0} s(f, \Delta) = \underline{\int_a^b} f(x)\,dx \tag{19.36}$$

と表す．

19・4　可積分条件

それでは，ダルブーの定理（定理 19.3）を用いて，次の定理 19.4 を示そう．

定理 19.4（リーマン積分に対する可積分条件）（重要）

$f : [a, b] \to \mathbf{R}$ を有界閉区間 $[a, b]$ で定義された有界関数とすると，次の
(1)〜(4) は互いに同値である．

(1) f は $[a,b]$ でリーマン積分可能である.

(2) $\displaystyle\lim_{|\Delta|\to 0}\bigl(S(f,\Delta)-s(f,\Delta)\bigr)=0$, すなわち, 任意の $\varepsilon>0$ に対して, ある $\delta>0$ が存在し, $[a,b]$ の分割 Δ が $|\Delta|<\delta$ をみたすならば, $S(f,\Delta)-s(f,\Delta)<\varepsilon$ となる.

(3) 任意の $\varepsilon>0$ に対して, $[a,b]$ のある分割 Δ が存在し, $S(f,\Delta)-s(f,\Delta)<\varepsilon$ となる.

(4) $\displaystyle\overline{\int_a^b} f(x)\,dx=\underline{\int_a^b} f(x)\,dx.$

さらに, 上の (1)〜(4) の条件がみたされるとき,

$$\int_a^b f(x)\,dx=\overline{\int_a^b} f(x)\,dx=\underline{\int_a^b} f(x)\,dx \tag{19.37}$$

である.

[証明] (1) $\Rightarrow$ (2), (2) $\Rightarrow$ (3), (3) $\Rightarrow$ (4), (4) $\Rightarrow$ (1) の順に示す.

(1) $\Rightarrow$ (2) $\varepsilon>0$ とする. (1) およびリーマン積分の定義（定義 18.1）より, ある $\delta>0$ が存在し, $|\Delta|<\delta$ となる f の任意のリーマン和 $R(f,\Delta,\boldsymbol{\xi})$ に対して,

$$\left|R(f,\Delta,\boldsymbol{\xi})-\int_a^b f(x)\,dx\right|<\frac{\varepsilon}{3} \tag{19.38}$$

となる. (19.38) および上限近似和, 下限近似和の定義 (19.3), (19.5) より,

$$\left|S(f,\Delta)-\int_a^b f(x)\,dx\right|\leq\frac{\varepsilon}{3}, \qquad \left|s(f,\Delta)-\int_a^b f(x)\,dx\right|\leq\frac{\varepsilon}{3} \tag{19.39}$$

となる. よって,

$$S(f,\Delta)-s(f,\Delta)\leq\frac{\varepsilon}{3}+\frac{\varepsilon}{3}=\frac{2}{3}\varepsilon<\varepsilon \tag{19.40}$$

となり, (2) がなりたつ.

(2) $\Rightarrow$ (3) (2) において, $|\Delta|<\delta$ をみたす Δ を 1 つ選んでおくと, (3) が得られる.

(3) $\Rightarrow$ (4) (3) の Δ に対して,

$$0 \overset{\odot\ \text{定理}19.2\,(1)}{\leq} \overline{\int_a^b} f(x)\,dx - \underline{\int_a^b} f(x)\,dx \overset{\odot\ (19.23),\,(19.24)}{\leq} S(f,\Delta) - s(f,\Delta) < \varepsilon$$

$$(19.41)$$

となる．すなわち，

$$0 \leq \overline{\int_a^b} f(x)\,dx - \underline{\int_a^b} f(x)\,dx < \varepsilon \tag{19.42}$$

である．ε は任意の正の実数なので，(4) がなりたつ．

(4) $\Rightarrow$ (1)　　はさみうちの原理（定理 1.1）の証明と同様の考え方で示す．

(4) より，

$$I = \overline{\int_a^b} f(x)\,dx = \underline{\int_a^b} f(x)\,dx \tag{19.43}$$

とおくことができる．$\varepsilon > 0$ とする．まず，ダルブーの定理（定理 19.3）の (1) より，ある $\delta_1 > 0$ が存在し，$[a,b]$ の分割 Δ が $|\Delta| < \delta_1$ をみたすならば，

$$S(f,\Delta) - I < \varepsilon \tag{19.44}$$

となる．また，ダルブーの定理（定理 19.3）の (2) より，ある $\delta_2 > 0$ が存在し，$[a,b]$ の分割 Δ が $|\Delta| < \delta_2$ をみたすならば，

$$I - s(f,\Delta) < \varepsilon \tag{19.45}$$

となる．ここで，$\delta > 0$ を $\delta = \min\{\delta_1, \delta_2\}$ により定める．$[a,b]$ の分割 Δ が $|\Delta| < \delta$ をみたすならば，f の任意のリーマン和 $R(f,\Delta,\boldsymbol{\xi})$ に対して，

$$I - \varepsilon \overset{\odot\ (19.45)}{\leq} s(f,\Delta) \overset{\odot\ (19.9)}{\leq} R(f,\Delta,\boldsymbol{\xi}) \overset{\odot\ (19.9)}{\leq} S(f,\Delta)$$

$$\overset{\odot\ (19.44)}{\leq} I + \varepsilon \tag{19.46}$$

となる．すなわち，

$$\big|R(f,\Delta,\boldsymbol{\xi}) - I\big| < \varepsilon \tag{19.47}$$

である．よって，リーマン積分の定義（定義 18.1）より，(1) がなりたち，さらに，(19.37) がなりたつ．　　　　　　　　　　　　　　　　　$\diamondsuit$

§ 19 の問題

確認問題

問 19.1　$f : [a, b] \to \mathbf{R}$ を有界閉区間 $[a, b]$ で定義された有界な関数,

$$\Delta : a = x_0 < x_1 < x_2 < \cdots < x_{n-1} < x_n = b$$

を $[a, b]$ の分割とする.

(1)　上限近似和 $S(f, \Delta)$ の定義を書け.

(2)　下限近似和 $s(f, \Delta)$ の定義を書け.

□□□ [⇨ **19・1**]

問 19.2　例題 19.1 の関数 $f : [0, a] \to \mathbf{R}$ および分割 Δ_n を考える. 下限近似和 $s(f, \Delta_n)$ を求めよ. □□□ [⇨ **19・1**]

問 19.3　$f : [a, b] \to \mathbf{R}$ を有界閉区間 $[a, b]$ で定義された有界な関数とする.

(1)　上積分 $\overline{\displaystyle\int_a^b} f(x)\,dx$ の定義を書け.

(2)　下積分 $\underline{\displaystyle\int_a^b} f(x)\,dx$ の定義を書け.

□□□ [⇨ **19・3**]

基本問題

問 19.4　次の問に答えよ.

(1)　$a, b \in \mathbf{R}$ が $a < b$ をみたすとする. このとき, $a < r < b$ をみたす $r \in \mathbf{Q}$ が存在する [⇨ **問 6.3** (3)]. このことを用いて, $a < x < b$ をみたす無理数 x が存在することを示せ.

(2)　関数 $f : [0, 1] \to \mathbf{R}$ を

$$f(x) = \begin{cases} 1 & (x \in [0, 1], \ x \in \mathbf{Q}), \\ 0 & (x \in [0, 1], \ x \notin \mathbf{Q}) \end{cases}$$

により定める. f の上積分および下積分の値を求めよ.

□□□ [⇨ **19・3**]

§20　可積分条件（その 2）

§20 のポイント

- 単調関数はリーマン積分可能である.
- リーマン積分に関して，**三角不等式や区間に関する加法性**がなりたつ.

20・1　単調関数のリーマン積分可能性

§20 では，リーマン積分に対する可積分条件（定理 19.4）から導かれるリーマン積分のさまざまな性質について述べていこう.

まず，次の定理 20.1 がなりたつ.

定理 20.1（単調関数のリーマン積分可能性）

有界閉区間で定義された単調関数はリーマン積分可能である.

証明　$f : [a, b] \to \mathbf{R}$ を有界閉区間 $[a, b]$ で定義された単調関数とする.

まず，f が単調増加であるとする. Δ を $[a, b]$ の分割とし,

$$\Delta : a = x_0 < x_1 < x_2 < \cdots < x_{n-1} < x_n = b \tag{20.1}$$

と表しておく. また，$i = 1, 2, \cdots, n$ に対して，$M_i \in \mathbf{R}$ を

$$M_i = \sup\{f(x) \,|\, x \in [x_{i-1}, x_i]\} \tag{20.2}$$

により定める. このとき，f の単調増加性より，$M_i = f(x_i)$ なので，f の Δ に関する上限近似和は

$$S(f, \Delta) \overset{\odot\,(19.3)}{=} \sum_{i=1}^{n} f(x_i)(x_i - x_{i-1}) \tag{20.3}$$

である. 同様に，f の Δ に関する下限近似和は

$$s(f, \Delta) \overset{\odot\,(19.5)}{=} \sum_{i=1}^{n} f(x_{i-1})(x_i - x_{i-1}) \tag{20.4}$$

である．よって，

$$S(f, \Delta) - s(f, \Delta) = \sum_{i=1}^{n} \big(f(x_i) - f(x_{i-1})\big)(x_i - x_{i-1})$$

$$\overset{\odot\,(18.2)}{\leq} |\Delta| \sum_{i=1}^{n} \big(f(x_i) - f(x_{i-1})\big)$$

$$= |\Delta| \big(f(x_n) - f(x_0)\big)$$

$$= |\Delta| \big(f(b) - f(a)\big) \to 0 \qquad (|\Delta| \to 0) \qquad (20.5)$$

となる．したがって，リーマン積分に対する可積分条件（定理 19.4）の (2) ⇒ (1) より，f はリーマン積分可能である．

次に，f が単調減少であるとする．f の単調減少性より，$-f$ は単調増加である．また，$f = -(-f)$ である．よって，上で示したこととリーマン積分の線形性（定理 18.2）の (2) より，f はリーマン積分可能となる．

以上より，有界閉区間で定義された単調関数はリーマン積分可能である．◇

[例 20.1] $a > 0$ とし，関数 $f : [0, a] \to \mathbf{R}$ を

$$f(x) = x \qquad (x \in [0, a]) \qquad (20.6)$$

により定める．このとき，f はリーマン積分可能であり，リーマン積分の値は $\dfrac{1}{2}a^2$ となるのであった [⇨ [問 18.3] (2)]．このことは単調関数のリーマン積分可能性（定理 20.1）と区分求積法（定理 18.1）の立場から見ることもできる．

まず，f の定義域は有界閉区間 $[0, a]$ であり，f は単調増加である．よって，単調関数のリーマン積分可能性（定理 20.1）より，f はリーマン積分可能である．区分求積法（定理 18.1）を用いて f のリーマン積分の値を求めることについては，例題 20.1 と問 20.1 としよう．◆

[例題 20.1] $n \in \mathbf{N}$ に対して，

$$x_i = \frac{a}{n}i \qquad (i = 0, 1, 2, \cdots, n) \qquad (20.7)$$

とおき, $[0, a]$ の分割 Δ_n を

$$\Delta_n : 0 = x_0 < x_1 < x_2 < \cdots < x_{n-1} < x_n = a \tag{20.8}$$

により定める.

(1) $|\Delta_n| \to 0 \ (n \to \infty)$ であることを示せ.

(2) $i = 1, 2, \cdots, n$ に対して, $[x_{i-1}, x_i]$ の代表点 ξ_i を

$$\xi_i = \frac{a}{n} i \tag{20.9}$$

により定め, $R(f, \Delta_n, \boldsymbol{\xi}_n)$ を例 20.1 の f の Δ_n に関するリーマン和とする. $\displaystyle\lim_{n \to \infty} R(f, \Delta_n, \boldsymbol{\xi}_n)$ を計算することにより, $\displaystyle\int_0^a f(x)\, dx$ の値を求めよ.

解 (1) $i = 1, 2, \cdots, n$ とすると,

$$x_i - x_{i-1} = \frac{a}{n} i - \frac{a}{n}(i-1) = \frac{a}{n} \tag{20.10}$$

である. よって,

$$|\Delta_n| \overset{\odot\,(18.2)}{=} \frac{a}{n} \to 0 \qquad (n \to \infty) \tag{20.11}$$

である.

(2) $R(f, \Delta_n, \boldsymbol{\xi}_n)$ は例題 19.1 で計算した上限近似和 $S(f, \Delta_n)$ に等しく,

$$R(f, \Delta_n, \boldsymbol{\xi}_n) = S(f, \Delta_n) \overset{\odot\,(19.14)}{=} \frac{n+1}{2n} a^2 \tag{20.12}$$

である. よって, 区分求積法 (定理 18.1) より,

$$\int_0^a f(x)\, dx = \lim_{n \to \infty} R(f, \Delta_n, \boldsymbol{\xi}_n) \overset{\odot\,(20.12)}{=} \lim_{n \to \infty} \frac{n+1}{2n} a^2 = \frac{1}{2} a^2 \tag{20.13}$$

である. ◇

20・2　三角不等式

また，リーマン積分に関して，次の三角不等式がなりたつ．

─ **定理 20.2（三角不等式）（重要）** ─────────

$f : [a, b] \to \mathbf{R}$ を有界閉区間 $[a, b]$ で定義されたリーマン積分可能な関数とする．このとき，関数 $|f| : [a, b] \to \mathbf{R}$ はリーマン積分可能であり，不等式

$$\left| \int_a^b f(x)\,dx \right| \le \int_a^b |f(x)|\,dx \qquad \text{（三角不等式）} \tag{20.14}$$

がなりたつ．

────────────────────────────

証明　まず，$I \subset \mathbf{R}$ を有界閉区間，$g : I \to \mathbf{R}$ を有界関数とすると，上限および下限の定義（定義 4.2 (1), (2)）より，等式

$$\sup\{|g(x) - g(y)| \mid x, y \in I\}$$
$$= \sup\{g(x) \mid x \in I\} - \inf\{g(x) \mid x \in I\} \tag{20.15}$$

がなりたつことに注意する $[\Rightarrow \boxed{\text{問 20.2}}]$．

次に，$\varepsilon > 0$ とする．f はリーマン積分可能なので，リーマン積分に対する可積分条件（定理 19.4）の (1) $\Rightarrow$ (3) より，$[a, b]$ のある分割 Δ が存在し，

$$S(f, \Delta) - s(f, \Delta) < \varepsilon \tag{20.16}$$

となる．このとき，Δ を (20.1) のように表しておくと，

$$S(|f|, \Delta) - s(|f|, \Delta) = \sum_{i=1}^n (x_i - x_{i-1}) \sup\{||f(x)| - |f(y)|| \mid x, y \in [x_{i-1}, x_i]\}$$

$$(\odot\ (19.3),\ (19.5),\ (20.15))$$

$$\overset{\odot\,\text{問 1.4 (3)}}{\le} \sum_{i=1}^n (x_i - x_{i-1}) \sup\{|f(x) - f(y)| \mid x, y \in [x_{i-1}, x_i]\}$$

$$= S(f, \Delta) - s(f, \Delta) \quad (\odot\ (19.3),\ (19.5),\ (20.15))$$

$$\overset{\odot\,(20.16)}{<}\ \varepsilon \tag{20.17}$$

となる．すなわち，

$$S(|f|, \Delta) - s(|f|, \Delta) < \varepsilon \tag{20.18}$$

である．よって，リーマン積分に対する可積分条件（定理 19.4）の (3) ⇒ (1) より，$|f|$ はリーマン積分可能である．

さらに，f および $|f|$ の任意のリーマン和 $R(f, \Delta, \boldsymbol{\xi})$, $R(|f|, \Delta, \boldsymbol{\xi})$ に対して，(18.3) および問 1.4 (1) より，不等式

$$|R(f, \Delta, \boldsymbol{\xi})| \leq R(|f|, \Delta, \boldsymbol{\xi}) \tag{20.19}$$

がなりたつ．したがって，$|\Delta| \to 0$ とすることにより，三角不等式 (20.14) が得られる．　　　　　　　　　　　　　　　　　　　　　　　　　　　◇

注意 20.1　定理 20.2 において，$|f|$ がリーマン積分可能であったとしても，f がリーマン積分可能であるとは限らない．例えば，関数 $f : [0, 1] \to \mathbf{R}$ を

$$f(x) = \begin{cases} 1 & (x \in [0, 1], \ x \in \mathbf{Q}), \\ -1 & (x \in [0, 1], \ x \notin \mathbf{Q}) \end{cases} \tag{20.20}$$

により定める．このとき，問 18.2 と同様に，f はリーマン積分可能ではない[1]．一方，関数 $|f| : [0, 1] \to \mathbf{R}$ は定数関数，すなわち，

$$|f|(x) = 1 \qquad (x \in [0, 1]) \tag{20.21}$$

なので，$|f|$ はリーマン積分可能である ［⇨ **例題 18.1**］．

20・3　区間に関する加法性

さらに，リーマン積分は区間に関する加法性という性質をみたす．

定理 20.3（区間に関する加法性）（重要）

$f : [a, b] \to \mathbf{R}$ を有界閉区間 $[a, b]$ で定義された関数とする．また，Δ を

---

[1]　問 19.4 (2) と同様に考えると，f の上積分，下積分の値はそれぞれ 1, −1 となり，リーマン積分に対する可積分条件（定理 19.4）の (4) がなりたたないことを用いてもよい．

$[a, b]$ の分割とし，(20.1) のように表しておく.

(1)　f がリーマン積分可能ならば，任意の $i = 1, 2, \cdots, n$ に対して，f の $[x_{i-1}, x_i]$ への制限 $f|_{[x_{i-1}, x_i]} : [x_{i-1}, x_i] \to \mathbf{R}$ はリーマン積分可能であり，等式

$$\int_a^b f(x)\, dx = \sum_{i=1}^n \int_{x_{i-1}}^{x_i} f|_{[x_{i-1}, x_i]}(x)\, dx \tag{20.22}$$

がなりたつ.

(2)　任意の $i = 1, 2, \cdots, n$ に対して，$f|_{[x_{i-1}, x_i]}$ がリーマン積分可能ならば，f はリーマン積分可能であり，(20.22) がなりたつ.

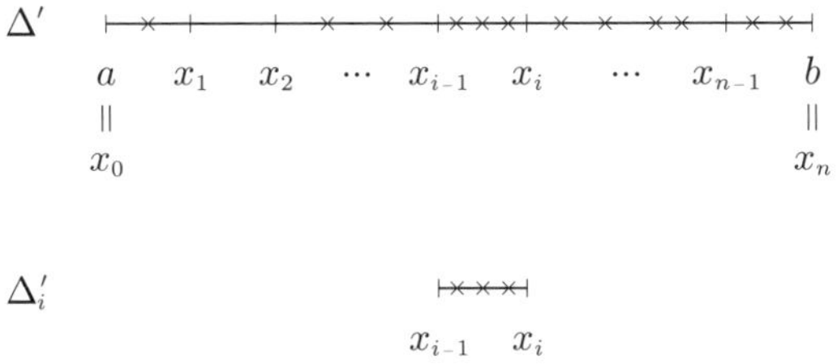

図 20.1　Δ の細分 Δ' と $[x_{i-1}, x_i]$ の分割 Δ_i'

証明　(1)　Δ' を Δ の細分 [⇨ **19・2**] とする. $i = 1, 2, \cdots, n$ に対して，Δ' を $[x_{i-1}, x_i]$ に制限して考えることにより，$[x_{i-1}, x_i]$ の分割が得られる（**図 20.1**）. これを Δ_i' と表す. このとき，上限近似和の定義 (19.3) より，

$$S(f, \Delta') = \sum_{i=1}^n S(f|_{[x_{i-1}, x_i]}, \Delta_i') \tag{20.23}$$

となる. ここで，$|\Delta| \to 0$ とすると，$|\Delta_i'| \leq |\Delta|$ より，$|\Delta_i'| \to 0$ となる. よって，(19.36) の第1式，すなわち，ダルブーの定理（定理 19.3）の (1) より，

$$\overline{\int_a^b} f(x)\, dx = \sum_{i=1}^n \overline{\int_{x_{i-1}}^{x_i}} f|_{[x_{i-1}, x_i]}(x)\, dx \tag{20.24}$$

となる. また, (19.36) の第2式, すなわち, ダルブーの定理 (定理 19.3) の (2) より,

$$\underline{\int_a^b} f(x)\, dx = \sum_{i=1}^n \underline{\int_{x_{i-1}}^{x_i}} f|_{[x_{i-1}, x_i]}(x)\, dx \qquad (20.25)$$

となる.

ここで, f のリーマン積分可能性およびリーマン積分に関する可積分条件 (定理 19.4) の (1) ⇒ (4) より,

$$\int_a^b f(x)\, dx = \overline{\int_a^b} f(x)\, dx = \underline{\int_a^b} f(x)\, dx \qquad (20.26)$$

である. また, 定理 19.2 の (1) より,

$$\underline{\int_{x_{i-1}}^{x_i}} f|_{[x_{i-1}, x_i]}(x)\, dx \le \overline{\int_{x_{i-1}}^{x_i}} f|_{[x_{i-1}, x_i]}(x)\, dx \quad (i=1,\,2,\,\cdots,\,n) \quad (20.27)$$

である. (20.24)〜(20.27) より,

$$\underline{\int_{x_{i-1}}^{x_i}} f|_{[x_{i-1}, x_i]}(x)\, dx = \overline{\int_{x_{i-1}}^{x_i}} f|_{[x_{i-1}, x_i]}(x)\, dx \quad (i=1,\,2,\,\cdots,\,n) \quad (20.28)$$

となる. したがって, リーマン積分に関する可積分条件 (定理 19.4) の (4) ⇒ (1) より, 任意の $i=1,\,2,\,\cdots,\,n$ に対して, $f|_{[x_{i-1}, x_i]}$ はリーマン積分可能である. さらに, $f|_{[x_{i-1}, x_i]}$ のリーマン積分の値は (20.28) によりあたえられ, (20.22) がなりたつ.

(2)　各 $i=1,\,2,\,\cdots,\,n$ に対する $f|_{[x_{i-1}, x_i]}$ のリーマン積分可能性およびリーマン積分に関する可積分条件 (定理 19.4) の (1) ⇒ (4) より, (20.28) がなりたち, $f|_{[x_{i-1}, x_i]}$ のリーマン積分の値は (20.28) によりあたえられる. よって, (20.24), (20.25) およびリーマン積分に関する可積分条件 (定理 19.4) の (4) ⇒ (1) より, f はリーマン積分可能であり, (20.22) がなりたつ. 　　　　◇

注意 20.2　定理 20.3 において, 通常の慣習にしたがい, $\displaystyle\int_{x_{i-1}}^{x_i} f|_{[x_{i-1}, x_i]}(x)\, dx$

を $\displaystyle\int_{x_{i-1}}^{x_i} f(x)\,dx$ と表すこともある.

区間に関する加法性(定理 20.3)を用いると,次の定理 20.4 が得られる.

定理 20.4(重要)

$I \subset \mathbf{R}$ を有界閉区間,$f : I \to \mathbf{R}$ を I で定義されたリーマン積分可能な関数とする. このとき,$J \subset I$ となる任意の有界閉区間 J に対して,$f|_J : J \to \mathbf{R}$ はリーマン積分可能である.

証明 定理 20.3 において,$I = [a, b]$ とし,ある $i = 1, 2, \cdots, n$ に対して,$J = [x_{i-1}, x_i]$ となるような I の分割 Δ を考えればよい. ◇

§ 20 の問題

確認問題

問 20.1 例題 20.1 の関数 $f : [0, a] \to \mathbf{R}$ および $[0, a]$ の分割 Δ_n $(n \in \mathbf{N})$ を考える. また,$i = 1, 2, \cdots, n$ に対して,$[x_{i-1}, x_i]$ の代表点 ξ_i を

$$\xi_i = \frac{a}{n}(i-1)$$

により定め,$R(f, \Delta_n, \boldsymbol{\xi}_n)$ を f の Δ_n に関するリーマン和とする. $\displaystyle\lim_{n \to \infty} R(f, \Delta_n, \boldsymbol{\xi}_n)$ を計算することにより,$\displaystyle\int_0^a f(x)\,dx$ の値を求めよ.

 [⇨ **20・1**]

問 20.2 等式 (20.15) がなりたつことを示せ. [⇨ **20・2**]

基本問題

問 20.3 $a > 0$ とし,関数 $f : [0, a] \to \mathbf{R}$ を

$$f(x) = \exp x \qquad (x \in [0, a])$$

により定める．次の □ をうめることにより，f のリーマン積分の値を求めよ．

まず，指数関数 $\exp : \mathbf{R} \to \mathbf{R}$ は ① 増加なので，f は ① 増加である．よって，f はリーマン積分可能である〔⇨**定理 20.1**〕．

次に，② 法を用いて，f のリーマン積分の値を求める．例題 20.1 の $[0, a]$ の分割 Δ_n $(n \in \mathbf{N})$ および $[x_{i-1}, x_i]$ $(i = 1, 2, \cdots, n)$ の代表点 ξ_i を考える．このとき，$R(f, \Delta_n, \boldsymbol{\xi}_n)$ を f の Δ_n に関するリーマン和とすると，

$$R(f, \Delta_n, \boldsymbol{\xi}_n) = \frac{e^{\frac{a}{n}}\left(\boxed{③} \right)}{\frac{e^{\frac{a}{n}} - 1}{\frac{a}{n}}}$$

となる．ここで，関数 $\exp$ の連続性および微分可能性より，

$$\lim_{n \to \infty} e^{\frac{a}{n}} = \boxed{④}, \qquad \lim_{n \to \infty} \frac{e^{\frac{a}{n}} - 1}{\frac{a}{n}} = \boxed{⑤}$$

となる．よって，② 法より，

$$\int_0^a e^x \, dx = \lim_{n \to \infty} R(f, \Delta_n, \boldsymbol{\xi}_n) = \boxed{⑥}$$

である． □□□ 〔⇨ 20·1〕

チャレンジ問題

問 20.4 関数 $f : \left[0, \frac{1}{\pi}\right] \to \mathbf{R}$ を

$$f(x) = \begin{cases} \sin \frac{1}{x} & \left(x \in \left(0, \frac{1}{\pi}\right]\right), \\ 0 & (x = 0) \end{cases}$$

により定める．f はリーマン積分可能であることを示せ．

□□□ 〔⇨ 20·3〕

§21 連続関数の一様連続性とリーマン積分

§21 のポイント

- **一様連続**な関数は連続である.
- **R** の有界閉集合で定義された連続関数は一様連続である (**ハイネの定理**).
- 有界閉区間で定義された連続関数はリーマン積分可能である.
- 連続関数の不定積分は原始関数をあたえる (**微分積分学の基本定理**).

21・1　一様連続性

§21 では, 有界閉区間で定義された連続関数がリーマン積分可能であることを示し [⇨**定理 21.3**], 連続関数のリーマン積分に関する性質を扱う. 定理 21.3 の証明では, 有界閉区間で定義された連続関数の一様連続性という性質が鍵となる [⇨**ハイネの定理 (定理 21.2)**]. 21・1 では, 関数の一様連続性について述べよう.

定義 21.1

A を **R** の空でない部分集合, $f : A \to \mathbf{R}$ を関数とする. 任意の $\varepsilon > 0$ に対して, ある $\delta > 0$ が存在し, $|x - y| < \delta$ $(x, y \in A)$ ならば, $|f(x) - f(y)| < \varepsilon$ となるとき, f は A で**一様連続**であるという.

連続性と一様連続性の違いを見ておこう. A を **R** の空でない部分集合, $f : A \to \mathbf{R}$ を関数とする. まず, 関数の連続性の定義 (定義 6.1 (2)) より, f が A で連続であることは, 論理記号などを用いると,

$$^{\forall}\varepsilon > 0, \, ^{\forall}x \in A, \, ^{\exists}\delta > 0 \text{ s.t.}$$
$$\lceil |x - y| < \delta \, (y \in A) \implies |f(x) - f(y)| < \varepsilon \rfloor \tag{21.1}$$

と表すことができる. ここで, **δ は ε と x の両方に依存する**ことに注意しよう. 一方, 関数の一様連続性の定義 (定義 21.1) より, f が A で一様連続であるこ

とは,

$$\forall \varepsilon > 0, \, \exists \delta > 0 \text{ s.t.}$$
$$\lceil |x - y| < \delta \, (x, y \in A) \implies |f(x) - f(y)| < \varepsilon \rfloor \tag{21.2}$$

と表すことができる（**図 21.1**）．ここで，**δ は ε のみに依存する**ことに注意しよう．すなわち，(21.1) の δ は x によって変わることがあっても構わないが，(21.2) の δ はどのような x, y に対しても同じ，つまり，「**一様**」でなければならない．よって，次の定理 21.1 がなりたつ．

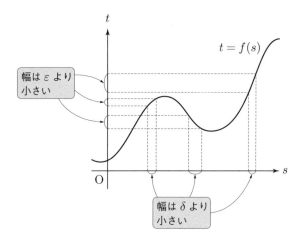

図 **21.1** 一様連続な関数のイメージ

定理 21.1（重要）

A を $\mathbf{R}$ の空でない部分集合，$f : A \to \mathbf{R}$ を関数とする．f が A で一様連続ならば，f は A で連続である．

次の例 21.1 が示すように，定理 21.1 の**逆はなりたつとは限らない**．

例 **21.1** 関数 $f : (0, 1] \to \mathbf{R}$ を

$$f(x) = \frac{1}{x} \qquad (x \in (0, 1]) \tag{21.3}$$

により定める. このとき, f は $(0,1]$ で連続である. しかし, f は $(0,1]$ で一様連続ではない. このことを背理法により示そう.

f が $(0,1]$ で一様連続であると仮定する. このとき, 関数の一様連続性の定義 (定義 21.1) において, $\varepsilon = 1$ とすると, ある $\delta > 0$ が存在し, $|x - y| < \delta$ $(x, y \in (0,1])$ ならば,

$$\left| f(x) - f(y) \right| < 1 \tag{21.4}$$

となる. ここで,

$$\lim_{n \to \infty} \frac{1}{n(n+1)} = 0 \tag{21.5}$$

なので, ある $N \in \mathbf{N}$ が存在し,

$$\frac{1}{N(N+1)} < \delta \tag{21.6}$$

となる. このとき, $x, y \in (0,1]$ を $x = \frac{1}{N}$, $y = \frac{1}{N+1}$ により定めると,

$$|x - y| = \left| \frac{1}{N} - \frac{1}{N+1} \right| = \frac{1}{N(N+1)} \overset{\odot \,(21.6)}{<} \delta \tag{21.7}$$

である. 一方,

$$\left| f(x) - f(y) \right| = \left| \frac{1}{x} - \frac{1}{y} \right| = \left| N - (N+1) \right| = 1 \tag{21.8}$$

となり, これは (21.4) に矛盾する. よって, f は $(0,1]$ で一様連続ではない (図 21.2). ◆

例題 21.1 関数 $f : [1, +\infty) \to \mathbf{R}$ を

$$f(x) = \frac{1}{x} \qquad \left(x \in [1, +\infty) \right) \tag{21.9}$$

により定める. f は $[1, +\infty)$ で一様連続であることを示せ.

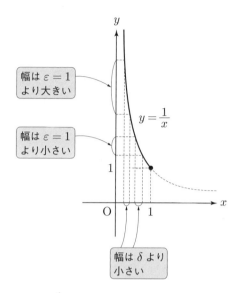

図 21.2 関数 $\dfrac{1}{x}$ $(x \in (0, 1])$ は $(0, 1]$ で一様連続ではない

解　$\varepsilon > 0$ とする．このとき，$|x - y| < \varepsilon$ $(x, y \in [1, +\infty))$ ならば，

$$\bigl|f(x) - f(y)\bigr| = \left|\frac{1}{x} - \frac{1}{y}\right| = \frac{|x - y|}{|x||y|} \overset{\odot\, x,\, y \in [1, +\infty)}{\leq} \frac{|x - y|}{1 \cdot 1} = |x - y| < \varepsilon$$

(21.10)

となる．すなわち，$\bigl|f(x) - f(y)\bigr| < \varepsilon$ である．よって，関数の一様連続性の定義（定義 21.1）より，f は $[1, +\infty)$ で一様連続である．　　　　◇

21・2　連続関数のリーマン積分可能性

定理 21.1 において，関数の定義域を有界閉集合とすると，逆がなりたつ．すなわち，次のハイネの定理がなりたつ．

┌─ **定理 21.2（ハイネの定理）（重要）** ─────────

A を $\mathbf{R}$ の空でない有界閉集合，$f : A \to \mathbf{R}$ を関数とする．f が A で連続

ならば，f は A で一様連続である．とくに，有界閉区間で定義された連続関数は一様連続である．

[証明] 背理法により示す．

f が A で一様連続ではないと仮定する．このとき，関数の一様連続性の定義（定義 21.1）において，その条件の否定を考えると，ある $\varepsilon > 0$ が存在し，任意の $\delta > 0$ に対して，$|x - y| < \delta$ となる $x, y \in A$ が存在し，$\bigl|f(x) - f(y)\bigr| \geq \varepsilon$ となる．とくに，$n \in \mathbf{N}$ に対して，$\delta = \frac{1}{n}$ とすると，

$$|x_n - y_n| < \frac{1}{n} \tag{21.11}$$

となる $x_n, y_n \in A$ が存在し，

$$\bigl|f(x_n) - f(y_n)\bigr| \geq \varepsilon \tag{21.12}$$

となる．さらに，A は $\mathbf{R}$ の有界閉集合なので，ボルツァーノ–ワイエルシュトラスの定理（命題 3.2）および閉集合の定義 [⇨ **ワイエルシュトラスの定理（定理 6.4）の証明**] より，数列 $\{x_n\}_{n=1}^{\infty}$ のある部分列 $\{x_{n_k}\}_{k=1}^{\infty}$ が存在し，$\{x_{n_k}\}_{k=1}^{\infty}$ はある極限 $x \in A$ に収束する．同様に，数列 $\{y_n\}_{n=1}^{\infty}$ のある部分列 $\{y_{n_k}\}_{k=1}^{\infty}$ が存在し，$\{y_{n_k}\}_{k=1}^{\infty}$ はある極限 $y \in A$ に収束する．

ここで，

$$|x_{n_k} - y_{n_k}| \overset{\odot\,(21.11)}{<} \frac{1}{n_k} \leq \frac{1}{k} \to 0 \qquad (k \to \infty) \tag{21.13}$$

となるので，

$$|y_{n_k} - x| \overset{\odot\,\text{問}1.4\,(2)}{\leq} |y_{n_k} - x_{n_k}| + |x_{n_k} - x| \to 0 + 0 = 0 \quad (k \to \infty) \tag{21.14}$$

となる．よって，$\{y_{n_k}\}_{k=1}^{\infty}$ は x に収束する．すなわち，$x = y$ となり [⇨ **例題 1.1**]，

$$\lim_{k \to \infty} x_{n_k} = \lim_{k \to \infty} y_{n_k} = x \tag{21.15}$$

である．また，(21.12) より，

$$\bigl|f(x_{n_k}) - f(y_{n_k})\bigr| \geq \varepsilon \tag{21.16}$$

である．さらに，f は A で連続なので，

$$\lim_{k \to \infty} f(x_{n_k}) \overset{\odot \ \text{定理 6.3 (1)} \Rightarrow (2)}{=} f\big(\lim_{k \to \infty} x_{n_k}\big) \overset{\odot \ (21.15)}{=} f(x), \qquad (21.17)$$

$$\lim_{k \to \infty} f(y_{n_k}) \overset{\odot \ \text{定理 6.3 (1)} \Rightarrow (2)}{=} f\big(\lim_{k \to \infty} y_{n_k}\big) \overset{\odot \ (21.15)}{=} f(x) \qquad (21.18)$$

である．したがって，(21.16) において，$k \to \infty$ とすると，

$$0 = \big|f(x) - f(x)\big| \geq \varepsilon > 0 \qquad (21.19)$$

となり，これは矛盾である．以上より，f は A で一様連続である．　　　$\Diamond$

ハイネの定理（定理 21.2）を用いると，次の定理 21.3 を示すことができる．

定理 21.3（重要）

有界閉区間で定義された連続関数はリーマン積分可能である．

証明　$f : [a, b] \to \mathbf{R}$ を有界閉区間 $[a, b]$ で定義された連続関数とし，$\varepsilon > 0$ とする．ハイネの定理（定理 21.2）より，f は $[a, b]$ で一様連続である．よって，関数の一様連続性の定義（定義 21.1）より，ある $\delta > 0$ が存在し，$|x - y| < \delta$ $(x, y \in [a, b])$ ならば，

$$\big|f(x) - f(y)\big| < \frac{\varepsilon}{2(b - a)} \qquad (21.20)$$

となる．ここで，Δ を $|\Delta| < \delta$ となる $[a, b]$ の分割とし，

$$\Delta : a = x_0 < x_1 < x_2 < \cdots < x_{n-1} < x_n = b \qquad (21.21)$$

と表しておく．このとき，

$$S(f, \Delta) - s(f, \Delta) = \sum_{i=1}^{n} (x_i - x_{i-1}) \sup\big\{|f(x) - f(y)| \,\big|\, x, y \in [x_{i-1}, x_i]\big\}$$

$$(\odot \ (19.3), (19.5), (20.15)) \overset{\odot \ (21.20)}{\leq} \sum_{i=1}^{n} (x_i - x_{i-1}) \frac{\varepsilon}{2(b - a)}$$

$$= \frac{\varepsilon}{2(b - a)} \sum_{i=1}^{n} (x_i - x_{i-1}) = \frac{\varepsilon}{2(b - a)} (b - a) = \frac{\varepsilon}{2} < \varepsilon \quad (21.22)$$

となる. すなわち,

$$S(f, \Delta) - s(f, \Delta) < \varepsilon \qquad (21.23)$$

である. よって, リーマン積分に関する可積分条件 (定理 19.4) の (3) $\Rightarrow$ (1) より, f は $[a, b]$ でリーマン積分可能である. すなわち, 有界閉区間で定義された連続関数はリーマン積分可能である. $\diamondsuit$

21・3 不定積分

リーマン積分を用いると, 不定積分という関数を定めることができる. $f : [a, b] \to \mathbf{R}$ を有界閉区間 $[a, b]$ で定義されたリーマン積分可能な関数とする. このとき, 定理 20.4 より, 関数 $F : [a, b] \to \mathbf{R}$ を

$$F(x) = \int_a^x f(t)\,dt \quad (x \in (a, b]), \qquad F(a) = 0 \qquad (21.24)$$

により定めることができる[1][2]. F を f の **不定積分** という. 不定積分に関して, 次の定理 21.4 がなりたつ.

定理 21.4（重要）

(21.24) で定めた F を考え, $c \in [a, b]$ とする. $f(x)$ が $x = c$ で連続ならば, $F(x)$ は $x = c$ で微分可能であり, 等式

$$F'(c) = f(c) \qquad (21.25)$$

がなりたつ. ただし, (21.25) の左辺は $c = a$, $c = b$ のとき, それぞれ

$$F'(a) = \lim_{h \to a+0} \frac{F(a+h) - F(a)}{h} \quad \textbf{(右微分係数)}, \qquad (21.26)$$

$$F'(b) = \lim_{h \to b-0} \frac{F(b+h) - F(b)}{h} \quad \textbf{(左微分係数)} \qquad (21.27)$$

を表す.

---

[1] 定理 20.4 において, $I = [a, b]$, $J = [a, x]$ としている.

[2] 通常の慣習にしたがい, $\displaystyle \int_a^a f(x)\,dx = 0$ と約束する.

証明 $c \in [a, b)$ のとき，$h > 0$，$c + h \in [a, b]$ とすると，

$$\frac{1}{h}\bigl(F(c+h) - F(c)\bigr) - f(c)$$

$$\overset{\odot\,(21.24),\,例題\,18.1}{=} \frac{1}{h}\left(\int_a^{c+h} f(x)\,dx - \int_a^c f(x)\,dx\right) - \frac{1}{h}\int_c^{c+h} f(c)\,dx$$

$$= \frac{1}{h}\int_c^{c+h} f(x)\,dx - \frac{1}{h}\int_c^{c+h} f(c)\,dx \quad (\odot\ 区間に関する加法性)$$

$$= \frac{1}{h}\int_c^{c+h} \bigl(f(x) - f(c)\bigr)\,dx \quad (\odot\ リーマン積分の線形性) \qquad (21.28)$$

である．よって，三角不等式（定理 20.2）より，

$$\left|\frac{1}{h}\bigl(F(c+h) - F(c)\bigr) - f(c)\right| \le \frac{1}{h}\int_c^{c+h} \bigl|f(x) - f(c)\bigr|\,dx \qquad (21.29)$$

となる．ここで，$\varepsilon > 0$ とすると，$f(x)$ が $x = c$ で連続であることより，ある $\delta > 0$ が存在し，$|x - c| < \delta$ $(x \in [a, b])$ ならば，

$$\bigl|f(x) - f(c)\bigr| < \frac{\varepsilon}{2} \qquad (21.30)$$

となる．よって，$h < \delta$ ならば，(21.29) およびリーマン積分の単調性（定理 18.3）より，

$$\left|\frac{1}{h}\bigl(F(c+h) - F(c)\bigr) - f(c)\right| \le \frac{1}{h}\int_c^{c+h} \frac{1}{2}\varepsilon\,dx = \frac{1}{2}\varepsilon < \varepsilon \qquad (21.31)$$

となる．したがって，

$$\lim_{h \to +0} \frac{1}{h}\bigl(F(c+h) - F(c)\bigr) = f(c) \qquad (21.32)$$

である．同様に，$c \in (a, b]$ のとき，

$$\lim_{h \to -0} \frac{1}{h}\bigl(F(c+h) - F(c)\bigr) = f(c) \qquad (21.33)$$

となる（✐）．(21.32), (21.33) より，(21.25) がなりたつ． ◇

　定理 21.3 より，定理 21.4 において，f が $[a, b]$ で連続である場合を考えることができる．このとき，f の不定積分 F は $[a, b]$ で微分可能となり，等式

$$F'(x) = f(x) \qquad (x \in [a, b]) \qquad (21.34)$$

がなりたつ．これを**微分積分学の基本定理**という．

また，(21.34) をみたす関数 $F : [a, b] \to \mathbf{R}$ を f の**原始関数**という．とくに，微分積分学の基本定理より，f の不定積分は f の原始関数の 1 つである．さらに，原始関数に関して，次の定理 21.5 がなりたつ [⇨ ［藤岡 1］**定理 9.1，定理 9.5**]．

定理 21.5（重要）

$f : [a, b] \to \mathbf{R}$ を有界閉区間 $[a, b]$ で定義された連続関数とすると，次の (1)，(2) がなりたつ．

(1)　F を f の 1 つの原始関数とすると，f の任意の原始関数 G はある $C \in \mathbf{R}$ を用いて，$G = F + C$ と表される．

(2)　F を f の原始関数とすると，等式

$$\int_a^b f(x)\,dx = F(b) - F(a) \tag{21.35}$$

がなりたつ．

定理 21.5 の (2) を用いることにより，さまざまな関数の積分を計算することができる [⇨ ［藤岡 1］第 3 章]．例えば，次の例 21.2 のような計算をすることができる．

例 21.2　$x \in (-1, 1]$ のとき，等式

$$\log(1 + x) = \sum_{n=1}^{\infty} \frac{(-1)^{n-1}}{n} x^n \tag{21.36}$$

がなりたつことを示そう[3]．まず，$t \in (-1, 1]$，$n \in \mathbf{N}$ とすると，等式

$$\frac{1}{1+t} = 1 - t + t^2 - \cdots + (-1)^{n-1} t^{n-1} + \frac{(-1)^n t^n}{1+t} \tag{21.37}$$

がなりたつ [⇨(8.6)]．$x \in (-1, 1]$ とし，(21.37) の両辺を 0 から x まで積分す

---

[3]　定理 16.2 では，$x = 1$ は区間から除かれていたことに注意しよう．

ると,

$$\log(1+x) = \sum_{k=1}^{n} \frac{(-1)^{k-1}}{k} x^k + \int_0^x \frac{(-1)^n t^n}{1+t} \, dt \tag{21.38}$$

となる.

$x \in [0,1]$ のとき,

$$\left| \int_0^x \frac{(-1)^n t^n}{1+t} \, dt \right|$$

$$\overset{\odot \text{三角不等式}}{\leq} \int_0^x \frac{t^n}{1+t} \, dt \leq \int_0^x t^n \, dt \quad (\odot \text{ リーマン積分の単調性})$$

$$= \left[\frac{t^{n+1}}{n+1} \right]_0^x = \frac{1}{n+1} x^{n+1}$$

$$\leq \frac{1}{n+1} \to 0 \qquad (n \to \infty) \tag{21.39}$$

となる. よって, (21.36) がなりたつ.

$x \in (-1, 0)$ のとき, (21.39) と同様の計算により, (21.36) がなりたつ (✎).

したがって, $x \in (-1, 1]$ とすると, (21.36) がなりたつ. とくに, (21.36) において, $x = 1$ とすると, (8.16) がなりたつ. ◆

§ 21 の問題

確認問題

問 **21.1** A を **R** の空でない部分集合, $f : A \to \mathbf{R}$ を関数とする.

(1) f が A で連続であることを論理記号などを用いて書け [⇨ 1・3].

(2) f が A で一様連続であることを論理記号などを用いて書け [⇨ 1・3].

□□□ [⇨ 21・1]

問 **21.2** 次の (1), (2) により定められる関数 $f : \mathbf{R} \to \mathbf{R}$ が **R** で一様連続であるかどうかを調べよ.

(1) $f(x) = x^2$ $(x \in \mathbf{R})$ (2) $f(x) = \dfrac{1}{x^2+1}$ $(x \in \mathbf{R})$

☐☐☐☐ [⇨ 21·1]

基本問題

問 21.3 A を $\mathbf{R}$ の空でない部分集合, $f: A \to \mathbf{R}$ を関数とする. ある $L \geq 0$ が存在し, 任意の $x, y \in A$ に対して,

$$|f(x) - f(y)| \leq L|x - y|$$

となるとき, f は A で**リプシッツ連続**であるという. また, L を**リプシッツ定数**という.

(1) $I \subset \mathbf{R}$ を開区間, $f: I \to \mathbf{R}$ を C^1 級関数 [⇨**定義 13.4**], J を $J \subset I$ となる有界閉区間とする. このとき, f の J への制限 $f|_J : J \to \mathbf{R}$ は J でリプシッツ連続であることを示せ.

(2) 関数 $f: \mathbf{R} \to \mathbf{R}$ を

$$f(x) = |x| \qquad (x \in \mathbf{R})$$

により定める. f は $\mathbf{R}$ で微分可能ではないが, $\mathbf{R}$ でリプシッツ連続であることを示せ.

(3) A を $\mathbf{R}$ の空でない部分集合, $f: A \to \mathbf{R}$ を関数とする. f が A でリプシッツ連続ならば, f は A で一様連続であることを示せ.

(4) 関数 $f: [0,1] \to \mathbf{R}$ を

$$f(x) = \sqrt{x} \qquad (x \in [0,1])$$

により定める. f は $[0,1]$ でリプシッツ連続ではないが, $[0,1]$ で一様連続であることを示せ.

☐☐☐☐ [⇨ 21·2]

問 21.4 $f, g: [a,b] \to \mathbf{R}$ を有界閉区間 $[a,b]$ で定義された連続関数とする. 任意の $x \in [a,b]$ に対して, $f(x) \geq g(x)$ がなりたち, ある $x_0 \in [a,b]$ が存在し, $f(x_0) > g(x_0)$ がなりたつならば,

$$\int_a^b f(x)\,dx > \int_a^b g(x)\,dx$$

であることを示せ. この性質を**強単調性**という. □□□ [⇨  **21・2**]

問 21.5 等式

$$\frac{\pi}{4} = \sum_{n=0}^{\infty} \frac{(-1)^n}{2n+1} \qquad \textbf{(ライプニッツの級数)}$$

がなりたつことを示せ [⇨ **定理 17.4**]. □□□ [⇨ **21・3**]

チャレンジ問題

問 21.6　A を $\mathbf{R}$ の空でない有界集合, $f : A \to \mathbf{R}$ を A で一様連続な関数とする. また, $a \in \bar{A}$, $a \notin A$ とし, $\{a_n\}_{n=1}^{\infty}$ を任意の $n \in \mathbf{N}$ に対して, $a_n \in A$ となり, a に収束する数列とする.

(1)　数列 $\{f(a_n)\}_{n=1}^{\infty}$ は収束することを示せ.

(2)　$\displaystyle \lim_{n \to \infty} f(a_n)$ は $\{a_n\}_{n=1}^{\infty}$ の選び方に依存しないことを示せ.

□□□ [⇨ **21・2**]

補足　問 21.6 において, $\tilde{f} : \bar{A} \to \mathbf{R}$ を

$$\tilde{f}(a) = \begin{cases} f(a) & (a \in A), \\ \displaystyle\lim_{n \to \infty} f(a_n) & (a \in \bar{A},\ a \notin A) \end{cases}$$

により定めると, $\tilde{f} : \bar{A} \to \mathbf{R}$ は $\tilde{f}|_A = f$ をみたす一意的な連続関数となる [⇨ **定理 6.3**].

§22　項別積分と項別微分

―――――――――――――――――― §22のポイント ―

- 関数列に対して，積分をするという操作と極限をとるという操作は**必ずしも交換可能ではない**.
- 関数列に対して，適当な条件のもとに，**項別積分定理**や**項別微分定理**がなりたつ.

22・1　積分と極限の順序交換

関数列に対して，微分をするという操作と極限をとるという操作は必ずしも交換可能ではなかった [⇨ 14・1]. 積分をするという操作も極限をとるという操作と必ずしも交換可能ではない. 例えば，$\{f_n\}_{n=1}^{\infty}$ を有界閉区間 $[a,b]$ で定義されたリーマン積分可能な関数からなる関数列とし，$\{f_n\}_{n=1}^{\infty}$ は $[a,b]$ で定義されたリーマン積分可能なある関数 $f:[a,b]\to\mathbf{R}$ に各点収束すると仮定する. このとき，

$$\int_a^b \lim_{n\to\infty} f_n(x)\,dx = \lim_{n\to\infty} \int_a^b f_n(x)\,dx, \tag{22.1}$$

すなわち，

$$\int_a^b f(x)\,dx = \lim_{n\to\infty} \int_a^b f_n(x)\,dx \tag{22.2}$$

がなりたつとは限らない[1]. 次の例題 22.1 で見てみよう.

例題 22.1　$n\in\mathbf{N}$ に対して，$[0,1]$ で定義された連続関数 $f_n:[0,1]\to\mathbf{R}$

---

[1]　各点収束の定義（定義 9.2）より，任意の $x\in I$ に対して，$f(x)=\displaystyle\lim_{n\to\infty} f_n(x)$ である.

を

$$
f_n(x) = \begin{cases} 2n^2x & \left(0 \le x < \frac{1}{2n}\right), \\ -2n^2x + 2n & \left(\frac{1}{2n} \le x < \frac{1}{n}\right), \\ 0 & \left(\frac{1}{n} \le x \le 1\right) \end{cases} \tag{22.3}
$$

により定める (**図 22.1**).

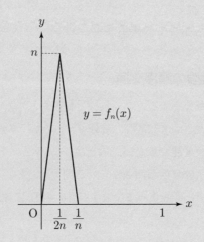

図 22.1　関数 $y = f_n(x)$ のグラフ

(1)　$n \in \mathbf{N}$ に対して，リーマン積分 $\displaystyle\int_0^1 f_n(x)\,dx$ の値を求めよ．

(2)　関数列 $\{f_n\}_{n=1}^{\infty}$ はある関数 $f : [0,1] \to \mathbf{R}$ に各点収束する．$x \in [0,1]$ に対して，$f(x)$ の値を求めよ．

(3)　(22.2) において，$a = 0$，$b = 1$ とした式はなりたたないことを確かめよ．

解　(1)　$\displaystyle\int_0^1 f_n(x)\,dx$

$$= \int_0^{\frac{1}{2n}} f_n(x)\,dx + \int_{\frac{1}{2n}}^{\frac{1}{n}} f_n(x)\,dx + \int_{\frac{1}{n}}^1 f_n(x)\,dx \quad (\odot \ 区間に関する加法性)$$

$$\overset{\odot (22.3)}{=} \int_0^{\frac{1}{2n}} 2n^2 x\,dx + \int_{\frac{1}{2n}}^{\frac{1}{n}} (-2n^2 x + 2n)\,dx + \int_{\frac{1}{n}}^1 0\,dx$$

$$= \left[n^2 x^2 \right]_0^{\frac{1}{2n}} + \left[-n^2 x^2 + 2nx \right]_{\frac{1}{2n}}^{\frac{1}{n}} + 0$$

$$= n^2 \left(\frac{1}{2n} \right)^2 - n^2 \cdot 0^2$$

$$\qquad\qquad + \left\{ -n^2 \left(\frac{1}{n} \right)^2 + 2n \cdot \frac{1}{n} \right\} - \left\{ -n^2 \left(\frac{1}{2n} \right)^2 + 2n \cdot \frac{1}{2n} \right\}$$

$$= \frac{1}{2} \tag{22.4}$$

である[2].

(2)　まず，(22.3) より，任意の $n \in \mathbf{N}$ に対して，$f_n(0) = 0$ である.

次に，$x \in (0, 1]$ とする. $\lim_{n \to \infty} \frac{1}{n} = 0 \ [\Rightarrow (1.7)]$ より，ある $N \in \mathbf{N}$ が存在し，$n \geq N \ (n \in \mathbf{N})$ ならば，$\frac{1}{n} < x$ となる. このとき，(22.3) より，$f_n(x) = 0$ である.

よって，任意の $x \in [0, 1]$ に対して，

$$f(x) = \lim_{n \to \infty} f_n(x) = 0 \tag{22.5}$$

である.

(3)　(1) より，

$$\lim_{n \to \infty} \int_0^1 f_n(x)\,dx = \lim_{n \to \infty} \frac{1}{2} = \frac{1}{2} \tag{22.6}$$

である. また，(2) より，

$$\int_0^1 f(x)\,dx = \int_0^1 0\,dx = 0 \tag{22.7}$$

---

[2]　区分求積法（定理 18.1）を用いて計算することもできるが，この積分の値は関数 $y = f_n(x)$ のグラフと x 軸で囲まれた三角形の面積を表すので．（底辺）× （高さ）× $\frac{1}{2} = \frac{1}{n} \times n \times \frac{1}{2} = \frac{1}{2}$ であるとわかる.

である．よって，(22.2) において，$a=0$, $b=1$ とした式はなりたたない．　◇

22・2　項別積分定理

22・1 では，各点収束する関数列を考えたが，一様収束する関数列 $[\Rightarrow \fbox{§11}]$ に関しては，次の項別積分定理がなりたつ．

―― **定理 22.1（項別積分定理）（重要）** ――――――――――――

$\{f_n\}_{n=1}^{\infty}$ を有界閉区間 $[a,b]$ で定義されたリーマン積分可能な関数からなる関数列，$f:[a,b] \to \mathbf{R}$ を $[a,b]$ で定義されたリーマン積分可能な関数とする．$\{f_n\}_{n=1}^{\infty}$ が f に一様収束するならば，(22.2) がなりたつ．

証明　$\varepsilon > 0$ とする．$\{f_n\}_{n=1}^{\infty}$ が f に一様収束することより，ある $N \in \mathbf{N}$ が存在し，$x \in [a,b]$, $n \geq N$ $(n \in \mathbf{N})$ ならば，

$$\left| f_n(x) - f(x) \right| < \frac{\varepsilon}{2(b-a)} \tag{22.8}$$

となる $[\Rightarrow \textbf{定義 11.1}]^{3)}$．よって，$n \geq N$ $(n \in \mathbf{N})$ ならば，

$$\left| \int_a^b f_n(x)\,dx - \int_a^b f(x)\,dx \right|$$

$$= \left| \int_a^b \left(f_n(x) - f(x) \right) dx \right| \quad (\odot \text{ リーマン積分の線形性})$$

$$\overset{\odot \text{三角不等式}}{\leq} \int_a^b \left| f_n(x) - f(x) \right| dx$$

$$\leq \int_a^b \frac{\varepsilon}{2(b-a)}\,dx \quad (\odot \text{ リーマン積分の単調性}^{4)})$$

$$= \frac{\varepsilon}{2(b-a)}(b-a) = \frac{\varepsilon}{2} < \varepsilon \tag{22.9}$$

――――――――――――――――――――――――――――――

3)　(22.10) の右辺を ε にするという技術的理由により，(22.8) では任意の正の実数として $\frac{\varepsilon}{2(b-a)}$ を考えている．

4)　f_n, f が連続ならば，問 21.4 の強単調性を用いると，不等号「$\leq$」は「$<$」となる．

となる. すなわち,

$$\left| \int_a^b f_n(x)\,dx - \int_a^b f(x)\,dx \right| < \varepsilon \tag{22.10}$$

である. したがって, (22.2) がなりたつ. ◇

例 22.1 $\{f_n\}_{n=1}^\infty$ を有界閉区間 $[a,b]$ で定義された連続関数からなる関数列とする. このとき, 各 $n \in \mathbf{N}$ に対して, f_n は $[a,b]$ でリーマン積分可能である [⇨**定理 21.3**]. ここで, $\{f_n\}_{n=1}^\infty$ がある関数 $f : [a,b] \to \mathbf{R}$ に一様収束すると仮定する. このとき, f は $[a,b]$ で連続である [⇨**定理 11.2**]. よって, f は $[a,b]$ でリーマン積分可能である [⇨**定理 21.3**]. したがって, 項別積分定理 (定理 22.1) より, (22.2) がなりたつ. ◆

注意 22.1 関数列が必ずしも一様収束していなくても, 積分と極限の順序交換が可能になることを保証してくれる定理を紹介しておこう. $\{f_n\}_{n=1}^\infty$ を有界閉区間 $[a,b]$ で定義されたリーマン積分可能な関数からなる関数列, $f : [a,b] \to \mathbf{R}$ を $[a,b]$ で定義されたリーマン積分可能な関数とする. さらに, ある $M \geq 0$ が存在し, 任意の $x \in [a,b]$ および任意の $n \in \mathbf{N}$ に対して, $|f_n(x)| \leq M$ となるとする. このことを $\{f_n\}_{n=1}^\infty$ は**一様有界**であるという[5]. このとき, $\{f_n\}_{n=1}^\infty$ が f に各点収束するならば, (22.2) がなりたつ. この事実を**アルツェラの定理**という [⇨ [小平] 定理 5.10][6].

例えば, $n \in \mathbf{N}$ に対して, 関数 $f_n : [0,1] \to \mathbf{R}$ を

$$f_n(x) = \begin{cases} 2nx & \left(0 \leq x < \frac{1}{2n}\right), \\ -2nx + 2 & \left(\frac{1}{2n} \leq x < \frac{1}{n}\right), \\ 0 & \left(\frac{1}{n} \leq x \leq 1\right) \end{cases} \tag{22.11}$$

により定める (**図 22.2**). また, 関数 $f : [0,1] \to \mathbf{R}$ を

---

[5] すなわち, M はどのような x および n に対しても同じ, つまり, 「**一様**」である.

[6] アルツェラの定理はルベーグ積分論におけるルベーグの項別積分定理へと一般化される. ルベーグ積分論については, 例えば [伊藤] を見よ.

$$f(x) = 0 \qquad \left(x \in [0,1]\right) \tag{22.12}$$

により定める．このとき，関数列 $\{f_n\}_{n=1}^{\infty}$ は f に各点収束するが，一様収束は
しない（✍）．しかし，任意の $x \in [0,1]$ および任意の $n \in \mathbf{N}$ に対して，$\left|f_n(x)\right|$
≤ 1 となり，$\{f_n\}_{n=1}^{\infty}$ は一様有界である．よって，アルツェラの定理より，(22.2)
において，$a = 0$，$b = 1$ とした式がなりたつ．実際，(22.2) の両辺は 0 となる
からである（✍）．

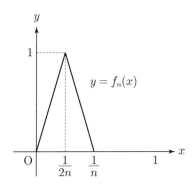

図 22.2 関数 $y = f_n(x)$ のグラフ

22・3　項別微分定理

べき級数に対する項別微分定理（定理 14.3）は積分を用いることにより，関
数列の場合へと一般化することができる．

┌─ **定理 22.2（項別微分定理）（重要）** ───────────────

$\{f_n\}_{n=1}^{\infty}$ を有界閉区間 $[a,b]$ で定義された関数からなる関数列とし，次の
(1)〜(3) がなりたつとする．

(1)　$\{f_n\}_{n=1}^{\infty}$ はある関数 $f : [a,b] \to \mathbf{R}$ に各点収束する．

(2)　各 $n \in \mathbf{N}$ に対して，f_n は C^1 級である．ただし，$x = a$，$x = b$ にお
いては，それぞれ右微分係数，左微分係数を考える．

(3)　関数列 $\{f_n'\}_{n=1}^{\infty}$ はある関数 $g:[a,b]\to\mathbf{R}$ に一様収束する.

このとき, f は C^1 級であり,

$$\left(\lim_{n\to\infty}f_n(x)\right)' = \lim_{n\to\infty}f_n'(x) \qquad (x\in[a,b]), \tag{22.13}$$

すなわち, $f'=g$ がなりたつ.

[証明]　まず, $n\in\mathbf{N}$ とすると, (2) より, f_n' は $[a,b]$ で連続なので, f_n' は $[a,b]$ でリーマン積分可能である [⇨**定理 21.3**]. よって, 関数 $G_n:[a,b]\to\mathbf{R}$ を

$$G_n(x) = \int_a^x f_n'(t)\,dt \qquad (x\in[a,b]) \tag{22.14}$$

により定めることができる. このとき,

$$G_n(x) = f_n(x) - f_n(a) \tag{22.15}$$

である [⇨**定理 21.5** (2)].

次に, f_n' は $[a,b]$ で連続であり, (3) より, $\{f_n'\}_{n=1}^{\infty}$ は g に一様収束するので, g は $[a,b]$ で連続である [⇨**定理 11.2**]. よって, g は $[a,b]$ でリーマン積分可能である [⇨**定理 21.3**]. したがって, 関数 $G:[a,b]\to\mathbf{R}$ を

$$G(x) = \int_a^x g(t)\,dt \qquad (x\in[a,b]) \tag{22.16}$$

により定めることができる.

さらに, $\varepsilon>0$ とすると, (3) より, ある $N\in\mathbf{N}$ が存在し, $x\in[a,b]$, $n\geq N$ $(n\in\mathbf{N})$ ならば,

$$\left|f_n'(x) - g(x)\right| < \frac{\varepsilon}{2(b-a)} \tag{22.17}$$

となる. このとき,

$$\left|G_n(x) - G(x)\right| \overset{\odot\,(22.14),\,(22.16)}{=\!=\!=} \left|\int_a^x f_n'(t)\,dt - \int_a^x g(t)\,dt\right|$$

$$= \left|\int_a^x \left(f_n'(t) - g(t)\right)dt\right| \quad (\odot\,リーマン積分の線形性)$$

$$\overset{\odot\,三角不等式}{\leq} \int_a^x \left|f_n'(t) - g(t)\right|dt$$

$$\leq \int_a^b \left| f_n'(t) - g(t) \right| dt$$

（∵ リーマン積分の単調性，区間に関する加法性）

$$\leq \int_a^b \frac{\varepsilon}{2(b-a)} \, dt \quad (\because (22.17)，\text{リーマン積分の単調性})$$

$$= \frac{\varepsilon}{2(b-a)}(b-a) = \frac{\varepsilon}{2}$$

$$< \varepsilon \tag{22.18}$$

となる．すなわち，

$$\left| G_n(x) - G(x) \right| < \varepsilon \tag{22.19}$$

である．よって，関数列 $\{G_n\}_{n=1}^\infty$ は G に一様収束する．さらに，(22.15) および (1) より，関数列 $\{f_n - f_n(a)\}_{n=1}^\infty$ は $f - f(a)$ に一様収束する ［⇨**定理 11.1**］[7]．したがって，$G = f - f(a)$，すなわち，

$$\int_a^x g(t) \, dt = f(x) - f(a) \qquad \left(x \in [a, b] \right) \tag{22.20}$$

である．さらに，g の連続性および微分積分学の基本定理 (21.34) より，f は微分可能であり，$f' = g$ となる．また，g の連続性より，f' は連続となるので，f は C^1 級である． ◇

例 22.2 べき級数に対する項別微分定理（定理 14.3）を定理 22.2 の項別微分定理の立場から見てみよう．べき級数 $\sum_{n=0}^\infty a_n(x-a)^n$ の収束半径を r とし，$r > 0$ または $r = +\infty$ であるとする．また，

$$I = \begin{cases} (a-r, a+r) & (r > 0) \\ \mathbf{R} & (r = +\infty) \end{cases} \tag{22.21}$$

とおく．さらに，$n = 0, 1, 2, \cdots$ に対して，関数 $s_n : I \to \mathbf{R}$ を

---

[7]　$f_n - f_n(a)$ $(n \in \mathbf{N})$ は，$x \in [a, b]$ に対して $f_n(x) - f_n(a) \in \mathbf{R}$ を対応させることによって得られる関数である．$f - f(a)$ についても同様である．

$$s_n(x) = \sum_{k=0}^{n} a_k(x-a)^k \qquad (x \in I) \tag{22.22}$$

により定め，関数 $f : I \to \mathbf{R}$ を

$$f(x) = \sum_{n=0}^{\infty} a_n(x-a)^n \qquad (x \in I) \tag{22.23}$$

により定める.

　まず，J を $J \subset I$ となる有界閉区間とする. 定理 11.5 より，J を定義域として考えると，関数列 $\{s_n\}_{n=0}^{\infty}$ は f に一様収束する. よって，定理 11.1 より，$\{s_n\}_{n=0}^{\infty}$ は f に各点収束する. すなわち，項別微分定理（定理 22.2）の (1) の条件がなりたつ. 次に，各 $n = 0, 1, 2, \cdots$ に対して，s_n は多項式で表される関数である. よって，s_n は C^1 級となり，項別微分定理（定理 22.2）の (2) の条件がなりたつ. さらに，定理 11.5 および定理 14.2 より，J を定義域として考えると，関数列 $\{s_n'\}_{n=0}^{\infty}$ は

$$g(x) = \sum_{n=1}^{\infty} na_n(x-a)^{n-1} \qquad (x \in J) \tag{22.24}$$

により定められる関数 $g : J \to \mathbf{R}$ に一様収束する. すなわち，項別微分定理（定理 22.2）の (3) の条件がなりたつ. J は任意に選んでおくことができるので，項別微分定理（定理 22.2）より，べき級数に対する項別微分定理（定理 14.3）が得られる. ◆

§ 22 の問題

確認問題

問 22.1　$n \in \mathbf{N}$ に対して，$[0, 1]$ で定義された連続関数 $f_n : [0, 1] \to \mathbf{R}$ を

$$f_n(x) = 2n^2 x e^{-n^2 x^2} \qquad (x \in [0, 1])$$

により定める.

(1) $n \in \mathbf{N}$ に対して，リーマン積分 $\displaystyle\int_0^1 f_n(x)\,dx$ の値を求めよ．

(2) 関数列 $\{f_n\}_{n=1}^{\infty}$ はある関数 $f : [0,1] \to \mathbf{R}$ に各点収束する．$x \in [0,1]$ に対して，$f(x)$ の値を求めよ．

(3) 等式

$$\int_0^1 f(x)\,dx = \lim_{n \to \infty} \int_0^1 f_n(x)\,dx$$

はなりたたないことを確かめよ． □□□ [⇨ **22・1**]

問 22.2 A を $\mathbf{R}$ の空でない部分集合，$\{f_n\}_{n=1}^{\infty}$ を A で定義された関数からなる関数列，$f : A \to \mathbf{R}$ を関数とする．

(1) $\{f_n\}_{n=1}^{\infty}$ が f に各点収束することを論理記号などを用いて書け [⇨ **1・3**]．

(2) $\{f_n\}_{n=1}^{\infty}$ が f に一様収束することを論理記号などを用いて書け [⇨ **1・3**]．
□□□ [⇨ **22・2**]

問 22.3 $\{f_n\}_{n=1}^{\infty}$ を有界閉区間 $[a,b]$ で定義された関数からなる関数列とする．$\{f_n\}_{n=1}^{\infty}$ が一様有界であることを論理記号などを用いて書け [⇨ **1・3**]．
□□□ [⇨ **22・2**]

基本問題

問 22.4 次の問に答えよ．

(1) $x, y \in \mathbf{R}$ とすると，次の (a)〜(c) (**積和の公式**) がなりたつことを示せ．

    (a) $\cos x \cos y = \dfrac{1}{2}\{\cos(x+y) + \cos(x-y)\}$

    (b) $\cos x \sin y = \dfrac{1}{2}\{\sin(x+y) - \sin(x-y)\}$

    (c) $\sin x \sin y = -\dfrac{1}{2}\{\cos(x+y) - \cos(x-y)\}$

(2)　$m, n \in \mathbf{N}$ に対して，次の (d)〜(f) の積分の値を求めよ．

(d)　$\displaystyle \int_{-\pi}^{\pi} \cos mx \cos nx \, dx$　　　(e)　$\displaystyle \int_{-\pi}^{\pi} \cos mx \sin nx \, dx$

(f)　$\displaystyle \int_{-\pi}^{\pi} \sin mx \sin nx \, dx$

(3)　$\{a_n\}_{n=1}^{\infty}, \{b_n\}_{n=1}^{\infty}$ を数列とし，$n \in \mathbf{N}$ に対して，関数 $f_n : [-\pi, \pi] \to \mathbf{R}$ を

$$f_n(x) = a_n \cos nx + b_n \sin nx \qquad (x \in [-\pi, \pi])$$

により定める．ワイエルシュトラスの M-判定法（定理 11.4）を用いることにより，級数 $\displaystyle \sum_{n=1}^{\infty} (|a_n| + |b_n|)$ が収束するならば，関数項級数 $\displaystyle \sum_{n=1}^{\infty} f_n$ はある関数 $f : [-\pi, \pi] \to \mathbf{R}$ に一様収束することを示せ．

(4)　(3) において，等式

$$a_n = \frac{1}{\pi} \int_{-\pi}^{\pi} f(x) \cos nx \, dx, \qquad b_n = \frac{1}{\pi} \int_{-\pi}^{\pi} f(x) \sin nx \, dx$$

がなりたつことを示せ．　　　　　　　　　　　□□□ [⇨ **22 · 2**]

問 22.5　問 22.4 で定めた関数列 $\{f_n\}_{n=1}^{\infty}$ を考え，級数 $\displaystyle \sum_{n=1}^{\infty} n(|a_n| + |b_n|)$ が収束すると仮定する．

(1)　級数 $\displaystyle \sum_{n=1}^{\infty} (|a_n| + |b_n|)$ は収束することを示せ．とくに，問 22.4 (3) より，関数項級数 $\displaystyle \sum_{n=1}^{\infty} f_n$ は問 22.4 (3) の f に一様収束する．

(2)　問 22.4 (3) の f は C^1 級であり，等式

$$f'(x) = \sum_{n=1}^{\infty} n(-a_n \sin nx + b_n \cos nx) \qquad (x \in [-\pi, \pi])$$

がなりたつことを示せ．　　　　　　　　　　　□□□ [⇨ **22 · 3**]

第5章のまとめ

リーマン積分

$f : [a, b] \to \mathbf{R}$

○ $\Delta : a = x_0 < x_1 < x_2 < \cdots < x_{n-1} < x_n = b$: $[a, b]$ の**分割**

○ $|\Delta| := \max\{x_i - x_{i-1} \mid i = 1, 2, \cdots, n\}$: **幅**

○ $\xi_i \in [x_{i-1}, x_i] \ (i = 1, 2, \cdots, n)$: **代表点**

○ $R(f, \Delta, \boldsymbol{\xi}) := \sum\limits_{i=1}^{n} f(\xi_i)(x_i - x_{i-1})$: **リーマン和**

$$f : \textbf{リーマン積分可能}$$
$$\Updownarrow \text{ def.}$$
$${}^{\exists}I \in \mathbf{R}, \ {}^{\forall}\varepsilon > 0, \ {}^{\exists}\delta > 0 \text{ s.t.}$$
$$|\Delta| < \delta \Longrightarrow \big|R(f, \Delta, \boldsymbol{\xi}) - I\big| < \varepsilon$$

○ f がリーマン積分可能なとき，$I = \displaystyle\int_a^b f(x)\,dx$ と表す.

○ **線形性，単調性，三角不等式，区間に関する加法性**がなりたつ.

○ リーマン積分可能ならば有界.

区分求積法

$\{\Delta_n\}_{n=1}^{\infty}$: $\lim\limits_{n \to \infty} |\Delta_n| = 0$ となる $[a, b]$ の分割の列

$$\Longrightarrow \lim_{n \to \infty} R(f, \Delta_n, \boldsymbol{\xi}_n) = \int_a^b f(x)\,dx$$

可積分条件

$f : [a, b] \to \mathbf{R}$: 有界

$M_i := \sup\{f(x) \mid x \in [x_{i-1}, x_i]\} \ (i = 1, 2, \cdots, n)$

○ $S(f, \Delta) := \sum\limits_{i=1}^{n} M_i(x_i - x_{i-1})$: **上限近似和**

○ **下限近似和** $s(f, \Delta)$ についても同様に定める.

○ $\displaystyle \overline{\int_a^b} f(x)\, dx := \inf \left\{ S(f, \Delta) \,\middle|\, \Delta \text{ は } [a, b] \text{ の分割} \right\}$: **上積分**

○ $\displaystyle \underline{\int_a^b} f(x)\, dx := \sup \left\{ s(f, \Delta) \,\middle|\, \Delta \text{ は } [a, b] \text{ の分割} \right\}$: **下積分**

○ **ダルブーの定理**：

$$\lim_{|\Delta| \to 0} S(f, \Delta) = \overline{\int_a^b} f(x)\, dx, \qquad \lim_{|\Delta| \to 0} s(f, \Delta) = \underline{\int_a^b} f(x)\, dx$$

○ リーマン積分可能性 $\iff$ 上積分，下積分の値が等しい.

○ このときリーマン積分の値は上積分，下積分の値に等しい.

一様連続性

$A \subset \mathbf{R}, \ A \neq \emptyset$

$$f : A \to \mathbf{R} : \textbf{一様連続}$$
$$\Updownarrow \text{ def.}$$
$$\forall \varepsilon > 0, \ {}^{\exists} \delta > 0 \text{ s.t.}$$
$$|x - y| < \delta \ (x, y \in A) \implies \big| f(x) - f(y) \big| < \varepsilon$$

○ **ハイネの定理**：$\mathbf{R}$ の有界閉集合で定義された連続関数は一様連続.

○ 有界閉区間で定義された連続関数はリーマン積分可能.

項別積分定理と項別微分定理

関数列に対して，以下がなりたつ.

○ **項別積分定理**：

$$\int_a^b \lim_{n \to \infty} f_n(x)\, dx = \lim_{n \to \infty} \int_a^b f_n(x)\, dx$$

○ **項別微分定理**：

$$\left(\lim_{n \to \infty} f_n(x) \right)' = \lim_{n \to \infty} f_n'(x) \qquad (x \in [a, b])$$

ただし，一様収束性などの条件が必要.

6 リーマン積分
の応用

§23　広義積分

- リーマン積分と関数の極限を組みあわせることにより，**広義積分**を考えることができる．
- **絶対収束する**広義積分は**収束する**．
- 広義積分を用いて，**ガンマ関数**を定めることができる．
- 広義積分に関して，適当な条件のもとに，**項別積分定理**がなりたつ．

23・1　広義積分の定義

　有界閉区間とは限らない区間で定義された関数や区間からいくつかの点を除いたところで定義された関数に対して，広義積分というものを考えることができる．広義積分はリーマン積分 [⇨**第5章**] と関数の極限 [⇨ §5] を組みあわせることにより定められる．簡単のため，次の定義23.1では，右半開区間で定義された関数に対する広義積分を定め，その他の場合については，必要に応じて説明を加えることにする．

定義 23.1

$f : [a, b) \to \mathbf{R}$ を右半開区間 $[a, b)$ で定義された関数とし，次の (1), (2) が
なりたつとする.

(1) $a < c < b$ となる任意の $c \in \mathbf{R}$ に対して，関数 $f|_{[a,c]} : [a, c] \to \mathbf{R}$ は
$[a, c]$ でリーマン積分可能である.

(2) 左極限 $\displaystyle\lim_{c \to b-0} \int_a^c f(x)\,dx \in \mathbf{R}$ が存在する.

このとき，f は $[a, b)$ で**広義積分可能**であるという．また，

$$\int_a^b f(x)\,dx = \lim_{c \to b-0} \int_a^c f(x)\,dx \tag{23.1}$$

と表し，これを f の $[a, b)$ 上の**広義積分**という．f が $[a, b)$ で広義積分可
能であるとき，f の $[a, b)$ 上の広義積分は**収束する**という.

例題 23.1 広義積分 $\displaystyle\int_0^1 \frac{dx}{\sqrt{1-x^2}}$ の値を求めよ. □ □ □ ✍

解 $\displaystyle\int_0^1 \frac{dx}{\sqrt{1-x^2}} = \lim_{c \to 1-0} \int_0^c \frac{dx}{\sqrt{1-x^2}} \overset{\substack{\odot\ 定理\ 17.1\,(2),\ 図\,23.1}}{=} \lim_{c \to 1-0} \left[\sin^{-1} x\right]_0^c$

$$= \lim_{c \to 1-0} \sin^{-1} c = \sin^{-1} 1 = \frac{\pi}{2} \tag{23.2}$$

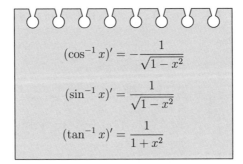

$$(\cos^{-1} x)' = -\frac{1}{\sqrt{1-x^2}}$$

$$(\sin^{-1} x)' = \frac{1}{\sqrt{1-x^2}}$$

$$(\tan^{-1} x)' = \frac{1}{1+x^2}$$

図 23.1 逆三角関数の微分

である.

23・2　コーシーの収束条件

関数の広義積分可能性に関して，次のコーシーの収束条件がなりたつ.

定理23.1（コーシーの収束条件）（重要）

$f : [a, b) \to \mathbf{R}$ を右半開区間 $[a, b)$ で定義された関数とし，定義 23.1 の (1) の条件がなりたつとする. このとき，次の (1) と (2) は同値である.

(1)　f は $[a, b)$ で広義積分可能である.

(2)　任意の $\varepsilon > 0$ に対して，ある $c \in [a, b)$ が存在し，$c < u < v < b$ ならば，$\left| \displaystyle\int_u^v f(x)\,dx \right| < \varepsilon$ となる.

証明　定義 23.1 の (1) の条件より，関数 $F : [a, b) \to \mathbf{R}$ を

$$F(t) = \int_a^t f(x)\,dx = \int_a^t f|_{[a,t]}(x)\,dx \qquad (t \in [a, b)) \tag{23.3}$$

により定めることができる.

(1) $\Rightarrow$ (2)　(1) より，$I \in \mathbf{R}$ を

$$I = \int_a^b f(x)\,dx = \lim_{t \to b-0} F(t) \tag{23.4}$$

により定めることができる. このとき，$\varepsilon > 0$ とすると，ある $c \in [a, b)$ が存在し，$c < x < b$ ならば，

$$\left| F(x) - I \right| < \frac{\varepsilon}{2} \tag{23.5}$$

となる. よって，$c < u < v < b$ ならば，

$$\left| \int_u^v f(x)\,dx \right| = \left| \int_a^v f(x)\,dx - \int_a^u f(x)\,dx \right| \quad (\odot \text{ 区間に関する加法性})$$

$$\overset{\odot (23.3)}{=} \left| F(v) - F(u) \right|$$

$$\overset{\text{😊 問 1.4 (2)}}{\leq} \left|F(v) - I\right| + \left|I - F(u)\right|$$

$$\overset{\text{😊 (23.5)}}{<} \frac{\varepsilon}{2} + \frac{\varepsilon}{2}$$

$$= \varepsilon \tag{23.6}$$

となる．すなわち，(2) がなりたつ．

(2) ⇒ (1)　$\{b_n\}_{n=1}^{\infty}$ を任意の $n \in \mathbf{N}$ に対して，$b_n \in [a, b)$ であり，かつ，$\lim_{n \to \infty} b_n = b$ となる数列とする．$\varepsilon > 0$ に対して，(2) の条件をみたす $c \in [a, b)$ を選んでおく．このとき，$\lim_{n \to \infty} b_n = b$ より，ある $N \in \mathbf{N}$ が存在し，$n \geq N \ (n \in \mathbf{N})$ ならば，$c < b_n < b$ となる．さらに，(2) の条件より，$m, n \geq N \ (m, n \in \mathbf{N})$ ならば，

$$\left|F(b_m) - F(b_n)\right| = \left|\int_{b_n}^{b_m} f(x)\, dx\right| < \varepsilon \tag{23.7}$$

となる．すなわち，

$$\left|F(b_m) - F(b_n)\right| < \varepsilon \tag{23.8}$$

となり，数列 $\left\{F(b_n)\right\}_{n=1}^{\infty}$ はコーシー列である [⇨**定義 4.1**]．よって，コーシーの収束条件（命題 4.1）より，$\left\{F(b_n)\right\}_{n=1}^{\infty}$ は収束する．さらに，$\left\{F(b_n)\right\}_{n=1}^{\infty}$ の極限は $\{b_n\}_{n=1}^{\infty}$ の選び方に依存しない[1]．したがって，定理 6.3 の (2) ⇒ (1) より，左極限 $\lim_{t \to b-0} F(t) \in \mathbf{R}$ が存在する．すなわち，定義 23.1 の (1) の条件に加えて，定義 23.1 の (2) の条件もなりたつ．以上より，f は $[a, b)$ で広義積分可能となり，(1) がなりたつ．　　　　　　　　　　　◇

23・3　絶対収束

　級数に対しては，収束するための十分条件として，絶対収束するという条件を考えた [⇨ 8・3]．広義積分に対しても，同様の条件を考えることができる．まず，次の定理 23.2 から始めよう．

---

[1]　問 21.6 (2) の議論とまったく同様である．

定理 23.2（重要）

$f : [a,b) \to \mathbf{R}$ を右半開区間 $[a,b)$ で定義された関数とし，定義 23.1 の (1) の条件がなりたつとする．このとき，次の (1), (2) がなりたつ．

(1)　$|f|$ が $[a,b)$ で広義積分可能ならば，f は $[a,b)$ で広義積分可能であり，

$$\left| \int_a^b f(x)\,dx \right| \leq \int_a^b |f(x)|\,dx \tag{23.9}$$

となる．

(2)　$g : [a,b) \to \mathbf{R}$ を $[a,b)$ で定義された関数とし，次の (a), (b) がなりたつとする．

(a)　任意の $x \in [a,b)$ に対して，$|f(x)| \leq g(x)$ である [2]．

(b)　g は $[a,b)$ で広義積分可能である．

このとき，$|f|$ は $[a,b)$ で広義積分可能であり，

$$\int_a^b |f(x)|\,dx \leq \int_a^b g(x)\,dx \tag{23.10}$$

となる．

証明　(1)　$\varepsilon > 0$ とする．$|f|$ が $[a,b)$ で広義積分可能であることとコーシーの収束条件（定理 23.1）の (1) $\Rightarrow$ (2) より，ある $c \in [a,b)$ が存在し，$c < u < v < b$ ならば，

$$\int_u^v |f(x)|\,dx < \varepsilon \tag{23.11}$$

となる．このとき，三角不等式（定理 20.2）より，

$$\left| \int_u^v f(x)\,dx \right| < \varepsilon \tag{23.12}$$

となる．よって，コーシーの収束条件（定理 23.1）の (2) $\Rightarrow$ (1) より，f は $[a,b)$ で広義積分可能である．

---

[2]　この関数 g を**優関数**という．

さらに，$c \in [a, b)$ とすると，三角不等式（定理 20.2）より，

$$\left| \int_a^c f(x)\, dx \right| \leq \int_a^c \left| f(x) \right| dx \tag{23.13}$$

である．$c \to b - 0$ とすると，(23.9) が得られる．

(2) 問 23.2 とする．   ◇

定理 23.2 において，(1) がなりたつとき，広義積分 $\displaystyle\int_a^b f(x)\, dx$ は**絶対収束する**という．

例 23.1 まず，$\lambda \in \mathbf{R}$ とし，右半開区間 $[a, b)$ で定義された関数 $g : [a, b) \to \mathbf{R}$ を

$$g(x) = (b - x)^\lambda \qquad (x \in [a, b)) \tag{23.14}$$

により定める．このとき，

$$\lim_{c \to b-0} \int_a^c (b - x)^\lambda\, dx = \begin{cases} \dfrac{1}{\lambda + 1}(b - a)^{\lambda+1} & (\lambda > -1), \\[2mm] +\infty & (\lambda \leq -1) \end{cases} \tag{23.15}$$

となる（✍）．よって，g が $[a, b)$ で広義積分可能となるのは，$\lambda > -1$ のときである．

ここで，$f : [a, b) \to \mathbf{R}$ を $[a, b)$ で定義された関数とし，ある $\lambda > -1$ が存在し，任意の $x \in [a, b)$ に対して，

$$\left| f(x) \right| \leq (b - x)^\lambda \tag{23.16}$$

がなりたつとする．このとき，定理 23.2 の (2) において，g を (23.14) により定めると，(23.16) より，(a) の条件がなりたつ．また，$\lambda > -1$ および (23.15) より，(b) の条件もなりたつ．よって，定理 23.2 の (2) より，$|f|$ は $[a, b)$ で広義積分可能であり，

$$\int_a^b \left| f(x) \right| dx \leq \frac{1}{\lambda + 1}(b - a)^{\lambda+1} \tag{23.17}$$

となる．さらに，定理 23.2 の (1) より，広義積分 $\displaystyle\int_a^b f(x)\, dx$ は絶対収束する．

◆

23・4 ガンマ関数

ガンマ関数は広義積分を用いて定められる重要な関数である. 23・4 では,
ガンマ関数を定める広義積分の収束性について述べよう[3].

$x \in (0, +\infty)$ を固定しておき, 関数 $f : (0, +\infty) \to \mathbf{R}$ を

$$f(t) = e^{-t} t^{x-1} \qquad (t \in (0, +\infty)) \tag{23.18}$$

により定める.

まず, $n \in \mathbf{N}$ を $x \leq n$ となるように選んでおくと,

$$0 \leq f(t)e^{\frac{1}{2}t} \leq t^{n-1}e^{-\frac{1}{2}t} \overset{\odot \text{問 } 14.2\,(2)}{\longrightarrow} 0 \qquad (t \to +\infty) \tag{23.19}$$

となる (✍). よって,

$$\lim_{t \to +\infty} f(t)e^{\frac{1}{2}t} = 0 \tag{23.20}$$

である[4]. とくに, ある $c > 0$ が存在し, $t \geq c$ ならば, $f(t)e^{\frac{1}{2}t} < 1$, すなわち,

$$f(t) < e^{-\frac{1}{2}t} \tag{23.21}$$

となる (✍). ここで, 関数 $g : [c, +\infty) \to \mathbf{R}$ を

$$g(t) = e^{-\frac{1}{2}t} \qquad (t \in [c, +\infty)) \tag{23.22}$$

により定める. このとき,

$$\int_c^{+\infty} g(t)\,dt = \int_c^{+\infty} e^{-\frac{1}{2}t}\,dt = \lim_{b \to +\infty} \int_c^b e^{-\frac{1}{2}t}\,dt = 2e^{-\frac{1}{2}c} \tag{23.23}$$

となり (✍), g は $[c, +\infty)$ で広義積分可能である[5]. したがって, (23.21) よ
り, 定理 23.2 の (2) と同様に, 広義積分 $\displaystyle\int_c^{+\infty} f(t)\,dt$ は収束する.

---

[3] ガンマ関数と並んで, ベータ関数も広義積分を用いて定められる重要な関数である [⇨
問 23.4], [藤岡 1] 12・2 , 12・3 , §23].

[4] 正または負の無限大における極限についても, 定理 5.2 と同様のはさみうちの原理がな
りたつ.

[5] 無限閉区間で定義された関数の広義積分は (23.23) のように定めて計算する.

次に，$0 < t \le c$ のとき，$e^{-t} < 1$ となるので，

$$f(t) < t^{x-1} \tag{23.24}$$

である．ここで，関数 $h : (0, c] \to \mathbf{R}$ を

$$h(t) = t^{x-1} \qquad (t \in (0, c]) \tag{23.25}$$

により定める．このとき，$x \in (0, +\infty)$ であることに注意すると，

$$\int_0^c h(t)\,dt = \int_0^c t^{x-1}\,dt = \lim_{a \to +0} \int_a^c t^{x-1}\,dt = \frac{1}{x}c^x \tag{23.26}$$

となり（✍），h は $(0, c]$ で広義積分可能である[6]．よって，(23.24) より，定理 23.2 の (2) と同様に，広義積分 $\displaystyle\int_0^c f(t)\,dt$ は収束する．

さらに，$\Gamma(x) \in \mathbf{R}$ を

$$\Gamma(x) = \int_0^{+\infty} f(t)\,dt = \int_0^c f(t)\,dt + \int_c^{+\infty} f(t)\,dt$$

$$= \lim_{a \to +0} \int_a^c f(t)\,dt + \lim_{b \to +\infty} \int_c^b f(t)\,dt \tag{23.27}$$

により定める．このとき，区間に関する加法性（定理 20.3）より，$\Gamma(x)$ の値は c の選び方に依存しない．以上より，関数 $\Gamma : (0, +\infty) \to \mathbf{R}$ を

$$\Gamma(x) = \int_0^{+\infty} e^{-t} t^{x-1}\,dt \qquad (x \in (0, +\infty)) \tag{23.28}$$

により定めることができる．Γ を**ガンマ関数**という．

23・5 項別積分定理

広義積分の場合も，適当な条件のもとに，項別積分定理を示すことができる [⇨**定理 22.1**]．簡単のため，右半開区間上で広義積分可能な関数を考えることにする．

---

[6] 左半開区間で定義された関数の広義積分は (23.26) のように定めて計算する．

> ### 定理 23.3（項別積分定理）
>
> $\{f_n\}_{n=1}^{\infty}$ を右半開区間 $[a, b)$ で定義された広義積分可能な関数からなる関数列，f, $g : [a, b) \to \mathbf{R}$ を関数とする．$\{f_n\}_{n=1}^{\infty}$ が f に一様収束し，f, $|g|$, fg, $f_n g$ $(n \in \mathbf{N})$ が $[a, b)$ で広義積分可能ならば，等式
>
> $$\int_a^b f(x)g(x)\, dx = \lim_{n \to \infty} \int_a^b f_n(x)g(x)\, dx \tag{23.29}$$
>
> がなりたつ．

証明　$\varepsilon > 0$ とする．$|g|$ は $[a, b)$ で広義積分可能なので，$I \geq 0$ を

$$I = \int_a^b |g(x)|\, dx \tag{23.30}$$

により定めることができる．このとき，$\{f_n\}_{n=1}^{\infty}$ が f に一様収束することより，ある $N \in \mathbf{N}$ が存在し，$x \in [a, b)$, $n \geq N$ $(n \in \mathbf{N})$ ならば，

$$|f_n(x) - f(x)| < \frac{\varepsilon}{2(I+1)} \tag{23.31}$$

となる [$\Rightarrow$**定義 11.1**]．よって，f, $|g|$, fg, $f_n g$ $(n \in \mathbf{N})$ が $[a, b)$ で広義積分可能であることに注意すると，$a < c < b$ のとき，$n \geq N$ $(n \in \mathbf{N})$ ならば，

$$\left| \int_a^c f_n(x)g(x)\, dx - \int_a^c f(x)g(x)\, dx \right|$$

$$= \left| \int_a^c \big(f_n(x) - f(x)\big)g(x)\, dx \right| \quad (\because \text{リーマン積分の線形性})$$

$$\leq \int_a^c |f_n(x) - f(x)||g(x)|\, dx$$

$$\qquad\qquad (\because \text{三角不等式，積のリーマン積分可能性 [$\Rightarrow$ 注意 23.1]})$$

$$\leq \int_a^c \frac{\varepsilon}{2(I+1)}|g(x)|\, dx \quad (\because (23.31)，\text{リーマン積分の単調性})$$

$$\overset{\because (18.21)}{\leq} \int_a^c \frac{\varepsilon}{2(I+1)}|g(x)|\, dx + \int_c^b \frac{\varepsilon}{2(I+1)}|g(x)|\, dx$$

$$\leq \frac{\varepsilon}{2(I+1)} \int_a^b |g(x)|\, dx \quad (\because \text{区間に関する加法性})$$

$$\overset{\text{☺}}{=}\overset{(23.30)}{=}\frac{\varepsilon}{2(I+1)}I<\frac{\varepsilon}{2} \tag{23.32}$$

となる. すなわち,

$$\left|\int_a^c f_n(x)g(x)\,dx-\int_a^c f(x)g(x)\,dx\right|<\frac{\varepsilon}{2} \tag{23.33}$$

である. さらに, $c\to b-0$ とすると,

$$\left|\int_a^b f_n(x)g(x)\,dx-\int_a^b f(x)g(x)\,dx\right|\le\frac{\varepsilon}{2}<\varepsilon \tag{23.34}$$

となる. すなわち,

$$\left|\int_a^b f_n(x)g(x)\,dx-\int_a^b f(x)g(x)\,dx\right|<\varepsilon \tag{23.35}$$

である. したがって, (23.29) がなりたつ.　　　　　　◇

注意 23.1　$f,\,g:[a,b]\to\mathbf{R}$ を有界閉区間 $[a,b]$ で定義されたリーマン積分可能な関数とすると, fg は $[a,b]$ でリーマン積分可能である. この事実を**積のリーマン積分可能性**という $[\Rightarrow$ **問 23.5** $]$.

§ 23 の問題

確認問題

問 23.1　広義積分

$$\int_0^{+\infty}\frac{dx}{1+x^2}=\lim_{c\to+\infty}\int_0^c\frac{dx}{1+x^2}$$

の値を求めよ.　　　　　　□□□ $[\Rightarrow$  $]$

基本問題

問 23.2　定理 23.2 の (2) を示せ.　　　　□□□ $[\Rightarrow$  $]$

問 23.3　ガンマ関数の定義を書け.　　□□□□ [⇨ **23·4**]

問 23.4　$x, y \in (0, +\infty)$ を固定しておき，関数 $f : (0, 1) \to \mathbf{R}$ を

$$f(t) = t^{x-1}(1-t)^{y-1} \qquad (t \in (0, 1))$$

により定める.

(1)　ある $c_1 \in (0, 1)$ が存在し，広義積分 $\displaystyle\int_0^{c_1} f(t)\, dt$ は収束することを示せ.

(2)　ある $c_2 \in (c_1, 1)$ が存在し，広義積分 $\displaystyle\int_{c_2}^1 f(t)\, dt$ は収束することを示せ.

□□□□ [⇨ **23·4**]

補足　ガンマ関数の場合と同様に，問 23.4 (1), (2) より，2 変数関数 $\mathrm{B} : (0, +\infty) \times (0, +\infty) \to \mathbf{R}$ を

$$\begin{aligned}
\mathrm{B}(x, y) &= \int_0^1 t^{x-1}(1-t)^{y-1}\, dt = \int_0^1 f(t)\, dt \\
&= \int_0^{c_1} f(t)\, dt + \int_{c_1}^{c_2} f(t)\, dt + \int_{c_2}^1 f(t)\, dt \\
&= \lim_{a \to +0} \int_a^{c_1} f(t)\, dt + \int_{c_1}^{c_2} f(t)\, dt + \lim_{b \to 1-0} \int_{c_2}^b f(t)\, dt
\end{aligned}$$

により定めることができる.　B を**ベータ関数**という.

問 23.5　次の □ をうめ，(1), (2) 式の途中の変形を補うことにより，積のリーマン積分可能性 [⇨ **注意 23.1**] を示せ.

$f, g : [a, b] \to \mathbf{R}$ を有界閉区間 $[a, b]$ で定義されたリーマン積分可能な関数とすると，f, g は □①□ である [⇨ **問 18.4**]．よって，ある $M \geq 0$ が存在し，任意の $x \in [a, b]$ に対して，$|f(x)|, |g(x)| \leq M$ となる.　このとき，$x, y \in [a, b]$ とすると，

$$|f(x)g(x) - f(y)g(y)| \leq \boxed{②}\, \big(|f(x) - f(y)| + |g(x) - g(y)|\big) \qquad (1)$$

となる.　ここで，$\varepsilon > 0$ とすると，リーマン積分に関する可積分条件 (定理 19.4)

の (1) ⇒ (2) より，$[a, b]$ のある $\boxed{③}$

$$\Delta : a = x_0 < x_1 < x_2 < \cdots < x_{n-1} < x_n = b$$

が存在し，

$$S(f, \Delta) - s(f, \Delta) < \frac{\varepsilon}{2(M+1)}, \qquad S(g, \Delta) - s(g, \Delta) < \frac{\varepsilon}{2(M+1)}$$

となる．このとき，

$$S(fg, \Delta) - s(fg, \Delta) < \varepsilon \tag{2}$$

となる．よって，リーマン積分に関する可積分条件（定理 19.4）の (3) ⇒ (1)
より，fg はリーマン積分可能である．

 [⇨ **23 · 5**]

チャレンジ問題

問 23.6　次の問に答えよ．

(1)　$n = 0, 1, 2, \cdots$ に対して，積分 $\displaystyle\int_0^{\frac{\pi}{2}} \sin^n \theta \, d\theta$ の値を求めよ．

(2)　等式

$$\int_0^1 \frac{\sin^{-1} x}{\sqrt{1 - x^2}} \, dx = \sum_{n=0}^{\infty} \int_0^1 \frac{(2n-1)!!}{(2n)!!} \frac{1}{2n+1} \frac{x^{2n+1}}{\sqrt{1 - x^2}} \, dx$$

がなりたつことを示せ．

(3)　級数 $\displaystyle\sum_{n=1}^{\infty} \frac{1}{n^2}$ の値を求めよ．　　　[⇨ **23 · 5**]

§24 曲線の長さ

──── §24 のポイント ───

- **平面曲線**に対して，**長さ**を定めることができる．
- 長さが**無限**である**連続**な平面曲線が存在する．
- **リプシッツ連続**な平面曲線の長さは**有限**である．
- C^1 **級**の平面曲線の長さはリーマン積分を用いて表すことができる．

24・1 座標平面と平面曲線

§24 では，曲線の長さについて述べよう．簡単のため，平面内の曲線を考えることにする．

まず，平面を座標平面として，

$$\mathbf{R}^2 = \left\{ (x, y) \,\middle|\, x, y \in \mathbf{R} \right\} \tag{24.1}$$

と表す．このとき，$\mathbf{R}^2$ の点として (x, y) と表される平面上の点 P を $\mathrm{P}(x, y) \in \mathbf{R}^2$ のように表す．また，2 点 $\mathrm{P}(x_1, y_1)$, $\mathrm{Q}(x_2, y_2) \in \mathbf{R}^2$ に対して，

$$\mathrm{PQ} = d\big((x_1, y_1), (x_2, y_2)\big) = \sqrt{(x_1 - x_2)^2 + (y_1 - y_2)^2} \tag{24.2}$$

とおき，これを P と Q の**ユークリッド距離**という．PQ は線分 PQ の長さを表す[1]．ユークリッド距離に対して，次の三角不等式がなりたつ（✍）．

─── **定理 24.1（三角不等式）（重要）** ───

$\mathrm{P}, \mathrm{Q}, \mathrm{R} \in \mathbf{R}^2$ とすると，

$$\mathrm{PR} \le \mathrm{PQ} + \mathrm{QR} \tag{24.3}$$

がなりたつ．

§24 では，リーマン積分の応用として，平面曲線の長さを考えるため，平面

---

[1] 初等幾何でまなぶ三平方の定理に他ならない．

曲線を次の定義 24.1 のように定めることにする.

定義 24.1 ─────────

有界閉区間 $[a, b]$ で定義された関数 $f, g : [a, b] \to \mathbf{R}$ を用いて,

$$\gamma(t) = \big(f(t), g(t)\big) \qquad (t \in [a, b]) \tag{24.4}$$

と表される写像 $\gamma : [a, b] \to \mathbf{R}^2$ を**平面曲線**という.

24・2 平面曲線の長さの定義

(24.2) で定めた平面上の 2 点間のユークリッド距離が線分の長さを表すことに注目し, 平面曲線を線分の和である折れ線で近似することによって, その長さを考えていこう. まず, $\gamma : [a, b] \to \mathbf{R}^2$ を (24.4) のように表される平面曲線とする. 次に, Δ を $[a, b]$ の分割とし,

$$a = t_0 < t_1 < t_2 < \cdots < t_{n-1} < t_n = b \tag{24.5}$$

と表しておく [⇨ 18・1]. このとき, $l(\Delta) \in \mathbf{R}$ を

$$l(\Delta) = \sum_{i=1}^{n} d\big(\gamma(t_{i-1}), \gamma(t_i)\big) \tag{24.6}$$

により定める. $i = 0, 1, 2, \cdots, n$ に対して, $\gamma(t_i)$ を表す点を P_i とおくと, $l(\Delta)$ は線分 $\mathrm{P}_0 \mathrm{P}_1, \mathrm{P}_1 \mathrm{P}_2, \cdots, \mathrm{P}_{n-1} \mathrm{P}_n$ の和である折れ線の長さを表す (**図 24.1**).

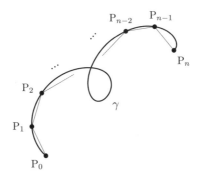

図 24.1 平面曲線の折れ線による近似

ここで，Δ' を Δ の細分とする [⇒**定義 19.1**]．このとき，三角不等式（定理24.1）より，

$$l(\Delta) \leq l(\Delta') \tag{24.7}$$

となる．そこで，$A \subset \mathbf{R}$ を

$$A = \left\{ l(\Delta) \,\middle|\, \Delta \text{ は } [a,b] \text{ の分割} \right\} \tag{24.8}$$

により定め，A が上に有界なとき，$\sup A \in \mathbf{R}$ を γ の**長さ**という [⇒**ワイエルシュトラスの公理（命題 4.2）**]．このとき，γ の長さは**有限**であるという．一方，A が上に有界でないときは，γ の長さを「$+\infty$」として定める．このとき，γ の長さは**無限**であるという．

定義 24.1 において，f, g が $[a,b]$ で連続なとき，γ は**連続**であるという．有界閉区間で定義された平面曲線は連続であったとしても，その長さが無限となることがある [⇒ 問 24.2 (2)]．

24・3　平面曲線の長さが有限な場合

24・3 では，長さが有限な平面曲線について考えよう．まず，リプシッツ連続 [⇒ 問 21.3] な平面曲線を次の定義 24.2 のように定める．

定義 24.2

$\gamma : [a,b] \to \mathbf{R}^2$ を平面曲線とする．ある $L \geq 0$ が存在し，任意の $s, t \in [a,b]$ に対して，

$$d\big(\gamma(s), \gamma(t)\big) \leq L|s - t| \tag{24.9}$$

となるとき，γ は**リプシッツ連続**であるという．また，L を**リプシッツ定数**という．

例題 24.1　リプシッツ連続な平面曲線の長さは有限であることを示せ．

解　$\gamma : [a,b] \to \mathbf{R}^2$ をリプシッツ定数 L のリプシッツ連続な平面曲線，Δ を (24.5) で表される $[a,b]$ の分割とする．このとき，

$$l(\Delta) \overset{\odot (24.6)}{=} \sum_{i=1}^{n} d\big(\gamma(t_{i-1}), \gamma(t_i)\big) \overset{\odot (24.9)}{\leq} \sum_{i=1}^{n} L(t_i - t_{i-1}) = L(t_n - t_0)$$

$$\overset{\odot (24.5)}{=} L(b - a) \tag{24.10}$$

となる．よって，(24.8) により定められる $A \subset \mathbf{R}$ は上に有界となるので，γ の長さは有限である．すなわち，リプシッツ連続な平面曲線の長さは有限である．

$\diamondsuit$

定義 24.1 において，f, g が $[a,b]$ で C^1 級のとき，γ は **C^1 級**（または**連続微分可能**）であるという．C^1 級の平面曲線について，次の定理 24.2 がなりたつ $[\Rightarrow \boxed{\text{問 24.1}}]$．

定理 24.2

C^1 級の平面曲線の長さは有限である．

また，長さが有限である連続な平面曲線については，次の定理 24.3 がなりたつ．

定理 24.3

$\gamma : [a,b] \to \mathbf{R}^2$ を長さが有限である連続な平面曲線とすると，

$$(\gamma \text{ の長さ}) = \lim_{|\Delta| \to 0} l(\Delta) \tag{24.11}$$

である $[\Rightarrow \boxed{\text{注意 19.1}}]$．

証明　ダルブーの定理（定理 19.3）の証明と同様の考え方で示す．

γ の長さを $l \in \mathbf{R}$ とおき，$\varepsilon > 0$ とすると，上限の定義（定義 4.2 (1)）および γ の長さの定義より，$[a,b]$ のある分割 Δ_0 が存在し，

$$l - \frac{\varepsilon}{2} < l(\Delta_0) \tag{24.12}$$

となる.

また，γ を (24.4) のように表しておき，Δ_0 の分点の個数を k とすると，γ の連続性およびハイネの定理（定理 21.2）より，ある $\delta > 0$ が存在し，$|s - t| < \delta$ ($s, t \in [a, b]$) ならば，

$$\left| f(s) - f(t) \right|, \left| g(s) - g(t) \right| < \frac{\varepsilon}{4\sqrt{2}(k + 1)} \tag{24.13}$$

となる. このとき，

$$d\big(\gamma(s), \gamma(t)\big) \overset{\odot\,(24.2)}{=} \sqrt{\big(f(s) - f(t)\big)^2 + \big(g(s) - g(t)\big)^2}$$

$$\overset{\odot\,(24.13)}{<} \sqrt{2\left(\frac{\varepsilon}{4\sqrt{2}(k + 1)}\right)^2} = \frac{\varepsilon}{4(k + 1)} \tag{24.14}$$

となる. すなわち，

$$d\big(\gamma(s), \gamma(t)\big) < \frac{\varepsilon}{4(k + 1)} \tag{24.15}$$

である.

ここで，Δ を $|\Delta| < \min\{|\Delta_0|, \delta\}$ となる $[a, b]$ の分割とし，(24.5) のように表しておく. このとき，$i = 1, 2, \cdots, n$ に対して，(t_{i-1}, t_i) は Δ_0 の分点を含まないか，または，Δ_0 の分点を 1 つ含む.

次に，Δ' を Δ_0, Δ の分点を分点とする $[a, b]$ の分割とする. $i_0 \in \{0, 1, 2, \cdots, n-1\}$ に対して，(t_{i_0}, t_{i_0+1}) が Δ_0 の分点 t' を含むとすると，

$$d\big(\gamma(t_{i_0}), \gamma(t')\big) + d\big(\gamma(t'), \gamma(t_{i_0+1})\big) - d\big(\gamma(t_{i_0}), \gamma(t_{i_0+1})\big)$$

$$\overset{\odot\,(24.15)}{<} \frac{\varepsilon}{4(k + 1)} + \frac{\varepsilon}{4(k + 1)} - 0 = \frac{\varepsilon}{2(k + 1)} \tag{24.16}$$

となる. よって，

$$l(\Delta') - l(\Delta) \overset{\odot\,(24.16)}{<} k\frac{\varepsilon}{2(k + 1)} < \frac{\varepsilon}{2} \tag{24.17}$$

となる（📐）. すなわち，

$$l(\Delta') - l(\Delta) < \frac{\varepsilon}{2} \tag{24.18}$$

である. したがって，

$$l - l(\Delta) = \big(l - l(\Delta_0)\big) + \big(l(\Delta_0) - l(\Delta')\big) + \big(l(\Delta') - l(\Delta)\big)$$

$$< \frac{\varepsilon}{2} + 0 + \frac{\varepsilon}{2} \quad (\odot\ (24.12),\ (24.7),\ (24.18))\ = \varepsilon \qquad (24.19)$$

となる．すなわち，(24.11) がなりたつ． $\diamondsuit$

24・4　C^1 級の平面曲線の長さ

C^1 級の平面曲線の長さは有限であった [⇨ **定理 24.2**]．実は，その長さは
リーマン積分を用いて表すことができる．

定理 24.4（重要）

$\gamma : [a, b] \to \mathbf{R}^2$ を C^1 級の平面曲線とし，(24.4) のように表しておくと，

$$(\gamma\ \text{の長さ}) = \int_a^b \sqrt{\big(f'(t)\big)^2 + \big(g'(t)\big)^2}\, dt \qquad (24.20)$$

である．

証明　Δ を $[a, b]$ の分割とし，(24.5) のように表しておく．γ は C^1 級なの
で，平均値の定理（定理 13.6）より，各 $i = 1, 2, \cdots, n$ に対して，ある $c_i, d_i \in$
(t_{i-1}, t_i) が存在し，

$$f(t_i) - f(t_{i-1}) = f'(c_i)(t_i - t_{i-1}), \qquad (24.21)$$

$$g(t_i) - g(t_{i-1}) = g'(d_i)(t_i - t_{i-1}) \qquad (24.22)$$

となる．このとき，

$$l(\Delta) \overset{\odot\ (24.6)}{=} \sum_{i=1}^n d\big(\gamma(t_{i-1}), \gamma(t_i)\big)$$

$$\overset{\odot\ (24.2)}{=} \sum_{i=1}^n \sqrt{\big(f(t_i) - f(t_{i-1})\big)^2 + \big(g(t_i) - g(t_{i-1})\big)^2}$$

$$\overset{\odot\ (24.21),\ (24.22)}{=} \sum_{i=1}^n \sqrt{\big(f'(c_i)\big)^2 + \big(g'(d_i)\big)^2}(t_i - t_{i-1})$$

$$= \sum_{i=1}^n \left(\sqrt{\big(f'(c_i)\big)^2 + \big(g'(d_i)\big)^2} - \sqrt{\big(f'(t_i)\big)^2 + \big(g'(t_i)\big)^2} \right)(t_i - t_{i-1})$$

$$+ \sum_{i=1}^{n} \sqrt{\left(f'(t_i)\right)^2 + \left(g'(t_i)\right)^2}(t_i - t_{i-1}) \tag{24.23}$$

となる.

ここで,

$$\sqrt{\left(f'(c_i)\right)^2 + \left(g'(d_i)\right)^2} \overset{\odot\ (24.2)}{=} d\big(\left(f'(c_i), g'(d_i)\right), (0,0)\big)$$

$$\overset{\odot\ \text{三角不等式}}{\leq} d\big(\left(f'(c_i), g'(d_i)\right), \left(f'(t_i), g'(t_i)\right)\big) + d\big(\left(f'(t_i), g'(t_i)\right), (0,0)\big)$$

$$\overset{\odot\ (24.2)}{=} \sqrt{\left(f'(c_i) - f'(t_i)\right)^2 + \left(g'(d_i) - g'(t_i)\right)^2} + \sqrt{\left(f'(t_i)\right)^2 + \left(g'(t_i)\right)^2}$$

$$\tag{24.24}$$

となる. よって, $i = 1, 2, \cdots, n$ に対して,

$$\varepsilon_i = \sqrt{\left(f'(c_i)\right)^2 + \left(g'(d_i)\right)^2} - \sqrt{\left(f'(t_i)\right)^2 + \left(g'(t_i)\right)^2} \tag{24.25}$$

とおくと,

$$\varepsilon_i \leq \sqrt{\left(f'(c_i) - f'(t_i)\right)^2 + \left(g'(d_i) - g'(t_i)\right)^2} \tag{24.26}$$

である. 同様に,

$$-\varepsilon_i \leq \sqrt{\left(f'(c_i) - f'(t_i)\right)^2 + \left(g'(d_i) - g'(t_i)\right)^2} \tag{24.27}$$

となるので,

$$|\varepsilon_i| \leq \sqrt{\left(f'(c_i) - f'(t_i)\right)^2 + \left(g'(d_i) - g'(t_i)\right)^2} \tag{24.28}$$

である.

また, γ が C^1 級であることより, f', g' は連続である. したがって, $\varepsilon > 0$ とすると, ハイネの定理 (定理 21.2) より, ある $\delta > 0$ が存在し, $|s - t| < \delta$ $(s, t \in [a, b])$ ならば,

$$\sum_{i=1}^{n} \sqrt{\left(f'(s) - f'(t)\right)^2 + \left(g'(s) - g'(t)\right)^2} < \frac{\varepsilon}{b - a} \tag{24.29}$$

となる[2]. このとき, Δ を $|\Delta| < \delta$ となるように選んでおくと,

$$\sum_{i=1}^{n} \sqrt{\left(f'(c_i) - f'(t_i)\right)^2 + \left(g'(d_i) - g'(t_i)\right)^2}(t_i - t_{i-1})$$

$$\overset{\odot\,(24.29)}{<} \sum_{i=1}^{n} \frac{\varepsilon}{b-a}(t_i - t_{i-1}) = \frac{\varepsilon}{b-a}(b-a) = \varepsilon \qquad (24.30)$$

となる. すなわち,

$$\lim_{|\Delta| \to 0} \sum_{i=1}^{n} \sqrt{\left(f'(c_i) - f'(t_i)\right)^2 + \left(g'(d_i) - g'(t_i)\right)^2}(t_i - t_{i-1}) = 0 \quad (24.31)$$

である. さらに, (24.28), (24.31) より,

$$\lim_{|\Delta| \to 0} \sum_{i=1}^{n} \varepsilon_i(t_i - t_{i-1}) = 0 \qquad (24.32)$$

となる. 以上より,

$$(\gamma \text{ の長さ}) \overset{\odot\,\text{定理} 24.3}{=} \lim_{|\Delta| \to 0} l(\Delta)$$

$$\overset{\odot\,(24.23),\,(24.32)}{=} \lim_{|\Delta| \to 0} \sum_{i=1}^{n} \sqrt{\left(f'(t_i)\right)^2 + \left(g'(t_i)\right)^2}(t_i - t_{i-1})$$

$$\overset{\odot\,\text{区分求積法}}{=} \int_a^b \sqrt{\left(f'(t)\right)^2 + \left(g'(t)\right)^2}\, dt \qquad (24.33)$$

となる. すなわち, (24.20) がなりたつ. 　　　　　　　　　　　　◇

【例 24.1 (円)】 $r > 0$ とし, 平面曲線 $\gamma : [0, 2\pi] \to \mathbf{R}^2$ を

$$\gamma(t) = (r\cos t, r\sin t) \qquad (t \in [0, 2\pi]) \qquad (24.34)$$

により定める. γ は原点を中心とする半径 r の円を表す. このとき, γ は C^1 級なので, 定理 24.4 より,

$$(\gamma \text{ の長さ}) = \int_0^{2\pi} \sqrt{\{(r\cos t)'\}^2 + \{(r\sin t)'\}^2}\, dt$$

$$= \int_0^{2\pi} \sqrt{(-r\sin t)^2 + (r\cos t)^2}\, dt = \int_0^{2\pi} \sqrt{r^2(\sin^2 t + \cos^2 t)}\, dt$$

---

[2] (24.13), (24.14) と同様の計算を行う.

$$= \int_0^{2\pi} r\,dt = 2\pi r \tag{24.35}$$

となる．すなわち，原点を中心とする半径 r の円の長さは $2\pi r$ である．　　　◆

§ 24 の問題

確認問題

問 24.1　次の　　　をうめ，(5) 式の途中の変形を補うことにより，C^1 級の平面曲線の長さは有限であることを示せ．

$\gamma : [a, b] \to \mathbf{R}^2$ を C^1 級の平面曲線とし，

$$\gamma(t) = \big(f(t), g(t)\big) \qquad \big(t \in [a, b]\big) \tag{1}$$

と表しておく．このとき，$s, t \in [a, b]$ とすると，　①　の定理より，s と t の間のある $c, d \in \mathbf{R}$ が存在し，

$$f(s) - f(t) = f'(c)(s - t), \qquad g(s) - g(t) = g'(d)(s - t) \tag{2}$$

となる．また，f', g' は連続なので，　②　の定理より，$M, N \geq 0$ を

$$M = \max\{|f'(t)| \,\big|\, t \in [a, b]\}, \qquad N = \max\{|g'(t)| \,\big|\, t \in [a, b]\} \tag{3}$$

により定めることができる．ここで，$L \geq 0$ を

$$L = \sqrt{M^2 + N^2} \tag{4}$$

により定めると，

$$d\big(\gamma(s), \gamma(t)\big) \leq L|s - t| \tag{5}$$

となる．よって，γ は　③　定数 L の　③　連続な平面曲線である．したがって，例題 24.1 より，γ の長さは有限である．

□□□ [⇨ **24・3**]

基本問題

$\boxed{問\ 24.2}$ 関数 $f : [0, 1] \to \mathbf{R}$ を

$$f(t) = \begin{cases} t \sin \dfrac{\pi}{t} & \big(t \in (0, 1]\big), \\ 0 & (t = 0) \end{cases}$$

により定める.

(1) $f(t)$ は $t = 0$ で連続であることを示せ. とくに, f は $[0, 1]$ で連続となる.

(2) (1) より, 連続な平面曲線 $\gamma : [0, 1] \to \mathbf{R}^2$ を

$$\gamma(t) = \big(t, f(t)\big) \qquad \big(t \in [0, 1]\big)$$

により定めることができる. 次の $\boxed{}$ をうめることにより, γ の長さは無限であることを示せ.

$n = 3,\ 4,\ 5,\ \cdots$ とし, $t_i = \dfrac{1}{\frac{1}{2} + n - i}$ $(i = 1, 2, \cdots, n-1)$ とおくと,

$$f(t_i) = \frac{2}{1 + 2\left(\boxed{①}\right)} (-1)^{\boxed{①}}$$

である. また, $[0, 1]$ の分割 Δ_n として, (24.5) において, $a = 0$, $b = 1$ としたものを考えることができる. このとき,

$$l(\Delta_n) = \boxed{②}\, d\big(\gamma(t_{i-1}), \gamma(t_i)\big) > \sum_{i=2}^{n-1} d\big(\gamma(t_{i-1}), \gamma(t_i)\big)$$

$$> \sum_{i=2}^{n-1} \left\{ \frac{2}{1 + 2\left(\boxed{③}\right)} + \frac{2}{1 + 2\left(\boxed{①}\right)} \right\}$$

$$= \sum_{i=2}^{n-1} \frac{8(1 + n - i)}{\left\{1 + 2\left(\boxed{③}\right)\right\}\left\{1 + 2\left(\boxed{①}\right)\right\}}$$

$$> \sum_{i=2}^{n-1} \frac{1}{n - i + 2}$$

$$= \sum_{k=1}^{n} \frac{1}{k} - \boxed{④} \to \boxed{⑤} \qquad (n \to \infty)$$

となる．よって，γ の長さは無限である． $\square\square\square$ [⇨ **24・2**]

問 24.3 $a > 0$ とし，平面曲線 $\gamma : [0, 2\pi] \to \mathbf{R}^2$ を

$$\gamma(t) = \big(a(\cos t + 1)\cos t, a(\cos t + 1)\sin t\big) \qquad \big(t \in [0, 2\pi]\big)$$

により定める．γ を**カージオイド**（または**心臓形**）という（**図 24.2**）．γ の長さ
を求めよ． $\square\square\square$ [⇨ **24・4**]

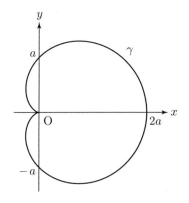

図 24.2 カージオイド

第 6 章のまとめ

広義積分

○ リーマン積分と関数の極限を組みあわせて定める.

○ 例：$f : [a, b) \to \mathbf{R}$：関数 s.t.

- $a <^{\forall} c < b,\ f|_{[a,c]} : [a, c] \to \mathbf{R}$：$[a, c]$ でリーマン積分可能

- $\displaystyle {}^{\exists} \lim_{c \to b-0} \int_a^c f(x)\, dx \in \mathbf{R}$

$\leadsto$ 3) $\displaystyle \int_a^b f(x)\, dx := \lim_{c \to b-0} \int_a^c f(x)\, dx$　　（**広義積分**）

○ $|f|$ が広義積分可能ならば，f は広義積分可能（**絶対収束**）.

○ **ガンマ関数**：$\displaystyle \Gamma(x) = \int_0^{+\infty} e^{-t} t^{x-1}\, dx\ (x \in (0, +\infty))$

曲線の長さ

○ $\mathbf{R}^2 := \{ (x, y) \,|\, x, y \in \mathbf{R} \}$（座標平面）

○ **ユークリッド距離**：$\mathrm{P}(x_1, y_1),\ \mathrm{Q}(x_2, y_2) \in \mathbf{R}^2$

$$\mathrm{PQ} := d\big((x_1, y_1), (x_2, y_2) \big) := \sqrt{(x_1 - x_2)^2 + (y_1 - y_2)^2}$$

線分 PQ の長さを表す.

○ 写像 $\gamma : [a, b] \to \mathbf{R}^2$ を**平面曲線**という.

○ 平面曲線の**長さ**：平面曲線を近似する折れ線の長さの上限として定める.

○ **リプシッツ連続**な平面曲線の長さは有限.

○ $\boldsymbol{C^1}$ **級**の平面曲線の長さは有限.

$$\gamma(t) = (f(t), g(t)) \qquad (t \in [a, b])$$

と表しておくと，

$$(\gamma \text{ の長さ}) = \int_a^b \sqrt{\big(f'(t) \big)^2 + \big(g'(t) \big)^2}\, dt$$

---

3) 「$\leadsto$」は一般的に使われている論理記号の類ではないが，本書では，前に述べたことを
もとに，その後のことを述べたりするときに用いている.

問題解答とヒント

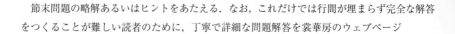

　節末問題の略解あるいはヒントをあたえる．なお，これだけでは行間が埋まらず完全な解答をつくることが難しい読者のために，丁寧で詳細な問題解答を裳華房のウェブページ

https://www.shokabo.co.jp/author/1592/1592answer.pdf

から無料でダウンロードできるようにした．自習学習に役立ててほしい．読者が手を動かしてくり返し問題を解き，理解を完全なものにすることを願っている．また，本文中の「✍」の記号の「行間埋め」の具体的なやり方については，

https://www.shokabo.co.jp/author/1592/1592support.pdf

に別冊で公開した．読者の健闘と成功を祈る．

§1 の問題解答

解 1.1　① α，② β，③ $b_n - \beta$，④ 三角

解 1.2　① $\alpha > \beta$，② α，③ β，④ $b_n - \beta$，⑤ $\alpha - \varepsilon$

解 1.3　(1) n に関する数学的帰納法により示す．
(2) $^{\forall}\varepsilon > 0,\ ^{\exists}N \in \mathbf{N}$ s.t. 「$n \geq N\ (n \in \mathbf{N}) \Longrightarrow \left| \frac{1}{2^n} - 0 \right| < \varepsilon$」
(3) (1) より，任意の $n \in \mathbf{N}$ に対して，$0 < \frac{1}{2^n} < \frac{1}{n}$ がなりたつ．

解 1.4　(1) n に関する数学的帰納法により示す．(2), (3) 三角不等式を用いる．
(4) (3) を用いる．

解 1.5　(1) $^{\forall}\varepsilon > 0,\ ^{\exists}N \in \mathbf{N}$ s.t. 「$n \geq N\ (n \in \mathbf{N}) \Longrightarrow \left| \frac{a_1 + a_2 + \cdots + a_n}{n} - \alpha \right| < \varepsilon$」
(2) $\varepsilon > 0$ とする．$\lim\limits_{n \to \infty} a_n = \alpha$ なので，ある $N_1 \in \mathbf{N}$ が存在し，$n \geq N_1\ (n \in \mathbf{N})$ ならば，$|a_n - \alpha| < \frac{\varepsilon}{2}$ となる．ここで，$M = \max\{|a_1 - \alpha|,\ |a_2 - \alpha|,\ \cdots,\ |a_{N_1} - \alpha|\}$ とおく．このとき，$\lim\limits_{n \to \infty} \frac{N_1 M}{n} = 0$ となる．よって，ある $N_2 \in \mathbf{N}$ が存在し，$n \geq N_2\ (n \in \mathbf{N})$ ならば，$\frac{N_1 M}{n} < \frac{\varepsilon}{2}$ となる．ここで，$N \in \mathbf{N}$ を $N = \max\{N_1,\ N_2\} + 1$ により定める．このとき，$n \geq N\ (n \in \mathbf{N})$ ならば，$\left| \frac{a_1 + a_2 + \cdots + a_n}{n} - \alpha \right| < \varepsilon$ となる．

§2 の問題解答

解 2.1　① 0，② βb_n，③ $\frac{2}{|\beta|^2}$，④ β

解 2.2　$M \in \mathbf{R}$ とする．まず，$M \geq 0$ のとき，$an < M$ となる．次に，$M < 0$ のとき，アルキメデスの原理（命題 1.1）において，a を $-a$，b を $-M$ とすることにより，ある $N \in \mathbf{N}$ が存在し，$-aN > -M$ となる．このとき，$n \geq N$ $(n \in \mathbf{N})$ ならば，$an < M$ となる．

解 2.3　(1) それぞれ，$0, 1$ である．(2) n に関する数学的帰納法により示す．
(3) はさみうちの原理（定理 1.1）を用いる．(4) 追い出しの原理（定理 2.3）を用いる．

解 2.4　$M \in \mathbf{R}$ とする．$\lim_{n \to \infty} a_n = +\infty$ なので，ある $N_1 \in \mathbf{N}$ が存在し，$n \geq N_1$ $(n \in \mathbf{N})$ ならば，$M + 1 < a_n$ となる．ここで，$M' = \min\{a_1, a_2, \cdots, a_{N_1}\}$ とおく．このとき，$\lim_{n \to \infty} \frac{N_1(M' - M - 1)}{n} = 0$ となる．よって，ある $N_2 \in \mathbf{N}$ が存在し，$n \geq N_2$ $(n \in \mathbf{N})$ ならば，$-1 < \frac{N_1(M' - M - 1)}{n} < 1$ となる．ここで，$N \in \mathbf{N}$ を $N = \max\{N_1, N_2\} + 1$ により定める．このとき，$n \geq N$ $(n \in \mathbf{N})$ ならば，$\frac{a_1 + a_2 + \cdots + a_n}{n} > M$ となる．

§3 の問題解答

解 3.1　(1) $a_n = \left(1 + \frac{1}{n}\right)^n = \sum_{k=0}^{n} {}_n\mathrm{C}_k 1^{n-k} \left(\frac{1}{n}\right)^k < a_{n+1}$ となる．(2) n に関する数学的帰納法により示す．
(3) (1) の計算より，$a_n \leq 1 + 1 + \frac{1}{2!} + \cdots + \frac{1}{n!}$ となる．さらに，(2) より，$n \geq 4$ のとき，$a_n < 2 + \frac{11}{12}$ となる．(1) とあわせると，あたえられた不等式がなりたつ．

解 3.2　$\{a_{n_k}\}_{k=1}^{\infty}$ を $\{a_n\}_{n=1}^{\infty}$ の部分列とする．$k \in \mathbf{N}$ に対して，$n_k \geq k$ となることに注意し，$\lim_{k \to \infty} a_{n_k} = \alpha$ を示す．

解 3.3　(1) ${}^{\forall}a, b > 0$，${}^{\exists}n \in \mathbf{N}$ s.t. $na > b$
(2) 有界な数列は収束する部分列をもつ．
(3) ① 0，② $\mathbf{N}$，③ 有界，④ 部分，⑤ $a_{n_k} - \alpha$，⑥ α

§4 の問題解答

解 4.1　(1) $n \in \mathbf{N}$ とすると，$a_{2n} - a_n \geq \frac{1}{2}$ となる．
(2) (1) および定理 4.1 の対偶より，$\{a_n\}_{n=1}^{\infty}$ は収束しない．また，$\{a_n\}_{n=1}^{\infty}$ の定義より，$\{a_n\}_{n=1}^{\infty}$ は単調増加である．よって，$\{a_n\}_{n=1}^{\infty}$ は上に有界ではない．

解 4.2　(1) $^{\exists}b \in \mathbf{R}$ s.t. $^{\forall}x \in A,\ x \le b$

(2) $^{\exists}a \in \mathbf{R}$ s.t. $^{\forall}x \in A,\ a \le x$

解 4.3　(1) $C, B \ne \emptyset$ であり，C, B の定義より，$\mathbf{R} = C \cup B$，$C \cap B = \emptyset$ である．さらに，$c \in C$，$b \in B$ とし，$c < b$ となることを示す．

(2) B の最小元が存在することを背理法により示す．

(3) (A, B) を $\mathbf{R}$ の切断とすると，$\sup A$ が存在する．さらに，$\sup A \in A$，$\sup A \notin A$ の 2 つの場合に分けて考える．

§5 の問題解答

解 5.1　(1) $\varepsilon > 0$ とする．まず，$\lim_{x \to a} f(x) = l$ なので，ある $\delta_1 > 0$ が存在し，$|x - a| < \delta_1$ $(x \in A)$ ならば，$|f(x) - l| < \frac{\varepsilon}{2}$ となる．また，$\lim_{x \to a} g(x) = m$ なので，ある $\delta_2 > 0$ が存在し，$|x - a| < \delta_2$ $(x \in A)$ ならば，$|g(x) - m| < \frac{\varepsilon}{2}$ となる．ここで，$\delta > 0$ を $\delta = \min\{\delta_1,\ \delta_2\}$ により定める．このとき，$|x - a| < \delta$ $(x \in A)$ ならば，$\left|(f(x) \pm g(x)) - (l \pm m)\right| < \varepsilon$ となる．

(2) $\varepsilon > 0$ とする．$\lim_{x \to a} f(x) = l$ なので，ある $\delta > 0$ が存在し，$|x - a| < \delta$ $(x \in A)$ ならば，$|f(x) - l| < \frac{\varepsilon}{|c| + 1}$ となる．よって，$|x - a| < \delta$ $(x \in A)$ ならば，$|cf(x) - cl| < \varepsilon$ となる．

解 5.2　A を $\mathbf{R}$ の空でない部分集合，$f : A \to \mathbf{R}$ を関数とし，$a \in \overline{A}$ とする．さらに，$f(x)$ は $x \to a$ のとき $l, m \in \mathbf{R}$ に収束するとし，$\varepsilon > 0$ とする．まず，$\lim_{x \to a} f(x) = l$ なので，ある $\delta_1 > 0$ が存在し，$|x - a| < \delta_1$ $(x \in A)$ ならば，$|f(x) - l| < \frac{\varepsilon}{2}$ となる．一方，$\lim_{x \to a} f(x) = m$ でもあるので，ある $\delta_2 > 0$ が存在し，$|x - a| < \delta_2$ $(x \in A)$ ならば，$|f(x) - m| < \frac{\varepsilon}{2}$ となる．ここで，$\delta > 0$ を $\delta = \min\{\delta_1,\ \delta_2\}$ により定める．このとき，$|x - a| < \delta$ $(x \in A)$ ならば，$|l - m| < \varepsilon$ となる．さらに，ε は任意の正の数なので，$|l - m| = 0$ となる．

解 5.3　(1) まず，$g(x)$ は $x \to a$ のとき収束するので，ある $\delta_1 > 0$ およびある $M > 0$ が存在し，$|x - a| < \delta_1$ $(x \in A)$ ならば，$|g(x)| \le M$ となる．このとき，$|f(x)g(x) - lm| \le M|f(x) - l| + |l||g(x) - m|$ となる．ここで，$\lim_{x \to a} f(x) = l$ なので，ある $\delta_2 > 0$ が存在し，$|x - a| < \delta_2$ $(x \in A)$ ならば，$|f(x) - l| < \frac{\varepsilon}{2M}$ となる．また，$\lim_{x \to a} g(x) = m$ なので，ある $\delta_3 > 0$ が存在し，$|x - a| < \delta_3$ $(x \in A)$ ならば，$|g(x) - m| < \frac{\varepsilon}{2(|l| + 1)}$ となる．ここで，$\delta > 0$ を $\delta = \min\{\delta_1,\ \delta_2,\ \delta_3\}$ により定める．このとき，$|x - a| < \delta$ $(x \in A)$ な

らば，$|f(x)g(x) - lm| < \varepsilon$ となる．

(2) 等式 $\displaystyle\lim_{x \to a} \frac{1}{g(x)} = \frac{1}{m}$ を示せばよい．

[解 5.4] $M \in \mathbf{R}$ とする．まず，$M \leq 0$ のとき，任意の $x > 0$ に対して，$M < \frac{1}{x}$ となる．次に，$M > 0$ のとき，$\frac{1}{M} > 0$ および $\displaystyle\lim_{n \to \infty} \frac{1}{n} = 0$ より，ある $N \in \mathbf{N}$ が存在し，$\frac{1}{N} < \frac{1}{M}$ となる．よって，$0 < x < \frac{1}{N}$ ならば，$M < \frac{1}{x}$ となる．

[解 5.5] (1) A 内の数列の極限全体の集合のこと．

(2) $\overline{A} \subset \overline{\overline{A}}$ および $\overline{\overline{A}} \subset \overline{A}$ を示す．

(3) $\overline{A} \cup \overline{B} \subset \overline{A \cup B}$ および $\overline{A \cup B} \subset \overline{A} \cup \overline{B}$ を示す．

§6 の問題解答

[解 6.1] 関数 $g, h : (-1, 1) \to \mathbf{R}$ を $g(x) = x^2 + 2x$，$h(x) = x^2 - 1$ $(x \in (-1, 1))$ により定める．このとき，g, h は $(-1, 1)$ で連続である．ここで，任意の $a \in (-1, 1)$ に対して，$h(a) \neq 0$ である．よって，任意の $a \in (-1, 1)$ に対して，$f(x) = \dfrac{g(x)}{h(x)}$ は $x = a$ で連続である．

[解 6.2] (1) $a \in A$，$\varepsilon > 0$ とする．f は A で連続なので，$f(x)$ は $x = a$ で連続である．すなわち，ある $\delta > 0$ が存在し，$|x - a| < \delta$ $(x \in A)$ ならば，$|f(x) - f(a)| < \varepsilon$ となる．よって，$|x - a| < \delta$ $(x \in A)$ ならば，$\big||f|(x) - |f|(a)\big| < \varepsilon$ となる．したがって，$|f|(x)$ は $x = a$ で連続である．

(2) $a \geq b$，$a < b$ の 2 つの場合に分けて考える．

(3) $x \in A$ とすると，$\max\{f(x), g(x)\} = \frac{1}{2}\big(f(x) + g(x) + |f(x) - g(x)|\big)$ である．よって，任意の $a \in A$ に対して，$\max\{f, g\}(x)$ は $x = a$ で連続となる．

[解 6.3] (1) ① アルキメデス，② 有界，③ ワイエルシュトラス，④ $\mathbf{N}$，⑤ $\mathbf{Z}$

(2) $n \in \mathbf{Z}$ が $(*)$ をみたし，$p, q \in \mathbf{Z}$，$p < n < q$ とすると，p, q は $(*)$ をみたさない．

(3) ある $n \in \mathbf{N}$ が存在し，$n(b - a) > 1$ となる．さらに，ある $m \in \mathbf{Z}$ が一意的に存在し，$m \leq na < m + 1$ となる．$r = \frac{m+1}{n}$ とおけばよい．

(4) $m, n \in \mathbf{N}$，$c = f(1)$ とし，$f(0) = 0$，$f(n) = cn$，$f\left(\frac{1}{n}\right) = \frac{c}{n}$，$f\left(\frac{m}{n}\right) = c\frac{m}{n}$，$f\left(-\frac{m}{n}\right) = -c\frac{m}{n}$ の順に示す．

(5) 定理 6.3 の (1) $\Rightarrow$ (2) を用いる．

§7 の問題解答

解 7.1 $f(a) \neq f(b) \Longrightarrow$「$^\forall l \in \mathbf{R}$ s.t. $f(a) < l < f(b)$ または $f(b) < l < f(a)$」，$^\exists c \in (a, b)$ s.t. $f(c) = l$

解 7.2 (1) 逆関数は存在しない．(2) 逆関数が存在する．

解 7.3 (1) $^\forall M \in \mathbf{R}$, $^\exists L \in \mathbf{R}$ s.t.「$L < x$ $(x \in A) \Longrightarrow f(x) < M$」
(2) $^\forall \varepsilon > 0$, $^\exists M \in \mathbf{R}$ s.t.「$x < M$ $(x \in A) \Longrightarrow |f(x) - l| < \varepsilon$」

解 7.4 $\varepsilon > 0$ とする．等式 (1.7) および数列の極限の定義（定義 1.1 (1)）より，ある $N \in \mathbf{N}$ が存在し，$\frac{1}{N} < \varepsilon$ となる．よって，$N < x$ $(x \in \mathbf{R})$ ならば，$\left|\frac{1}{x} - 0\right| < \varepsilon$ となる．

解 7.5 (1) $\varepsilon > 0$ とする．等式 (1.7) および数列の極限の定義（定義 1.1 (1)）より，ある $N \in \mathbf{N}$ が存在し，$\frac{1}{N} < \varepsilon$ となる．さらに，$\lim_{x \to +\infty} f(x) = +\infty$ なので，ある $L \in \mathbf{R}$ が存在し，$L < x$ $(x \in A)$ ならば，$N < f(x)$ となる．このとき，$\left|\frac{1}{f(x)} - 0\right| < \varepsilon$ となる．
(2) $M \in \mathbf{R}$ とする．$\lim_{x \to +\infty} f(x) = +\infty$ なので，定義 7.2 の (2) より，ある $L \in \mathbf{R}$ が存在し，$L < x$ $(x \in A)$ ならば，$\frac{M}{c} < f(x)$ となる．すなわち，$c > 0$ より，$M < cf(x)$ である．

§8 の問題解答

解 8.1 収束する．

解 8.2 (1) $M \in \mathbf{R}$ とする．$\lim_{n \to \infty} a_n = +\infty$ なので，ある $N \in \mathbf{N}$ が存在し，$n \geq N$ $(n \in \mathbf{N})$ ならば，$\frac{M}{c} < a_n$ となる．すなわち，$c > 0$ より，$M < ca_n$ である．
(2) s_n を $\sum_{n=1}^{\infty} a_n$ の第 n 部分和とする．$\sum_{n=1}^{\infty} a_n = +\infty$ なので，$\lim_{n \to \infty} s_n = +\infty$ である．よって，(1) より，$\lim_{n \to \infty} cs_n = +\infty$ である．ここで，cs_n は $\sum_{n=1}^{\infty} ca_n$ の第 n 部分和である．
(3) $n \in \mathbf{N}$ とすると，$\frac{a_1}{b_1} b_n \leq a_n$ となる．ここで，$\sum_{n=1}^{\infty} b_n = +\infty$ であることと (2) および比較定理（定理 8.6）の (2) より，$\sum_{n=1}^{\infty} a_n = +\infty$ となる．

解 8.3 (1) 二項定理を用いる [$\Rightarrow$ **問 3.1** (1)]．
(2) ① $1 + \sqrt{\frac{2}{n}}$，② 1，③ 1，④ はさみうち，⑤ 1

解 8.4 収束する．

§9 の問題解答

解 9.1 関数 $f : [0, 1] \to \mathbf{R}$ を $f(x) = 0 \ (x \in [0, 1])$ により定めると，$\{f_n\}_{n=1}^{\infty}$ は f に各点収束する．

解 9.2 (1) $\displaystyle\lim_{n \to \infty} \sqrt[n]{|a_n|}$ が存在するならば，$\dfrac{1}{r} = \displaystyle\lim_{n \to \infty} \sqrt[n]{|a_n|}$ である．ただし，右辺が $0, +\infty$ の場合は，それぞれ $r = +\infty, 0$ とする．

(2) $0 < a < 1$ のとき，収束半径は $+\infty$ である．$a = 1$ のとき，収束半径は 1 である．$a > 1$ のとき，収束半径は 0 である．

(3) $\displaystyle\lim_{n \to \infty} \left| \dfrac{a_{n+1}}{a_n} \right|$ が存在するならば，$\dfrac{1}{r} = \displaystyle\lim_{n \to \infty} \left| \dfrac{a_{n+1}}{a_n} \right|$ である．ただし，右辺が $0, +\infty$ の場合は，それぞれ $r = +\infty, 0$ とする．

解 9.3 (1) $0 < x < 1$ のとき，$f(x) = 1$ である．$x = 1$ のとき，$f(1) = \frac{1}{2}$ である．$x > 1$ のとき，$f(x) = 0$ である．

(2) (1) より，$\displaystyle\lim_{x \to 1-0} f(x) = 1 \neq \frac{1}{2} = f(1)$ なので，$f(x)$ は $x = 1$ で連続ではない．

§10 の問題解答

解 10.1 (1) $A_n = \{a_m \mid m \geq n \ (m \in \mathbf{N})\}$ とおく．$\{\sup A_n\}_{n=1}^{\infty}$ が下に有界なとき，$\displaystyle\limsup_{n \to \infty} a_n = \lim_{n \to \infty} \sup A_n$ と定める．$\{\sup A_n\}_{n=1}^{\infty}$ が下に有界でないとき，$\displaystyle\limsup_{n \to \infty} a_n = -\infty$ と定める．

(2) $\displaystyle\limsup_{n \to \infty} a_n = +\infty$ と定める．

(3) $A_n = \{a_m \mid m \geq n \ (m \in \mathbf{N})\}$ とおく．$\{\inf A_n\}_{n=1}^{\infty}$ が上に有界なとき，$\displaystyle\liminf_{n \to \infty} a_n = \lim_{n \to \infty} \inf A_n$ と定める．$\{\inf A_n\}_{n=1}^{\infty}$ が上に有界でないとき，$\displaystyle\liminf_{n \to \infty} a_n = +\infty$ と定める．

(4) $\displaystyle\liminf_{n \to \infty} a_n = -\infty$ と定める．

解 10.2 $\displaystyle\limsup_{n \to \infty} a_n = 1, \ \liminf_{n \to \infty} a_n = -1$ である．

解 10.3 定理 10.2 の (1) $\Rightarrow$ (2) (a) または定理 10.6 の (1) $\Rightarrow$ (2) を用いる．

解 10.4 (10.19) の第 1 式および一般化されたコーシーの判定法（定理 10.9）を用いる．

§11 の問題解答

解 11.1 (1) $^{\forall} \varepsilon > 0, \ ^{\exists} N \in \mathbf{N}$ s.t. 「$x \in A, \ n \geq N \ (n \in \mathbf{N}) \Longrightarrow |f_n(x) - f(x)| < \varepsilon$」

(2) ① コーシー，② $\leq$，③ $f(x)$，④ $\frac{\varepsilon}{2}$

解 11.2 $x \in [0, 1]$ とすると，$|f_n(x) - f(x)| \leq \dfrac{1}{n} \to 0 \ (n \to \infty)$ となる．

§12 の問題解答

解 12.1　(1) 追い出しの原理（定理 7.3）を用いる.

(2) $t = -x$ とおくと，$\lim_{x \to -\infty} \exp x = \lim_{t \to +\infty} \exp(-t) = 0$ となる.

解 12.2　(1) $k \in \mathbf{N}$ とする. $n = 2k-1$ のとき，$p_n = p_{2k-1} = 1 + \frac{x^2}{2!}\left(1 - \frac{1}{2k-1}\right)$ $+ \cdots + \frac{x^{2k-2}}{(2k-2)!}\left(1 - \frac{1}{2k-1}\right)\left(1 - \frac{2}{2k-1}\right)\cdots\left(1 - \frac{2k-3}{2k-1}\right)$, $q_n = q_{2k-1} = x + \frac{x^3}{3!}\left(1 - \frac{1}{2k-1}\right)\left(1 - \frac{2}{2k-1}\right) + \cdots + \frac{x^{2k-1}}{(2k-1)!}\left(1 - \frac{1}{2k-1}\right)\left(1 - \frac{2}{2k-1}\right)\cdots\left(1 - \frac{2k-2}{2k-1}\right)$ である. $n = 2k$ のとき，$p_n = p_{2k} = 1 + \frac{x^2}{2!}\left(1 - \frac{1}{2k}\right) + \cdots + \frac{x^{2k}}{(2k)!}\left(1 - \frac{1}{2k}\right)\left(1 - \frac{2}{2k}\right)\cdots\left(1 - \frac{2k-1}{2k}\right)$, $q_n = q_{2k} = x + \frac{x^3}{3!}\left(1 - \frac{1}{2k}\right)\left(1 - \frac{2}{2k}\right)$ $+ \cdots + \frac{x^{2k-1}}{(2k-1)!}\left(1 - \frac{1}{2k}\right)\left(1 - \frac{2}{2k}\right)\cdots\left(1 - \frac{2k-2}{2k}\right)$ である.

(2) $k \in \mathbf{N}$ とすると，$x < 0$ より，$x^{2k} > 0$, $x^{2k-1} < 0$ であることに注意する. 数列 $\{p_n\}_{n=1}^{\infty}$ は上に有界かつ単調増加，数列 $\{q_n\}_{n=1}^{\infty}$ は下に有界かつ単調減少となる.

解 12.3　$\cos^2 z + \sin^2 z \overset{\odot (12.44)}{=} \left(\frac{e^{iz}+e^{-iz}}{2}\right)^2 + \left(\frac{e^{iz}-e^{-iz}}{2i}\right)^2$

$= \frac{(e^{iz})^2 + 2e^{iz}e^{-iz} + (e^{-iz})^2}{4} + \frac{(e^{iz})^2 - 2e^{iz}e^{-iz} + (e^{-iz})^2}{-4} \overset{\odot \text{指数法則}}{=} e^{iz-iz} = e^0 \overset{\odot (12.3)}{=} 1$ である.

§13 の問題解答

解 13.1　$a \in (0, +\infty)$ とすると，$f'(a) \overset{\odot \text{定義 13.1}}{=} \lim_{x \to a} \frac{\sqrt[n]{x} - \sqrt[n]{a}}{x - a}$

$= \lim_{x \to a} \frac{(\sqrt[n]{x} - \sqrt[n]{a})\{(\sqrt[n]{x})^{n-1} + (\sqrt[n]{x})^{n-2}\cdot\sqrt[n]{a} + \cdots + (\sqrt[n]{a})^{n-1}\}}{(x-a)\{(\sqrt[n]{x})^{n-1} + (\sqrt[n]{x})^{n-2}\cdot\sqrt[n]{a} + \cdots + (\sqrt[n]{a})^{n-1}\}}$

$= \lim_{x \to a} \frac{(\sqrt[n]{x})^n - (\sqrt[n]{a})^n}{(x-a)\{(\sqrt[n]{x})^{n-1} + (\sqrt[n]{x})^{n-2}\cdot\sqrt[n]{a} + \cdots + (\sqrt[n]{a})^{n-1}\}}$

$= \lim_{x \to a} \frac{1}{(\sqrt[n]{x})^{n-1} + (\sqrt[n]{x})^{n-2}\cdot\sqrt[n]{a} + \cdots + (\sqrt[n]{a})^{n-1}} = \frac{1}{n\sqrt[n]{a^{n-1}}}$ である.

解 13.2　n に関する数学的帰納法により示す.

解 13.3　ライプニッツの公式 [⇨ **問 13.2**] を用いる.

§14 の問題解答

解 14.1　(1) $\cos x = \sum_{n=0}^{\infty} \frac{(-1)^n}{(2n)!} x^{2n}$, $\sin x = \sum_{n=0}^{\infty} \frac{(-1)^n}{(2n+1)!} x^{2n+1}$.

(2) まず，$(\cos x)' \overset{\odot (1)}{=} \left(\sum_{n=0}^{\infty} \frac{(-1)^n}{(2n)!} x^{2n}\right)' \overset{\odot \text{項別微分定理}}{=} \sum_{n=1}^{\infty} 2n \cdot \frac{(-1)^n}{(2n)!} x^{2n-1}$

$$= \sum_{n=1}^{\infty} \frac{(-1)^n}{(2n-1)!} x^{2n-1} = -\sum_{n=0}^{\infty} \frac{(-1)^n}{(2n+1)!} x^{2n+1} \overset{\odot\,(1)}{=} -\sin x \; \text{である.}$$

$(\sin x)'$ についても同様に計算する.

解 14.2 (1) 追い出しの原理 (定理 7.3) を用いる. (2) $x < 0$ に対して, $t = -x$ とおく.

解 14.3 (1) 1　(2) ① 有理, ② 1, ③ e^{θ}, ④ $n!$, ⑤ 1, ⑥ 自然

§15 の問題解答

解 15.1 $\sin\left(x + \dfrac{\pi}{2}\right) \overset{\odot\,(12.46)}{=} \sin x \cos \dfrac{\pi}{2} + \cos x \sin \dfrac{\pi}{2} \overset{\odot\,(15.9),(15.12)}{=} (\sin x) \cdot 0$
$+ (\cos x) \cdot 1 = \cos x$ となる.

解 15.2 (1) $f(x) = \sin x$ とおくと, $\displaystyle\lim_{x \to 0} \frac{\sin x}{x} = \lim_{x \to 0} \frac{\sin x - 0}{x - 0} \overset{\odot\,(15.17)}{=}$
$\displaystyle\lim_{x \to 0} \frac{\sin x - \sin 0}{x - 0} = f'(0) \overset{\odot\,問 14.1\,(2)}{=} \cos 0 \overset{\odot\,(15.8)}{=} 1$ である.

(2) $e^{\pi i} \overset{\odot\,オイラーの公式}{=} \cos \pi + i \sin \pi = -1 + i \cdot 0 = -1$ となる.

解 15.3 $\tanh(x + y) \overset{\odot\,(15.41)}{=} \dfrac{\sinh(x+y)}{\cosh(x+y)} \overset{\odot\,(15.38),(15.39)}{=} \dfrac{\sinh x \cosh y + \cosh x \sinh y}{\cosh x \cosh y + \sinh x \sinh y}$
$= \dfrac{\frac{\sinh x}{\cosh x} + \frac{\sinh y}{\cosh y}}{1 + \frac{\sinh x}{\cosh x} \frac{\sinh y}{\cosh y}} \overset{\odot\,(15.41)}{=} \dfrac{\tanh x + \tanh y}{1 + \tanh x \tanh y}$ である.

§16 の問題解答

解 16.1 $u = \log x$, $v = \log y$ とおくと, $x = e^u$, $y = e^v$ である. このとき, $xy = e^u e^v$ $\overset{\odot\,指数法則}{=} e^{u+v}$ となる. すなわち, $xy = e^{u+v}$ である. よって, $\log(xy) = u + v = \log x + \log y$ となり, あたえられた等式がなりたつ.

解 16.2 $\log a^{xy} \overset{\odot\,(16.21)}{=} (xy) \log a = y \cdot (x \log a) \overset{\odot\,(16.21)}{=} y \log a^x \overset{\odot\,(16.21)}{=}$
$\log(a^x)^y$ である. よって, $\log a^{xy} = \log(a^x)^y$ となるので, 定理 16.3 の (2) がなりたつ.

解 16.3 一般二項定理 (定理 16.4) を用いる.

解 16.4 (1) $s \leq 1$ のとき, $\dfrac{1}{n} \leq \dfrac{1}{n^s}$ である. よって, 問 4.1 (2) および比較定理 (定理 8.6) の (2) より, $\zeta(s)$ は発散する.

(2) $s > 1$ のとき, s_n を $\zeta(s)$ の第 n 部分和とする. さらに, 0 以上の整数 m を $2^m \leq n < 2^{m+1}$ となるように選んでおく. このとき, $s_n < 2 \displaystyle\sum_{l=0}^{m} \left(\frac{1}{2^{s-1}}\right)^l < \dfrac{2}{1 - \frac{1}{2^{s-1}}}$ となる.

§17 の問題解答

解 17.1　まず, $f(x) = \sin x \left(x \in \left(-\frac{\pi}{2}, \frac{\pi}{2}\right)\right)$ とおくと, $f^{-1}(y) = \sin^{-1} y \ (y \in (-1, 1))$ である. また, $x \in \left(-\frac{\pi}{2}, \frac{\pi}{2}\right)$ より, $\cos x > 0$ であることに注意する. このとき, $\left(f^{-1}\right)'(f(x))$

$\overset{\odot\ \text{逆関数の微分法}}{=} \dfrac{1}{f'(x)} \overset{\odot\ \text{問 14.1 (2)}}{=} \dfrac{1}{\cos x} \overset{\odot\ \text{問 12.3, } \cos x > 0}{=} \dfrac{1}{\sqrt{1 - \sin^2 x}} = \dfrac{1}{\sqrt{1 - (f(x))^2}}$ となる.

解 17.2　$\cos \frac{\pi}{4} = \frac{\sqrt{2}}{2}$, $\sin \frac{\pi}{4} = \frac{\sqrt{2}}{2}$ を示す.

解 17.3　(1) $-\frac{\pi}{2} \leq \sin^{-1} x \leq \frac{\pi}{2}$ なので, $\cos \sin^{-1} x \geq 0$ であることに注意する.

(2) $\sin z = \sin(\sin^{-1} x + \sin^{-1} y) \overset{\odot\ (12.46)}{=} (\sin \sin^{-1} x) \cos \sin^{-1} y +$

$(\cos \sin^{-1} x) \sin \sin^{-1} y \overset{\odot\ (1)}{=} x\sqrt{1 - y^2} + y\sqrt{1 - x^2}$ である.

解 17.4　関数 $f : (0, +\infty) \to \mathbf{R}$ を $f(x) = \tan^{-1} x + \tan^{-1} \frac{1}{x} \ (x \in (0, +\infty))$ により定めると, $f'(x) = 0$ となる.

解 17.5　(1) $\frac{120}{119}$ (2) $\frac{1}{239}$

(3) まず, $0 < \frac{1}{5} < \frac{1}{\sqrt{3}}$ である. また, $\tan 0 = 0$, $\tan \frac{\pi}{6} = \frac{1}{\sqrt{3}}$ である. さらに, $\tan^{-1} x$ は単調増加なので, $0 < \theta < \frac{\pi}{6}$ となる. よって, $-\frac{\pi}{4} < 4\theta - \frac{\pi}{4} < 4 \cdot \frac{\pi}{6} - \frac{\pi}{4} = \frac{5}{12}\pi$ となる.

(4) (2), (3) および逆正接関数の定義より, $4\theta - \frac{\pi}{4} = \tan^{-1} \frac{1}{239}$ である. すなわち, $\pi = 16 \tan^{-1} \frac{1}{5} - 4 \tan^{-1} \frac{1}{239}$ である. さらに, (17.33) より, マチンの級数がなりたつ.

§18 の問題解答

解 18.1　$R(f, \Delta, \boldsymbol{\xi}) = \sum\limits_{i=1}^{n} f(\xi_i)(x_i - x_{i-1})$ である.

解 18.2　① $\frac{1}{n}$, ② $\frac{1}{n}$, ③ 0, ④ 有理, ⑤ 1, ⑥ 無理, ⑦ 0

解 18.3　(1) 求めるリーマン和を $R(f, \Delta, \boldsymbol{\xi}^0)$ とおくと, $R(f, \Delta, \boldsymbol{\xi}^0) \overset{\odot\ (18.3)}{=}$

$\sum\limits_{i=1}^{n} f\left(\frac{1}{2}(x_{i-1} + x_i)\right)(x_i - x_{i-1})$ である.

(2) (1) の分割 Δ に対して, $[x_{i-1}, x_i] \ (i = 1, 2, \cdots, n)$ の代表点 ξ_i を選んでおき, f の Δ に関するリーマン和を $R(f, \Delta, \boldsymbol{\xi})$ とする. このとき, $\left|R(f, \Delta, \boldsymbol{\xi}) - \frac{1}{2}a^2\right| \leq a|\Delta| \to 0$ ($|\Delta| \to 0$) となる.

解 18.4　$f : [a, b] \to \mathbf{R}$ を有界閉区間 $[a, b]$ でリーマン積分可能な関数とし, $I = \displaystyle\int_a^b f(x)\, dx$ とおく. まず, リーマン積分の定義 (定義 18.1) より, ある $\delta > 0$ が存在し, $|\Delta| < \delta$ となる

f の任意のリーマン和 $R(f, \Delta, \boldsymbol{\xi})$ に対して，$|R(f, \Delta, \boldsymbol{\xi}) - I| < 1$ となる．次に，$x \in [a, b]$ とし，$|\Delta| < \delta$ となる $[a, b]$ の分割 $\Delta : a = x_0 < x_1 < x_2 < \cdots < x_{n-1} < x_n = b$ を選んでおく．このとき，ある $i_0 \in \{1, 2, \cdots, n\}$ が存在し，$x \in [x_{i_0-1}, x_{i_0}]$ となる．さらに，$[x_{i-1}, x_i]$ $(i = 1, 2, \cdots, n)$ の代表点 ξ_i を $\xi_{i_0} = x$, $\xi_i = x_{i-1}$ $(i \neq i_0)$ により定める．このとき，$|f(x)|(x_{i_0} - x_{i_0-1}) < 1 + I + |\Delta| \sum_{i=1}^{n} |f(\xi_i)|$ となる．

§19 の問題解答

解 19.1 (1) $i = 1, 2, \cdots, n$ に対して，$M_i = \sup\{f(x) \mid x \in [x_{i-1}, x_i]\}$ とおくと，$S(f, \Delta) = \sum_{i=1}^{n} M_i(x_i - x_{i-1})$ である．

(2) $i = 1, 2, \cdots, n$ に対して，$m_i = \inf\{f(x) \mid x \in [x_{i-1}, x_i]\}$ とおくと，$s(f, \Delta) = \sum_{i=1}^{n} m_i(x_i - x_{i-1})$ である．

解 19.2 $\frac{n-1}{2n} a^2$

解 19.3 (1) $[a, b]$ の分割 Δ に関する上限近似和を $S(f, \Delta)$ とすると，$\overline{\int_a^b} f(x)\,dx = \inf\{S(f, \Delta) \mid \Delta$ は $[a, b]$ の分割$\}$ である．

(2) $[a, b]$ の分割 Δ に関する下限近似和を $s(f, \Delta)$ とすると，$\underline{\int_a^b} f(x)\,dx = \sup\{s(f, \Delta) \mid \Delta$ は $[a, b]$ の分割$\}$ である．

解 19.4 (1) 無理数 x_0 を選んでおくと，$a < r + x_0 < b$ をみたす $r \in \mathbf{Q}$ が存在する．$x = r + x_0$ とおけばよい．

(2) $\overline{\int_a^b} f(x)\,dx = 1$, $\underline{\int_a^b} f(x)\,dx = 0$ である．

§20 の問題解答

解 20.1 $\frac{1}{2} a^2$

解 20.2 $M = \sup\{g(x) \mid x \in I\}$, $m = \inf\{g(x) \mid x \in I\}$ とおく．
まず，$\sup\{|g(x) - g(y)| \mid x, y \in I\} \leq M - m$ であることを示す．
次に，$\sup\{|g(x) - g(y)| \mid x, y \in I\} < M - m$ ではないことを背理法により示す．

解 20.3 ① 単調，② 区分求積，③ $e^a - 1$，④ 1，⑤ 1，⑥ $e^a - 1$

解 20.4 $0 < \varepsilon < \frac{4}{\pi}$ とする．まず，$[0, \frac{\varepsilon}{4}]$ の分割として，$\Delta_1 : 0 < \frac{\varepsilon}{4}$ を選んでおくと，

$S(f|_{[0,\frac{\varepsilon}{4}]},\Delta_1) \leq \frac{\varepsilon}{4}$, $s(f|_{[0,\frac{\varepsilon}{4}]},\Delta_1) \geq -\frac{\varepsilon}{4}$ となる．よって，$S(f|_{[0,\frac{\varepsilon}{4}]},\Delta_1)$ $-s(f|_{[0,\frac{\varepsilon}{4}]},\Delta_1) \leq \frac{\varepsilon}{2}$ となる．次に，$[\frac{\varepsilon}{4},\frac{1}{\pi}]$ のある分割 Δ_2 が存在し，$S(f|_{[\frac{\varepsilon}{4},\frac{1}{\pi}]},\Delta_2)$ $-s(f|_{[\frac{\varepsilon}{4},\frac{1}{\pi}]},\Delta_2) < \frac{\varepsilon}{2}$ となる．ここで，Δ を Δ_1, Δ_2 をあわせて得られる $[0,\frac{1}{\pi}]$ の分割とする．このとき，$S(f,\Delta)-s(f,\Delta)<\varepsilon$ となる．

§21 の問題解答

解 21.1 (1) $\forall\varepsilon>0, \forall x \in A, \exists\delta>0$ s.t. 「$|x-y|<\delta$ $(y\in A) \Longrightarrow |f(x)-f(y)|<\varepsilon$」

(2) $\forall\varepsilon>0, \exists\delta>0$ s.t. 「$|x-y|<\delta$ $(x,y\in A) \Longrightarrow |f(x)-f(y)|<\varepsilon$」

解 21.2 (1) 一様連続ではない．(2) 一様連続である．

解 21.3 (1) 平均値の定理（定理 13.6）およびワイエルシュトラスの定理（定理 6.4）を用いる．

(2) <u>f が $\mathbf{R}$ で微分可能ではないこと</u>　$f(x)$ が $x=0$ で微分可能ではないことを示せばよい．

<u>f が $\mathbf{R}$ でリプシッツ連続であること</u>　$x,y\in\mathbf{R}$ とすると，$|f(x)-f(y)|\leq|x-y|$ となる．

(3) f のリプシッツ定数を L とし，$\varepsilon>0$ とする．このとき，$|x-y|<\frac{\varepsilon}{L+1}$ $(x,y\in A)$ ならば，$|f(x)-f(y)|<\varepsilon$ となる．

(4) <u>f が $[0,1]$ でリプシッツ連続ではないこと</u>　背理法により示す．

<u>f が $[0,1]$ で一様連続であること</u>　ハイネの定理（定理 21.2）を用いる．

解 21.4 $h=f-g$ とおくと，f,g に対する仮定より，任意の $x\in[a,b]$ に対して，$h(x)\geq 0$ がなりたち，ある $x_0\in[a,b]$ が存在し，$h(x_0)>0$ となる．また，f,g の連続性より，h は $[a,b]$ で連続である．よって，ある $\delta>0$ が存在し，$[x_0-\frac{1}{2}\delta,x_0+\frac{1}{2}\delta]\subset[a,b]$ であり，かつ，$|x-x_0|<\delta$ $(x\in[a,b])$ ならば，$|h(x)-h(x_0)|<\frac{1}{2}h(x_0)$ となる．とくに，$h(x)>\frac{1}{2}h(x_0)$ である．ここで，$[a,b]$ の分割 $\Delta:a=x_0<x_1<x_2<\cdots<x_{n-1}<x_n=b$ をある $i_0=\{1,2,\cdots,n\}$ に対して，$[x_{i_0-1},x_{i_0}]=[x_0-\frac{1}{2}\delta,x_0+\frac{1}{2}\delta]$ となるように選んでおく．このとき，$\int_a^b\big(f(x)-g(x)\big)\,dx\geq\frac{1}{2}\delta h(x_0)>0$ となる．

解 21.5 $x\in[0,1]$, $n\in\mathbf{N}$ とすると，等式 $\frac{1}{1+x^2}=1-x^2+x^4-\cdots+(-1)^nx^{2n}+\frac{(-1)^{n+1}x^{2n+2}}{1+x^2}$ がなりたつ．この式の両辺を 0 から 1 まで積分すると，$\frac{\pi}{4}=\sum_{k=0}^n\frac{(-1)^k}{2k+1}+$

$\int_0^1 \frac{(-1)^{n+1} x^{2n+2}}{1+x^2}\, dx$ であり，$\left| \int_0^1 \frac{(-1)^{n+1} x^{2n+2}}{1+x^2}\, dx \right| \leq \frac{1}{2n+3} \to 0 \ (n \to \infty)$ となる.

解 21.6 (1) $\{f(a_n)\}_{n=1}^{\infty}$ がコーシー列であることを示せばよい.

(2) $\{a_n\}_{n=1}^{\infty}$ に加え，$\{b_n\}_{n=1}^{\infty}$ も任意の $n \in \mathbf{N}$ に対して，$b_n \in A$ となり，a に収束する数列とする. 数列 $\{c_n\}_{n=1}^{\infty}$ を $c_{2n-1} = a_n,\ c_{2n} = b_n\ (n \in \mathbf{N})$ により定めると，数列 $\{f(c_n)\}_{n=1}^{\infty}$ は収束する.

§22 の問題解答

解 22.1 (1) $-e^{-n^2} + 1$ (2) 0

(3) (1) より，$\displaystyle \lim_{n \to \infty} \int_0^1 f_n(x)\, dx = 1$ となる. また，(2) より，$\displaystyle \int_0^1 f(x)\, dx = 0$ となる.

解 22.2 (1) $^\forall \varepsilon > 0,\ ^\forall x \in A,\ ^\exists N \in \mathbf{N}$ s.t.「$n \geq N\ (n \in \mathbf{N}) \Longrightarrow |f_n(x) - f(x)| < \varepsilon$」

(2) $^\forall \varepsilon > 0,\ ^\exists N \in \mathbf{N}$ s.t.「$x \in A,\ n \geq N\ (n \in \mathbf{N}) \Longrightarrow |f_n(x) - f(x)| < \varepsilon$」

解 22.3 $^\exists M \geq 0$ s.t.「$^\forall x \in [a, b],\ ^\forall n \in \mathbf{N},\ |f_n(x)| \leq M$」

解 22.4 (1) 加法定理（定理 12.5）を用いる.

(2) (d), (f) $m \neq n$ のとき，（与式）$= 0$ である. $m = n$ のとき，（与式）$= \pi$ である. (e) 0

(3) $\displaystyle \sum_{n=1}^{\infty} f_n$ に対する優級数 $\displaystyle \sum_{n=1}^{\infty} M_n$ を $M_n = |a_n| + |b_n|\ (n \in \mathbf{N})$ により定める.

(4) 項別積分定理（定理 22.1）を用いる.

解 22.5 (1) 比較定理（定理 8.6）の (1) を用いる.

(2) 項別微分定理（定理 22.2）を用いる.

§23 の問題解答

解 23.1 $\frac{\pi}{2}$

解 23.2 定理 23.2 の (1) と同様の考え方で示す.

解 23.3 $\Gamma(x) = \displaystyle \int_0^{+\infty} e^{-t} t^{x-1}\, dt\ (x \in (0, +\infty))$ である.

解 23.4 (1) まず，$\frac{f(t)}{t^{x-1}} = (1-t)^{y-1} \to 1\ (t \to +0)$ となる. よって，ある $c_1 \in (0, 1)$ が存在し，$0 < t \leq c_1$ ならば，$\frac{f(t)}{t^{x-1}} < \frac{3}{2}$，すなわち，$f(t) < \frac{3}{2} t^{x-1}$ となる.

(2) まず，$\frac{f(t)}{(1-t)^{y-1}} = t^{x-1} \to 1\ (t \to 1-0)$ となる. よって，ある $c_2 \in (c_1, 1)$ が存在

し，$c_2 \le t < 1$ ならば，$\frac{f(t)}{(1-t)^{y-1}} < \frac{3}{2}$，すなわち，$f(t) < \frac{3}{2}(1-t)^{y-1}$ となる．

解 23.5 ① 有界，② M，③ 分割

(1) 式の途中の変形　$\bigl|f(x)g(x) - f(y)g(y)\bigr| =$

$\bigl|(f(x) - f(y))g(x) + f(y)(g(x) - g(y))\bigr| \overset{\odot \text{三角不等式}}{\le} \bigl|f(x) - f(y)\bigr|\bigl|g(y)\bigr| +$

$\bigl|f(y)\bigr|\bigl|g(x) - g(y)\bigr| \le M\bigl(\bigl|f(x) - f(y)\bigr| + \bigl|g(x) - g(y)\bigr|\bigr)$

(2) 式の途中の変形　$S(fg, \Delta) - s(fg, \Delta) =$

$\sum_{i=1}^{n} (x_i - x_{i-1}) \sup\bigl\{\bigl|f(x)g(x) - f(y)g(y)\bigr| \,\big|\, x \in [x_{i-1}, x_i]\bigr\}$ ($\odot$ (19.3), (19.5), (20.15))

$\overset{\odot\ (1)}{\le} \sum_{i=1}^{n} (x_i - x_{i-1}) \cdot M \bigl(\sup\{\bigl|f(x) - f(y)\bigr| \,\big|\, x \in [x_{i-1}, x_i]\} +$

$\sup\{\bigl|g(x) - g(y)\bigr| \,\big|\, x \in [x_{i-1}, x_i]\}\bigr) = M\bigl(S(f, \Delta) - s(f, \Delta)\bigr) + M\bigl(S(g, \Delta) - s(g, \Delta)\bigr)$

($\odot$ (19.3), (19.5), (20.15)) $\le M\frac{\varepsilon}{2(M+1)} + M\frac{\varepsilon}{2(M+1)} < \varepsilon$

解 23.6 (1) $I_n = \int_0^{\frac{\pi}{2}} \sin^n \theta \, d\theta$ $(n = 0, 1, 2, \cdots)$ とおくと，$I_{2n} = \frac{(2n-1)!!}{(2n)!!}\frac{\pi}{2}$，

$I_{2n+1} = \frac{(2n)!!}{(2n+1)!!}$ である．

(2) 項別積分定理（定理 23.3）を用いる．

(3) $\frac{\pi^2}{6}$

§24 の問題解答

解 24.1 ① 平均値，② ワイエルシュトラス，③ リプシッツ

(5) 式の途中の変形　$d\bigl(\gamma(s), \gamma(t)\bigr) \overset{\odot\ (24.2),(1) 式}{=\!=} \sqrt{(f(s) - f(t))^2 + (g(s) - g(t))^2}$

$\overset{\odot\ (2) 式}{=\!=} \sqrt{(f'(c))^2 + (g'(d))^2}|s - t| \overset{\odot\ (3) 式}{\le} \sqrt{M^2 + N^2}|s - t| \overset{\odot\ (4) 式}{=\!=} L|s - t|$

解 24.2 (1) はさみうちの原理（定理 5.2）を用いる．

(2) ① $n - i$，② $\sum_{i=1}^{n}$，③ $n - i + 1$，④ $\frac{3}{2}$，⑤ $+\infty$

解 24.3 $8a$

参考文献

微分積分：

［小平］小平邦彦，『解析入門 I』（軽装版），岩波書店（2003 年）

［杉浦］杉浦光夫，『基礎数学 2 解析入門 I』，東京大学出版会（1980 年）

［田島 1］田島一郎，『数学ワンポイント双書20 イプシロン‐デルタ』，共立出版（1978 年）

［田島 2］田島一郎，『岩波全書 325 解析入門』，岩波書店（1981 年）

［原松］原惟行‐松永秀章，『イプシロン・デルタ論法 完全攻略』，共立出版
（2011 年）

［藤岡 1］藤岡 敦，『手を動かしてまなぶ 微分積分』，裳華房（2019 年）

線形代数：

［佐武］佐武一郎，『数学選書 1 線型代数学』（新装版），裳華房（2015 年）

［藤岡 2］藤岡 敦，『手を動かしてまなぶ 線形代数』，裳華房（2015 年）

［藤岡 3］藤岡 敦，『手を動かしてまなぶ 続・線形代数』，裳華房（2021 年）

集合と位相：

［藤岡 4］藤岡 敦，『手を動かしてまなぶ 集合と位相』，裳華房（2020 年）

代数：

［森田］森田康夫，『数学選書 9 代数概論』，裳華房（1987 年）

［雪江 1］雪江明彦，『代数学 1 群論入門』，日本評論社（2010 年）

［雪江 2］雪江明彦，『代数学 2 環と体とガロア理論』，日本評論社（2010 年）

［雪江 3］雪江明彦，『代数学 3 代数学のひろがり』，日本評論社（2011 年）

ルベーグ積分：

［伊藤］伊藤清三，『数学選書 4 ルベーグ積分入門』（新装版），裳華房（2017 年）

索 引

記号

∃	5
∀	5
$\binom{\alpha}{n}$	185
B	268
C	2
cos	140
$\cos^{-1}$	188
cosh	174
Δ	202
$\lvert\Delta\rvert$	202
$\frac{df}{dx}(a)$	147
e	33
exp	133
f^{-1}	74
$f(A)$	62
$f'(a)$	147
$f\vert_B$	130
$\{f_n\}_{n=1}^\infty$	96
$\int_a^b f(x)\,dx$	203
$\overline{\int_a^b} f(x)\,dx$	217
$\underline{\int_a^b} f(x)\,dx$	217
Γ	265
γ	271
$g\circ f$	62
$\inf A$	40

$\varlimsup_{n\to\infty} a_n$	109
$\varliminf_{n\to\infty} a_n$	110
$\lim_{x\to a+0} f(x)$	52
$\lim_{x\to b-0} f(x)$	52
$\liminf_{n\to\infty} a_n$	110
$\limsup_{n\to\infty} a_n$	109
log	180
N	2
$n!!$	187
PQ	270
$P \Leftrightarrow Q$	5
$P \Rightarrow Q$	5
Q	2, 24, 37, 71
R	2, 24
$R(f,\Delta,\boldsymbol{\xi})$	202
$S(f,\Delta)$	212
$s(f,\Delta)$	213
sin	141
$\sin^{-1}$	188
sinh	174
$\{s_n\}_{n=1}^\infty$	85
s.t.	5
$\sup A$	40
tan	172
$\tan^{-1}$	194
Z	2
$\zeta(s)$	187

あ

アルキメデスの原理　Archimedean principle 4

アルツェラの定理　Arzelà's theorem 249

い

一様コーシー列　uniformly Cauchy sequence　125
一様収束する　uniformly converge　126
一様有界　uniformly bounded　249
一様連続　uniformly continuous　233
一般二項係数　generalized binomial coefficient　185
一般二項定理　generalized binomial theorem　185
ε-N論法　ε-N method　2
ε-δ論法　ε-δ method　2

う

上に凸　convex upward　154
上に有界　bounded above　13, 40
well-defined　138

え

n階の導関数　n-th derivative　152
n回微分可能　n times differentiable　152
n回連続微分可能　n times continuously differentiable　153
n次の導関数　derivative of order n　152
円周率　pi　169

お

オイラーの公式　Euler's formula　141
オイラーの等式　Euler's identity　177

か

下界　lower bound　40
下極限　limit inferior　110
各点収束する　converge pointwise　97, 99
下限　lower limit　40
下限近似和　lower sum　213
可算選択公理　axiom of countable choice　65
カージオイド　cardioid　280
過剰和　upper sum　212
下積分　lower integral　217
可積分条件　integrability condition　220
加法性　additivity　228
加法定理　addition formula　141
関数　function　49
関数項級数　series of functions　98
関数列　sequence of functions　96
完備化　completion　37
ガンマ関数　Gamma function　265

き

逆関数　inverse function　74
逆関数の微分法　derivative of inverse functions　178
逆三角関数　inverse trigonometric function　188
逆正弦関数　inverse sine function　188
逆正接関数　inverse tangent function　194
逆余弦関数　inverse cosine function　188
級数　series　85

強単調性　strong monotonicity　244
極限　limit　97
極小値　minimal value　151
極大値　maximal value　151
極値　extremum　151

く

空集合　empty set　30
区間縮小法　nested intervals theorem
　28, 29, 31, 44

け

結合律　associative law　23
原始関数　primitive function　241

こ

項　term　96
交換律　commutative law　23
広義一様収束する　converge uniformly
　on compact sets　130
広義積分　improper integral　259
広義積分可能　improperly integrable
　259
合成　composition　62
合成関数　composite function　62
合成関数の微分法　chain rule　149
項別積分定理　theorem of term-by-term
　integration　248, 266
項別微分定理　theorem of term-by-term
　differentiation　162, 250
コーシー‐アダマールの公式　Cauchy-
　Hadamard formula　103, 119

コーシーの収束条件　Cauchy condition
　for convergence　37, 125, 260
コーシーの判定法　Cauchy's criterion
　92, 117
コーシー列　Cauchy sequence　35
コンパクト一様収束する　converge uni-
　formly on compact sets　131

さ

細分　refinement　214
三角関数　trigonometric function　140
三角不等式　trigonometric inequality 7,
　227, 270
三平方の定理　Pythagorean theorem
　270

し

C^n 級　class C^n　153
C^∞ 級　class C^∞　153
指数　exponent　184
指数関数　exponential function　133,
　137, 164, 182
指数法則　laws of exponents　136, 183
下に凸　convex downward　153, 154
下に有界　bounded below　13, 40
実数体　field of real numbers　24
周期　period　171
収束する　converge　85, 259
収束半径　radius of convergence　102
順序体　ordered field　24
上界　upper bound　40
上極限　limit superior　109
上限　upper limit　40

上限近似和　upper sum　212

条件収束する　converge conditionally　89

上積分　upper integral　217

商の微分法　quotient rule　149

心臓形　cardioid　280

す

推移律　transitive law　24

数列　sequence　2

せ

整級数　power series　100

制限　restriction　130

正弦関数　sine function　141, 167

正項級数　positive term series　89

正接関数　tangent function　172

正の無限大　positive infinity　17

積の微分法　product rule　149

接線　tangent line　153

絶対収束する　converge absolutely　89, 263

切断　cut　45

線形性　linearity　205

全称記号　universal quantifier　5

そ

像　image　62

双曲線関数　hyperbolic function　174

双曲線正弦関数　hyperbolic sine fucntion　174

双曲線正接関数　hyperbolic tangent function　175

双曲線余弦関数　hyperbolic cosine function　174

存在記号　existential quantifier　5

た

体　field　24

第 n 項　n-th term　96

第 n 部分和　n-th partial sum　85, 99

対数関数　logarithmic function　180

代表点　representative point　202

ダランベールの公式　d'Alembert's formula　103

ダランベールの判定法　d'Alembert's criterion　93, 118

ダルブーの定理　Darboux's theorem　218

単調　monotone　25, 75

単調減少　monotone decreasing　25, 75

単調性　monotonicity　207

単調増加　monotone increasing　25, 75

ち

中間値の定理　intermediate value theorem　72

中心　center　100

稠密　dense　71

調和級数　harmonic series　44

て

底　base　182

定義域　domain　49

デデキントの公理　Dedekind axiom　45

と

導関数　derivative　147
等比級数　geometric series　85

な

長さ　length　272, 275

に

2重階乗　double factorial　187

ね

ネピアの数　Napier's constant　33, 137, 166

は

ハイネの定理　Heine's theorem　236
はさみうちの原理　squeeze theorem　6, 53
発散する　divergent　3, 17, 56, 85
幅　mesh　202
反射律　reflexive law　24
反対称律　anti-symmetric law　24

ひ

比較定理　comparison theorem　90
左極限　left limit　52
左微分係数　left differential coefficient　239
微分　differentiation　146
微分可能　differentiable　147
微分係数　differential coefficient　147
微分する　differentiate　147

微分積分学の基本定理　fundamental theorem of calculus　241

ふ

不足和　lower sum　213
不定積分　indefinite integral　239
負の無限大　negative infinity　17
部分列　subsequence　31
分割　partition　202
分配律　distributive law　23

へ

平均値の定理　mean value theorem　152, 207
閉包　closure　49
平面曲線　plane curve　271
べき関数　power function　184
べき級数　power series　100, 127, 162, 192
ベータ関数　Beta function　268
変曲点　inflection point　154

ほ

ボルツァーノ‐ワイエルシュトラスの定理　Bolzano-Weierstrass theorem　31, 39, 44

ま

マチンの級数　Machin series　197

み

右極限　right limit　52

右微分係数　right differential coefficient
239

む

無限回微分可能　infinitely differentiable
153
無限回連続微分可能　infinitely continuously differentiable　　　153
無限級数　infinite series　　　85

ゆ

有界　bounded　　　13, 40, 55
優関数　dominant function　　　262
優級数　dominant series　　　126
有限テイラー展開　finite Taylor expansion　　　165
有限マクローリン展開　finite Maclaurin expansion　　　165
有理数体　field of rational numbers　24
ユークリッド距離　Euclidean distance
270

よ

余弦関数　cosine function　　　140, 167

ら

ライプニッツの級数　Leibniz series　244
ライプニッツの公式　Leibniz formula
155

り

リプシッツ定数　Lipschitz constant
243, 272

リプシッツ連続　Lipschitz continuous
243, 272
リーマン可積分　Riemann integrable
203
リーマン積分　Riemann integral　　203
リーマン積分可能　Riemann integrable
203
リーマンのゼータ関数　Riemann zeta
function　　　187
リーマン和　Riemann sum　　　202

れ

連続　continuous　　　60, 272
連続の公理　completeness axiom　　25
連続微分可能　continuously differentiable　　　273

ろ

ロルの定理　Rolle's theorem　　　151
論理記号　logic symbol　　　4

わ

和　sum　　　85
ワイエルシュトラスの M-判定法
Weierstrass M-test　　　126
ワイエルシュトラスの公理　Weierstrass
axiom　　　41–44
ワイエルシュトラスの定理　Weierstrass
theorem　　　65

著者略歴

藤岡　敦（ふじおか　あつし）

1967年名古屋市生まれ．1990年東京大学理学部数学科卒業，1996年東京大学大学院数理科学研究科博士課程数理科学専攻修了，博士（数理科学）取得．金沢大学理学部助手・講師，一橋大学大学院経済学研究科助教授・准教授を経て，現在，関西大学システム理工学部教授．専門は微分幾何学．主な著書に『手を動かしてまなぶ 微分積分』，『手を動かしてまなぶ 線形代数』『手を動かしてまなぶ 続・線形代数』，『手を動かしてまなぶ 集合と位相』，『手を動かしてまなぶ 曲線と曲面』，『具体例から学ぶ 多様体』（裳華房），『学んで解いて身につける 大学数学 入門教室』，『幾何学入門教室―線形代数から丁寧に学ぶ―』，『入門 情報幾何―統計的モデルをひもとく微分幾何学―』（共立出版），『Primary 大学ノート よくわかる基礎数学』，『Primary 大学ノート よくわかる微分積分』，『Primary 大学ノート よくわかる線形代数』（共著，実教出版）がある．

手を動かしてまなぶ　$\varepsilon-\delta$ 論法

2021 年 12 月 15 日	第 1 版 1 刷発行
2024 年 9 月 30 日	第 3 版 1 刷発行

検印省略

定価はカバーに表示してあります．

著作者	藤　岡　　　敦	
発行者	吉　野　和　浩	
発行所	東京都千代田区四番町 8-1 電　話　03-3262-9166（代） 郵便番号　102-0081 株式会社　裳　華　房	
印刷所	三 美 印 刷 株 式 会 社	
製本所	牧 製 本 印 刷 株 式 会 社	

一般社団法人
自然科学書協会会員

ISBN 978-4-7853-1592-4

アルファベットの一覧

数学記号としてよく用いられるアルファベットの筆記体と花文字をまとめた. ただし, 小文字は除いた.

◉ 筆記体と花文字

A $\mathcal{A}\mathscr{A}$	B $\mathcal{B}\mathscr{B}$	C $\mathcal{C}\mathscr{C}$	D $\mathcal{D}\mathscr{D}$	E $\mathcal{E}\mathscr{E}$
F $\mathcal{F}\mathscr{F}$	G $\mathcal{G}\mathscr{G}$	H $\mathcal{H}\mathscr{H}$	I $\mathcal{I}\mathscr{I}$	J $\mathcal{J}\mathscr{J}$
K $\mathcal{K}\mathscr{K}$	L $\mathcal{L}\mathscr{L}$	M $\mathcal{M}\mathscr{M}$	N $\mathcal{N}\mathscr{N}$	O $\mathcal{O}\mathscr{O}$
P $\mathcal{P}\mathscr{P}$	Q $\mathcal{Q}\mathscr{Q}$	R $\mathcal{R}\mathscr{R}$	S $\mathcal{S}\mathscr{S}$	T $\mathcal{T}\mathscr{T}$
U $\mathcal{U}\mathscr{U}$	V $\mathcal{V}\mathscr{V}$	W $\mathcal{W}\mathscr{W}$	X $\mathcal{X}\mathscr{X}$	Y $\mathcal{Y}\mathscr{Y}$
Z $\mathcal{Z}\mathscr{Z}$				